普通高等教育“十四五”规划教材

固体废物处理与资源化

主编　周　星
参编　张　伟　裴　璐　谢　利
　　　于　江　闫　畅

扫一扫查看全书
数字资源

北　京
冶　金　工　业　出　版　社
2023

内 容 提 要

本书详细介绍了印刷包装领域的固体废物处理与资源化利用、工程材料的生命周期评价及国内外相关政策，书中内容既体现了印刷包装固体废物处理领域的理论基础、高值化途径，又为实现“双碳”目标提供了研究思路。

本书可供高等院校轻工技术与工程、环境科学与工程、印刷包装、高分子化学与物理、材料科学、化学工程及相关专业的本科生及研究生使用，也可供印刷包装、化工、材料、能源、环境、管理等相关领域研究人员、工程技术人员和管理人员参考。

图书在版编目(CIP)数据

固体废物处理与资源化/周星主编．—北京：冶金工业出版社，2023.6
普通高等教育“十四五”规划教材
ISBN 978-7-5024-9482-7

Ⅰ.①固…　Ⅱ.①周…　Ⅲ.①固体废物处理—高等学校—教材　②固体废物利用—高等学校—教材　Ⅳ.①X705

中国国家版本馆 CIP 数据核字(2023)第 073167 号

固体废物处理与资源化

出版发行　冶金工业出版社　　**电　　话**　(010)64027926
地　　址　北京市东城区嵩祝院北巷 39 号　　**邮　　编**　100009
网　　址　www.mip1953.com　　**电子信箱**　service@mip1953.com

责任编辑　王　颖　美术编辑　彭子赫　版式设计　郑小利
责任校对　郑　娟　责任印制　禹　蕊
北京捷迅佳彩印刷有限公司印刷
2023 年 6 月第 1 版，2023 年 6 月第 1 次印刷
787mm×1092mm　1/16；12.25 印张；297 千字；187 页
定价 49.90 元

投稿电话　**(010)64027932**　**投稿信箱**　**tougao@cnmip.com.cn**
营销中心电话　**(010)64044283**
冶金工业出版社天猫旗舰店　**yjgycbs.tmall.com**
（本书如有印装质量问题，本社营销中心负责退换）

前　言

随着科学技术的发展和人们生活水平的提高，人们对商品的质量和包装水平等要求也越来越高，随之而来的印刷包装材料及包装行业也迅猛发展。但是大量废弃的印刷包装材料的出现给自然生态和人类居住环境带来了严重的影响，尤其是采用填埋、焚烧等传统处理方式带来的水土、大气污染以及塑料形成的“白色污染”等问题日益严重。如果不对各类废弃的印刷包装材料加以资源化利用，既污染环境又浪费资源。对废旧印刷包装材料进行处理与资源化，实现高效再生利用，不仅能保护人类赖以生存的自然生态环境，防止包装废弃塑料、金属等材料对江河湖海等水系生态的破坏，同时又能实现其自身价值的回收利用，弥补石化资源短缺和过度开采的缺口，这是印刷包装材料在全生命周期过程中实现“双碳”目标的有效途径，有利于绿色循环经济的发展。

为了促进印刷包装固体废物材料的高值利用技术推广和应用，推动我国印刷包装材料的绿色循环利用，编者通过查阅历年来的相关文献、研究成果、政策法规等资料，结合编者在印刷包装固体废物资源化及高值利用领域的多年教学与科研经验，编写了本书。

本书共分为 8 章。第 1 章介绍了当前印刷包装固体废物基本范围及发展状况；第 2 章介绍了废弃塑料的产生、危害、分类、鉴别、前期处理、成型工艺以及各种废弃塑料的高值利用；第 3 章介绍了废弃纸张的来源、种类、再生纸张的生产与应用；第 4 章介绍了包装废弃金属材料的辨识、性能、前期处理以及高值利用技术；第 5 章介绍了废弃陶瓷与玻璃包装制品的产生及再生资源化途径；第 6 章介绍了除塑料、纸张、金属、陶瓷与玻璃等常用包装材料之外的其他材料的来源、分类及资源化技术；第 7 章介绍了不同工程材料的生命周期评价全过程，并指明高效利用废弃塑料的主要途径；第 8 章介绍了国内外关于固体废物处理及再生技术的相关法律法规。尤其是介绍了党的十八大以来，我国在固体废物处理及资源化方面的政策引导。

本书由西安理工大学周星主编，郑州大学张伟，西安理工大学裴璐、谢利、于江、闫畅参编，蒲梦圆、郝亚亚、李亚新、王国圣、李旭阳、邓敬瑞、刘晓慧、冯赛等人参与了部分章节内容的资料收集及整理工作。全书由周星统稿、定稿。西安理工大学黄颖为教授、方长青教授，华南农业大学张超群教授，武汉理工大学李能教授等为本书的内容修改工作提出了宝贵意见，在此衷心感谢。在本书编写过程中，编者参考了相关领域及行业的图书、期刊、专利、报告、新闻等相关文献内容，在此向文献作者表示衷心的感谢。

由于编者水平所限，书中不妥之处，恳请广大读者批评指正。

编 者

2023 年 1 月

目　　录

1 绪　论

全球变暖、环境污染、资源短缺是当今社会可持续发展面临的重大问题。这些问题的最主要诱因是固体废物处置不当。固体废物在不同的国家、不同时期和场合下有着不同的含义。因此，在对固体废物进行分类和处理时，需要对固体废物给予准确的定义，在此基础上，了解固体废物的来源、特性、分类方法，建立固体废物的产量预测模型，从而对固体废物进行合理的减量化、无害化、资源化、能源化综合处理与处置。本章对不同国家对固体废物及包装固体弃物的定义、来源、特性和分类分别进行介绍。

1.1 固体废物的概念与特征

1.1.1 固体废物的概念

当前，世界各国对固体废物有了更加广泛的关注和深入的政策布局。我国在修订的《中华人民共和国固体废物污染环境防治法》中对固体废物进行了明确的定义，固体废物（固废）的定义为：固体废物是指在生产、生活和其他活动中产生的丧失原有利用价值或者虽未丧失利用价值但被抛弃或者放弃的固态、半固态和置于容器中的液态或气态废物的物品、物质以及法律、行政法规规定纳入固体废物管理的物品、物质。固态废物，如废玻璃瓶、纸张、塑料袋、木屑等；半固态废物，如污泥、油泥、粪便等；置于容器中的液态或气态废物，如废酸、废油、废有机溶剂等。2016 年我国在《国家创新驱动发展战略纲要》指出，采用系统化的技术方案和产业化路径，发展污染治理和资源循环利用的技术与产业。发展绿色再制造和资源循环利用产业，建立城镇生活垃圾资源化利用、再生资源回收利用、工业固体废物综合利用等技术体系。

美国环境保护局（EPA）在 2018 年修订的《资源保护和回收法案》（RCRA）中对固废进行重新定义，进一步限定了固废的范围。“固体废物”是指由工业、商业、采矿和农业运营以及社区活动产生，来自废水处理厂、供水处理厂或空气污染控制设施的一切垃圾、污泥以及废弃材料。我们所做的每件事几乎都留下了某种废物。必须注意的是，定义的固废不仅限于物理形态的固体废物，还包括许多液体、半固体或气体物质。

具体固废范围如下：

（1）遗弃。指即将被焚烧、灰化或无效回收利用的材料。

（2）自身属性。对人体健康及环境有害的材料均被认为是固废，这些材料自身具备废物的属性，如含有二噁英成分的物质。

（3）废弃军需品。军需品是指为国防和安全而生产或使用的所有弹药产品和部件。在下列情况下，未使用或有缺陷的军需品是固体废物：

1）废弃（如处置、焚烧、灰化）或在处置前处理的物质；

2）因劣化而无法回收或无法使用的物质；

3）由授权的军事官员宣布为废物。注：用过的（即发射的或引爆的）弹药如果收集起来储存、再循环、处理或处置，也可成为固废。

（4）可循环利用。变废为宝、循环利用是朝阳产业，使垃圾资源化，化腐朽为神奇，既是科学，也是艺术，目前中国乃至世界都在"双碳"的超级赛道，我国促进循环经济产业链日益完善，高质量发展之路越走越实、越走越新。尤其在废弃材料可循环利用方面，如果材料被使用或再利用（例如作为其他产品的新成分），再生或以某种方式使用（在环境中能以某种方式再利用，如燃烧以进行能量回收、持续性堆肥等），则该材料称为可循环利用的材料。

德国在欧盟所有成员国中，被认为是在固废的管理、循环利用、再生能源及处置等方面处于领先水平的国家，德国对固废的定义为：在社会生产、商品流通和消费等一系列活动中产生的，相对于持有者而言一般不具有原有使用价值而被遗弃的以固态和泥态存在的物质。2018 年，德国的固废利用率及回收率分别提升至 81%和 69%，同时碳排放量大幅度降低。

1.1.2 固体废物的一般特性

固体废物一般具有如下特性：

（1）双重性。固体废物具有污染环境和再生利用的双重特性，具有鲜明的时间和空间特征，是在一定时间和地点被丢弃的物质，可以说是放错地方的资源。例如，粉煤灰是发电厂产生的废物，但可用来制砖，对建筑业来说，它又是一种有用的原材料。

（2）无主性。固体废物在丢弃以后，不再属于固体废物的产生者，也不属于其他人。

（3）分散性。固体废物分散在不同的地方，需要进行收集。

（4）复杂多样性。固体废物种类繁多、成分也非常复杂。例如，一部废手机就含有塑料、金属、玻璃等多种成分；废旧电视机含有玻璃、塑料、金属、荧光粉等。

（5）危害性。固体废物的污染物迁移转化缓慢，所产生的环境污染常常不易被察觉，容易发生人身伤害等灾害性事件，对生态环境和人类健康造成不同程度的危害，且环境污染后恢复时间长。例如，美国拉芙运河污染治理前后花费了 21 年。

1.1.3 常见的固体废物分类方法

由于环境自身具有自净化能力，因此对于任何固体废物，当其数量比较少时，不会对环境造成危害。当固体废物的数量超过环境的自净化能力时，固体废物就会对环境造成危害。不同性质的固体废物，对环境造成危害的程度是不同的，为了对固体废物进行合理的管理和处置，需要对固体废物进行科学的分类，以方便选择后续对应的管理措施和处理技术。常见的固体废物分类及方法如下：

（1）按其组成可分为有机废物和无机废物。有机废物是指废物的化学成分主要是有机物的混合物；无机废物是指废物的化学成分主要是无机物的混合物。

（2）按其形态分为固态、半固态和液（气）态废物。固态废物是指以固体形态存在的废物，如玻璃瓶、报纸、塑料袋、木屑等；半固态废物是指以膏状或糊状存在并具有一定流动性的废物，如污泥、油泥、粪便等；液（气）态废物是指以液态或气态形式存在的废物，如废酸、废油与废有机溶剂等。

（3）按其污染特性可分为危险废物和一般废物。危险废物是指列入国家危险废物名录或者根据国家规定的危险废物鉴别标准和鉴别方法认定的具有危险特性的废物；一般废物是指除危险废物以外的废物。

（4）按其来源分为城市生活垃圾、工业固体废物、矿业固体废物、危险废物和农林业固体废物。城市生活垃圾是指在城市日常生活中或者为城市日常生活提供服务的活动中产生的固体废物以及法律、行政法规规定的视为城市生活垃圾的固体废物；工业固体废物是指在工业、交通等生产活动中产生的固体废物；矿业固体废物是指在矿业生产过程中产生的尾矿、废石、矸石等固体废物；危险废物是指对人类或其他生物构成危害或潜在危害的废物及其混合物，是具有腐蚀性、急性毒性、浸出毒性、反应性、传染性、放射性等一种及一种以上危害特性的废物；农林业固体废物是指农业和林业生产过程中产生的农作物秸秆、林产品废物等固体废物。

（5）按其燃烧特性可分为可燃废物（如废纸、废塑料、废机油等）和不可燃废物（如金属、玻璃、砖石等）。

（6）我国出台的《中华人民共和国固体废物污染环境防治法》中，将固体废物分为工业固体废物、生活垃圾、建筑垃圾、农业固体废物、危险废物等。

1.2　包装废弃物的定义与来源

1.2.1　包装废弃物的定义

包装废弃物隶属于固体废物。我国国家标准《GBT 16716.1—2008 包装与包装废弃物　第1部分：处理和利用通则》中定义，包装废弃物指失去或完成了预期的使用价值或功能，成为固体废物的任何包装容器、材料或成分。通常的包装废弃物是指在生产、流通和消费过程中产生的基本上或完全失去使用价值、无法再重新利用的最终排放物。当前用于包装容器的主要材料有纸、塑料、金属、玻璃（陶瓷）四大类，以及木材、竹子等少量的生物质材料。这些包装材料与产品分离后，变成垃圾或废物。它们和其他的工业固废不同，它们是分散的，很容易和其他包装材料或生活垃圾混合在一起，造成包装废物分拣、分类复杂程度高，再生利用率低等问题。综上所述，包装废弃物材料主要为固废，具备固废固有的特性，主要为城市固体废物。

1.2.2　包装废弃物的来源与分类

包装废弃物不仅仅针对单个包装产品，而是从包装的整个生命周期出发，涉及面向产品、物流、市场及环境的集成体系。在整个过程中都会产生包装废弃物。如图 1-1 所示，包装链条包括从包装材料及容器的生产、运输、仓储、使用及包装在生命周期终结时的处置各个环节，其中有的环节包括许多子过程，每个子过程中又包含若干活动。

这些过程中产生的遗弃物品均属于包装废弃物范畴。事实上，通常作为包装使用的材

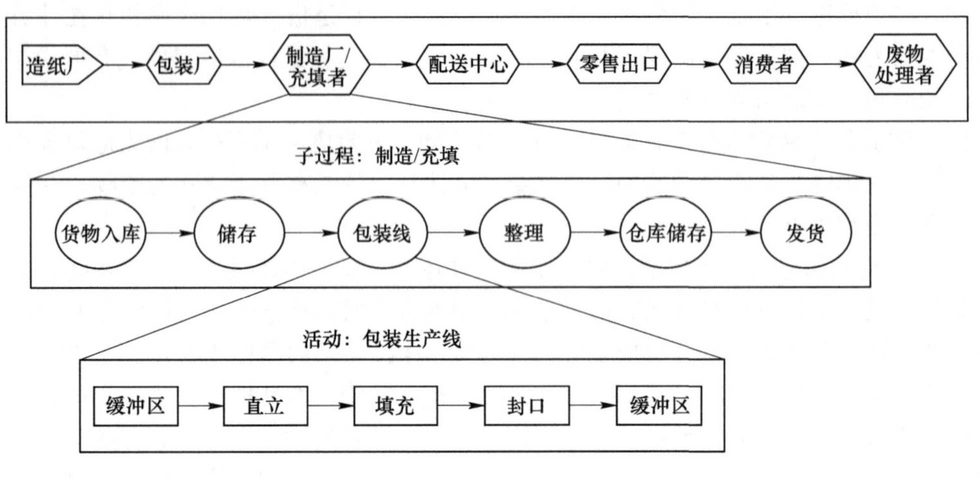

图 1-1 包装生产链

料自身的价值较小，因为一旦包装被打开，包装材料即失去了价值，所以包装材料的功能使用时限（功能寿命）十分短暂，而且，许多商品的包装可有可无。但是，因为包装而产生的废品却堆积如山。包装多属一次性使用，所以大量的包装产品使用后即成为包装废弃物。在工业发达国家，包装废弃物所形成的固体垃圾在质量上约占城市固体垃圾质量的 1/3，而在体积上则占 1/2，且包装废弃物的总质量还以每年 10%的速度递增。大量的包装废弃物，尤其是不可降解的塑料包装废弃物对环境造成了严重污染，而且浪费了大量宝贵资源。

包装的职能是保护商品、方便储运和促进销售。一旦商品到达消费者手中并开始使用，包装即失去效能。据研究统计表明，因“包装”而产生的废品垃圾大约占家庭垃圾的 18%，现在的享受型生活方式已离不开产品包装了。通过产品包装，食物得以保存，从而延长了其使用寿命。特别是食品，如水果、鱼、肉之类，高技术地包装和控制食品保鲜环境，使得人们一年四季都可以享用新鲜食物，并把供应链中的食品浪费降低了 3%左右（如果没有包装，该类浪费将是巨大的）。此外，包装袋上的防伪标记还起到了保护消费者利益的作用。通过阅读包装信息，消费者可以了解商品的上市日期和使用说明，甚至可以通过智能包装标签实现产品从生产、流通到销售全部环节的全程可追溯。

然而，因包装而产生的废品垃圾大约只有 3%被填埋处理，因包装而产生的 CO_2 约占全球总排放量的 0.2%。欧洲市场上大约 60%的包装废弃物被回收，并用于能源循环再利用，美国的情况要差些。包装行业非常清楚自己在环保问题上的某些负面影响，并一直在为减少包装质量和体积，并尽量节省包装用材料而努力。包装所使用的大多数材料——纸张、纸板、塑料、玻璃（陶瓷）、铝和钢等都有相应的回收市场。但许多包装废弃物终止在民居中，增大了回收它们的难度。许多包装为了很好地保护产品而采用多层性材料，它们是很难被直接回收处理的。通过立法可以限制包装，以减少垃圾废弃物的数量，但这会使许多商品失去运输保护和卫生处理，从而剥夺了消费者便利生活的权利，并迫使人们必须对其目前的生活方式做出重大调整，这一点很难做到。更好的解决办法应是尽可能多地回收废料并赋予其第二次生命。

纸包装虽然具有回收利用性，但我国目前回收率还较低，尤其是与工业发达国家相比还存在较大的差距。纸与其他材料复合后因不易处理，会对环境产生较严重的污染，因此非特殊需要目前应尽量避免采用纸复合材料进行包装。

塑料是高分子材料，化学结构及性能稳定，一般自行降解速度缓慢，大部分塑料不易被细菌侵蚀、因此塑料包装废弃后不腐烂、不分解、形成百年不腐的永久垃圾，给环境带来了严重的白色污染。污染环境的塑料废弃物主要有塑料地膜、发泡塑料等。地膜主要有增温、保温和保土等特性，还可以防治杂草和虫害。但是由于地膜很薄，老化破碎后清除回收十分困难，长期积累在农田中也影响耕作：杂混在饲草中，牲畜吃后，易导致牲畜患疾病或死亡。发泡塑料主要用作缓冲包装、隔音材料及快餐器皿。随着它们在铁路沿线及掩埋场中的积累，给环境造成了很大的污染。塑料废弃物，特别是复合塑料废弃物，均会对环境造成不同程度的污染。

金属包装废弃物可经过翻修整理，回收复用，或经回收后回炉重熔铸造，轧制成新的铝材或钢材等，因此金属包装是一种易回收再生的包装。但是闭口钢桶在使用后，均或多或少存在着内装物倒不干净的问题，而且当留有残余物的钢桶被废弃后，可能对环境造成污染；金属包装在回收利用过程中，主要的工艺是清洗、脱漆、再涂装等，如果处理不当，也会产生“三废”，对环境造成污染；废旧钢桶在熔化再利用的过程中，由于废旧钢桶中多少有些残余的内容物，在高温下，有的分解为气体，有的燃烧后产生一氧化碳或二氧化碳，有的变成熔渣，又容易产生环境污染物。

玻璃包装容器在流通中发生损坏，成为碎渣以及使用后未回收的废物，也会对环境产生污染。目前我国对玻璃容器尤其是破碎玻璃的回收情况还很差，早年除对饮料及啤酒采用押金回收复用制度外，罐头、食品、医药、化妆品的包装瓶均很少回收，其他废弃碎玻璃回收情况也很差，不仅浪费了大量资源，对环境的污染也十分严重。陶瓷包装容器与玻璃容器类似，废弃后堆积起来，既占土地又污染环境。废旧陶瓷是一种不容忽视的可再生资源，可用于生产建材产品及建筑工程等。

1.3 包装废弃物处理方法

1.3.1 包装废弃物分级管理原则

包装废弃物管理一般采用分级管理原则，即减量—重复使用—循环利用—堆肥—焚烧—填埋，如图 1-2 所示。包装废弃物分级管理原则是包装废弃物管理的最佳途径；首先是减少废弃物的产生量，并在源头对可循环利用的包装进行分类，提高重复使用的包装质量；不能减量的应尽可能重复使用；不能重复使用的应进行循环利用和材料再生，特别是二级原料，如金属和纸；不能循环利用和材料再生的废物应该进行有机物再生，一般是通过微生物分解（如通过堆肥或厌氧处理，对可生物降解的有机物进行再生）；对不能回收再生但有较高生热值的包装废弃物进行焚烧以进行能量回收。包装废弃物的分级管理能减少转运和处置，减少填埋场的使用，减少对不可再生原料的开采，减少对森林的砍伐，减少温室气体产生量，提供有价值的再生资源，提供就业岗位和经济效益。

1.3.2 包装废弃物处理技术

当前主要的包装废弃物回收处理技术如图 1-3 所示。

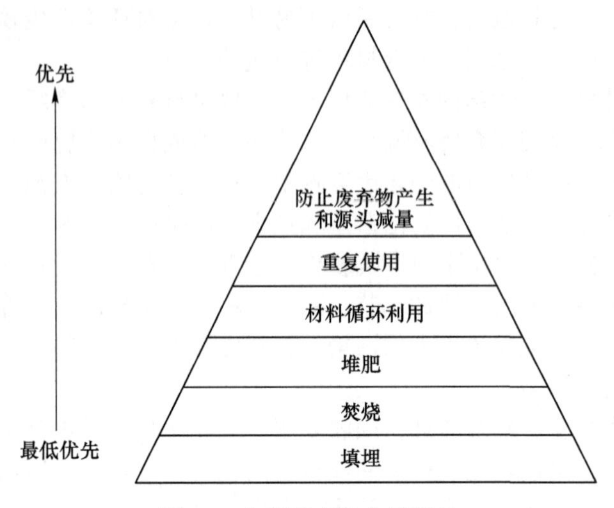

图 1-2 包装废弃物分级管理

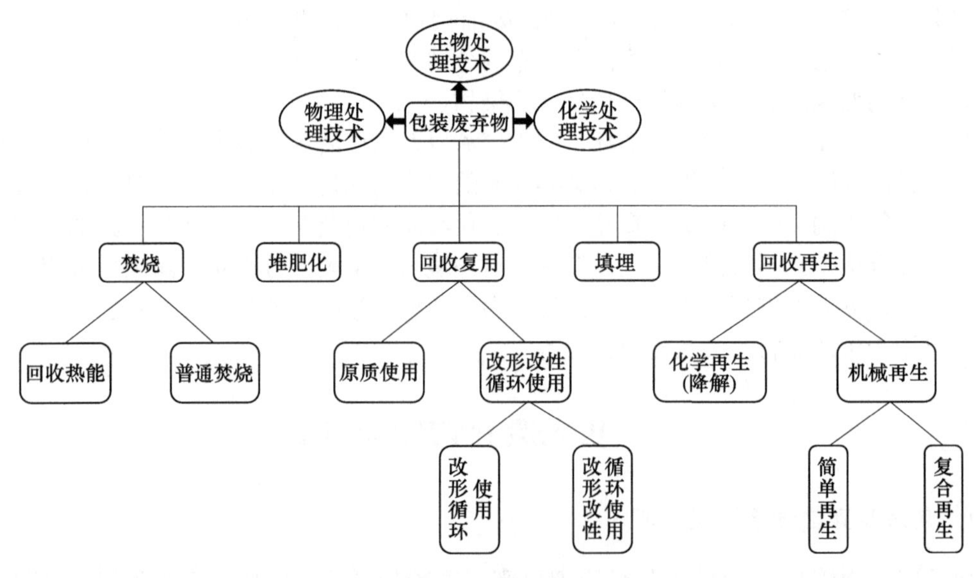

图 1-3 包装废弃物回收处理技术

1.3.2.1 防止和源头减量

防止意味着控制包装极小化，防止的极端情况是避免。防止的一种方法是减少，也称为极小化。这意味着减少包装的使用量和减少用过的包装对环境的有害性；减少包装以及使用过的包装在生产、流通、使用和处理阶段，尤其是通过开发“清洁”的产品和技术来减少对环境的有害影响。

综合考虑包装链过程中的废弃物产生全过程是非常重要的，例如，在包装中使用更少的包装材料将降低运输和储存过程中的堆码能力，这将增加运输成本。这个问题的关键在于包装和成本之间的平衡。包装成本可在很大的范围内变化，这可能诱导人们得出这样的结论：包装减量将减少成本，降低产品价格，然而没有考虑到产品在整个生命周期，由于没有包装产生的风险和产品的丢失情况，如运输损坏、湿度损坏和其他与流通相关的损坏。因此在产品损失成本和包装成本之间寻找一个平衡点是非常重要的，减少包装材料，包装的成本下降，但损失的成本上升。从环境的观点看，减少材料的使用是好的，而在现实中废弃的包装容器增加了对环境的损害。

极小化填埋包装废弃物的一种方法是在初始阶段避免使用包装。这样做的结果是产品散装供应。但由此带来的问题是：生产者必须能散装传送，能使用经济手段使顾客购买散装产品，消费者能够适应产品散装传送。

1.3.2.2 重复使用

重复使用包括以产品的最初形式使用多次，或用作其他用途。当可重复使用的包装不再重复使用时就变成了包装废弃物。重复使用与回收再生是有区别的，因为重复使用的包装产品和材料不在加工循环中进行再加工。在重复使用以及其他选项中，有时是包装的重复使用有吸引力，有时偏爱其他的选项。重复使用常常需要从卸载包装的地方运输空包装回到充填点或其他用户手中。这个运输并不总是合理的，它取决于空包装的状态和运输距离，如果空包装中包含了许多空气、不容易压缩，那么运输是无效率的，将对环境产生较大的影响和高的运输成本。在这种情况下可能有更好的选择，因此，对不同的案例要进行详细的分析计算以确定最佳的回收方案。

1.3.2.3 回收/回收再生

回收意味着当包装使用过后还能充分利用包装材料，它包括材料回收再生、能量回收和堆肥，这些方法之间没有明显的等级。材料回收再生使用广泛，是处理用过的包装的一种方法，特别适用于纸、玻璃和金属。当不使用原始的材料时能节约能量和材料。回收再生的主要问题是销售地点能够便于回收和再加工，否则运输到回收再生厂的费用可能在价值上超过回收再生的利润。正确的分类有利于回收再生，交叉污染可使材料失去再生价值。如果在产品设计和加工的早期阶段就考虑这些问题，可减少分类的需要并改善回收再生环境。这包括整个包装使用一种材料（当使用多种材料时必须保证它们容易分离），使用容易回收再生和标准化的材料（如使用一种塑料包装不同的产品）。

回收再生的主要途径为物理途径、化学途径及生物途径，尤其针对塑料类包装废弃物，这 3 种途径均有较好的效果。通过物理途径回收再生塑料的效率最高，能实现塑料废弃物的二次使用，类似于塑料的重复使用；化学途径中塑料回收再生往往伴随聚合物降解过程，将废弃塑料在可控条件下降解为活性单体，使其进入高值化循环，是未来对塑料减量化与功能化的有效途径；生物途径是近年来发展起来的废弃塑料高效降解技术，典型代表为我国学者发现的米虫吞食聚苯乙烯塑料；日本学者发现的细菌降解废弃 PET，以及相关的蛋白酶降解废弃塑料的技术。

堆肥是在一定的控制条件下，使用微生物对用过的包装进行生物分解，产生稳定的有机物滤渣或甲烷，这种回收再生方式对用过的传统包装很少使用。但是随着可生物降解塑料的开发，近年来逐渐成为处理大规模包装废弃物的可行性方法。其中，德国的很多大中型城市采用堆肥化方法处理包装废弃物中的有机成分，已经推广应用堆肥化系统，并建议生物降解包装材料的堆肥化应当认为等同它们的回收。我国的堆肥化技术也在飞速发展，为使之在改良土壤、增进肥力方面发挥更大的作用，今后也值得进一步加大研究和推广应用力度。

1.3.2.4 填埋

填埋是将包装废弃物深埋于地下，要求至少不影响地表植物的生长。在填埋过程中，需对填埋单元进行防渗处理，并用无毒无害的覆盖材料按规定技术要求覆盖垃圾表面，并对收集到的渗滤水进行处理。填埋作为垃圾的最终处理方式，是处理量大、技术简单、经济省力、历史悠久、最简单的一种方法，具有处理成本较低，处理技术相对简单，利于推广普及，可选用非耕地作为填埋场（如滩地、山谷、低洼地、沟渠等），无须对垃圾进行预处理等特点。

城市生活垃圾填埋（Municipal Solid Waste，MSW）处理是最下策的方法，占用了地球上有限的土地资源，同时废物长期掩埋地下缺少氧化，自然降解缓慢，不利于生态环境，且易造成二次污染（如污染地下水源等）。现代化的填埋场地增设了防渗衬垫，设置了渗出液引流装置和甲烷排放装置，虽然避免了普通填埋场的缺陷，但却使投资和填埋处理费急剧增加。而且，把性能尚未充分利用的包装材料填埋处理，对资源是一种极大的浪费。近年随着 MSW 的迅速增长和填埋处理费急剧增加，填埋这种方式已被美国、德国等许多国家所摒弃。对于我国，在其他方法尚未发展起来的时候，利用城郊农村的山谷、低地填埋，是当前解决废弃物处理的主要途径之一。

1.3.2.5 焚烧

焚烧即将废弃物丢入焚烧炉中焚化，是日本和欧洲国家处理包装废弃物的一种有效方法。焚烧处理效率高，能彻底消灭固废物中的病毒细菌，副作用小，是一种比较彻底又方便的处理方法。焚烧过程中，有些废物会产生有害气体及烟尘而造成空气的二次污染，形成公害；尤其是排放物可能导致酸雨，剩余灰烬中残存重金属及有害物质，容易对生态环境及人类健康造成危害；加之焚烧炉设备投资大、处理费用高，因此现在单纯焚烧处理已逐渐受到限制，而回收热能用于供热和发电的焚化日益受到重视。我国人口众多，消耗的废弃物绝对数量也多，焚烧对我国应是一种处理废弃物可选用的方法，尤其是焚烧后能量可供发电、取暖，有较大的经济效益和社会效益。

1.4 包装废弃物对环境的危害

1.4.1 环境影响

固体废物对环境的影响主要表现在如下几个方面：

（1）对土壤的影响。固体废物如果不加以利用且露天堆放，不仅会占用土地，而且会造成土壤污染。土壤是许多细菌、真菌等微生物聚集的场所，这些微生物与周围环境组成了一个生物系统，在大自然的物质循环中，细菌和真菌担负着碳循环和氮循环的重要任务。国际上禁止使用的持续性有机物在自然环境中难以降解，它们在土壤中会渗入水体，而对人的健康造成严重危害，对生态环境也会造成长期的负面影响。残留在土壤中的有毒有害物质因难以消解，会杀死土壤中的微生物，破坏土壤生物系统的平衡，降低土壤的腐解能力，改变土壤的性质和结构，阻碍植物根系的发育和生长，并在植物体内积蓄，破坏生态环境，而且会通过食物链进入人体并积存在人体内，对人的肝脏和神经系统造成严重损害，诱发癌症甚至致使胎儿畸形。

（2）对水体的影响。固体废物可以随地表水流入河流与湖泊，或随风迁徙落入地表水体，从而使有毒有害物质进入地表水体。有毒有害物质会杀死水中的生物，污染人类饮用水水源，危害人体健康。固体废物产生的渗滤液危害更大，它可以进入土壤使地下水受到污染，影响水资源的充分利用；也有可能直接流入河流、湖泊和海洋，造成水质型的水资源短缺。

（3）对大气环境的影响。露天堆放的固体废物中的细微颗粒、粉尘等可随风飘入大气，并随风扩散到很远的地方。固体废物中的有机物质在适宜的温度和湿度下可能发生降解释放出有毒有害的气体，这些气体也会进入大气污染空气，从而危害人体健康。在固体废物的低温处理和高温处理过程中，也会产生有毒有害气体，如果不能进行有效的净化处理，这些有毒有害气体也会进入大气危害人体健康。因此，固体废物对大气环境的影响会直接和间接损害人体健康。

固体废物在环境中的迁移和富集指标包括滞留因子、降解常数、生成系数和生物富集因子等，它们的含义如下。

1.4.1.1 滞留因子

滞留因子 R_d 反映有毒物质在土壤中由于吸附作用产生的随水流迁徙时的滞后现象，其定义为

$$R_d = 1 + \frac{\rho_0 K_d}{\varphi} \tag{1-1}$$

式中 ρ_0——土壤的堆积密度，kg/m^3；

φ——土壤的含水率，kg/kg；

K_d——有毒有害物质在土壤（或水）中的分配系数，m^3/kg。

对于无机物，如重金属的 K_d 可根据实验数据取值，对于有机物，K_d 可由下式计算：

$$K_d = K_{or} f_{or} \tag{1-2}$$

式中 K_{or}——有机物在水与纯有机碳之间的分配系数，m^3/kg，由该物质与土壤的物理化学物质确定，范围为 $1 \sim 1\times10^7 m^3/kg$；

f_{or}——土壤中有机碳含量，kg/kg。

1.4.1.2 降解常数和生成系数

降解常数是指有毒有害物质由于化学反应（如水解、分解、化合、氧化还原等反应）和生物质而导致的有毒有害物质的减少，可用单位时间内单位有毒有害物质的减少量来衡量，也可称之为转化系数。生成系数可用单位有毒有害物质在单位时间内生成另一种有毒有害物质的量之比来衡量。有毒有害物质在空气中、水中和土壤中由于受到物质形态的影响，降解常数和生成系数是有差别的，要分别进行测定。化学反应的降解常数和生成系数一般可由实验测出，其降解速率的估算与物质的化学结构式密切相关，且关系复杂。生物降解常数受具体环境下生物种类的影响，难以进行准确测定。

1.4.1.3 生物富集因子

有毒有害物质生物富集因子（BCF）反映某种有毒有害物质在生物体内的浓度累积作用。BCF 的范围为 $1 \sim 1\times10^7$ mol/L。BCF 是通过大量生物实验，尤其是鱼类实验得到的，数据主要取自国际潜在有毒化学品登记库（IRPTC）。可以通过估算公式，根据 K_{or} 或 K_{ow}

来估算，即

$$\log(\mathrm{BCF}) = 0.76\log K_{ow} - 0.23 \qquad (1\text{-}3)$$

式中 K_{ow} ——正辛醇（水）分配系数，m^3/kg，范围为（7.9~8.1）$\times10^3 m^3/kg$。

$$\log(\mathrm{BCF}) = 1.119\log K_{or} - 1.579 \qquad (1\text{-}4)$$

式中 K_{or} ——范围为（1~1.2）$\times10^3 m^3/kg$。

1.4.1.4 有毒有害物质在空气中的扩散系数

有毒有害物质在空气中的扩散系数是指有毒有害物质与空气组成扩散对时的质量传输特性，单位为 m^2/s。常见的有毒有害物质在空气中的扩散系数约为 $0.8\times10^4 m^2/s$。

1.4.2 包装废弃物的危险风险评价和累积影响评价

环境影响评价可以对新建或扩建项目实施引起的环境影响进行定性和定量分析，指出项目实施后对环境引起的负面影响或正面影响。我国自1989年规定新建或扩建项目都需要做环境影响评价以来，现在已经得到全面落实，环境影响评价目前已成为所有新建或扩建项目启动的必备条件。固体废物的环境影响评价主要包括固体废物源头危害评价及固体废物处理与处置评价两部分。首先进行固体废物源头危害评价，凡属于《国家危险废物名录》中的物质，都属于危险废物。在固体废物处理与处置的风险评价中，根据处理和处置方式的具体特征，分析在正常和非正常情况下对周围人和环境的影响，可能造成的污染，特别是对人体健康的危害，找出风险源，分析最大可能发生概率及可能的最大危害限度。

环境风险评价的最终目的是确定什么样的风险是社会可以接受的。判断一种风险是否能被接受，一般采用把估算得出的风险与已经存在的其他风险进行比较，常用的比较方法是：与可达到同一目标的替代方案带来的风险进行比较；与一些熟悉的风险进行比较，包括对不同时间段内同一种风险进行比较；对不同地点相同项目的风险比较；与已有项目的风险进行比较；与承受风险所带来的好处进行比较；与降低风险采用的措施所需的费用及其效益进行比较。环境风险评价可建议项目做一些技术上的整改，使降低环境风险的技术措施和管理措施得到落实。把采用措施所需的费用与采用措施后获得的效益进行比较，使投入和产出的效益达到最佳化。实际上，在固体废物环境影响评价的过程中涉及风险的过程描述、数据收集、预测模式、参数选择、方法评价，遇到的困难比常规环境影响评价的困难大得多，因而造成事故发生率、事故状态、事故传播途径、事故影响范围、受体危害程度、风险评价结论具有很大的不确定性，降低了固体废物环境影响评价的可信度。对于固体废物环境影响评价的不确定性，很难定量表述，大多数情况下只能给出定性结论。这说明评价方法、预测模型、数据来源等方面存在的局限性。

累积影响评价是在较大的时空范围内系统分析和评估一个项目实施后的累积影响，并提出避免或消除累积影响的对策措施，以及对人体和生态可能造成的短期内不能表现出的长期影响与危害。由于固体废物的迁徙与扩散较慢，它对人体和生态可能造成的危害在短期内不能表现出来，经过一定时间的积累，它对人体和生态的危害就会突显出来，要消除这些危害有时要花费很大的代价，有时这些危害甚至是不可逆转的。例如，固体废物中重金属在固体废物的储存、运输、处理与处置过程中扩散到生态系统后，重金属随着生物链传播到食物链的各个环节，经过长时间的积累会对人体和生态环境造成严重的危害，要消除这种危害需要几十年甚至更长的时间。累积影响评价的原则为：（1）扩大评价时空范围，包括过去、现在和在可预见的将来的其他行动；（2）从受影响的环境资源的角度进行评价；（3）注重环境影响的加和与协同效应：（4）采用自然边界和生态边界，而不是采用行政管辖边界；（5）从环境承载力出发，分析资源利用和发展的可持续性；（6）具有现实可行性。累积影响评价通常采用的程序是：（1）根据由一系列问题构成的决策来判断某环境问题是否需要进行累积影响评价，主要从项目的类型、规模、个数和预期影响时间、空间、范围等方向进行识别。（2）根据待识别的问题类型，可在事前分析法和事后分析法两种累积影响分析方法中进行选择。事前分析法，主要识别将来的累积环境影响；事后分析法，主要分析影响源和累积过程中尚不明了的已有累积环境影响。（3）对项目的开发方案进行评估，评价项目实施后环境状况的可接受性，选择环境影响的管理方案，这需要多学科的专家与可能受影响的公众共同参与，以提高评估结果的可信度和可接受性。

1.5 包装废弃物高值利用

1.5.1 固体废弃物污染防治法规体系的组成

我国的固体废物环境管理工作虽然起步晚，但我国各级政府机构十分重视对固体废物的管理、处理与处置。随着我国国民经济近年来持续快速发展，我国的环境保护压力也越来越大，我国在加强固体废物减量化、无害化、资源化和安全处理与处置的同时，加快了环境保护法规体系的建设，我国目前已建成了较为完善的四层次的环境保护法规体系。

固体废物环境污染防治法规体系是环境保护法规体系中不可缺少的组成部分，是一个子系统。该子系统是由固体废物污染防治及管理方面的专门性法律规范和其他有关的法律规范所组成的有机统一体，从图 1-4 中可以看出，我国的固体废物污染防治法规体系是由基本法律《中华人民共和国环境保护法》《中华人民共和国固体废物污染环境防治法》及固体废物污染防治法规、固体废物污染防治行政规章等组成的具有 4 个层次的系统。

第一层次：《中华人民共和国环境保护法》中给予固体废物的有关条款。如防治环境污染和其他公害中的第二十四条、第二十五条、第三十三条都是与固体废物相关的。

第二层次：《中华人民共和国固体废物污染环境防治法》是一项包括固体废物管理指导思想、基本原则、制度和主要措施的综合性法律。在该层次中，还包括其他相关的法律、法规，如《中华人民共和国水污染防治法》《中华人民共和国海洋环境保护法》等法律中有关固体废物管理以及刑法、刑事诉讼法、民法、民事诉讼法等，还有我国政府参加、签约的国际性环境保护公约、条约，如《巴塞尔公约》。1989 年 3 月 22 日，联合国环境规划署在瑞士巴塞尔（Basel）召开了“制定控制危险废物越境转移及其处置公约”的专家组会议和外交大会，签署了《关于有害废物越境转移及其处置的巴塞尔公约》，简称《巴塞尔公约》。该公约生效时间为 1992 年 5 月 5 日，有 104 个国家成为该公约的缔约国。公约签订的目的是控制并把隶属公约管辖的废物越境降低到最低限度，把产生有害废物减少到最低限度，包括尽可能对废物产生源进行处置和回收；帮助发展中国家和经济转轨国家对其产生的有害废物和其他废物进行有利于环境的管理。

第三层次：国务院颁布的有关固体废物的行政法规，其中包括综合性的法规和单项性的法规，如城市垃圾管理办法、固体废物综合利用问题若干规定、海洋倾废管理条例等。

第四层次：生态环境部及其他各部委颁布的关于固体废物管理的单项性行政规章，在该层次的法规中，主要包括以下几个方面的内容：固体废物环境污染的防治规定，固体废物回收综合利用的规定，固体废物收集、运输等管理规定，固体废物污染源控制及监测技术的规定，固体废物监督管理办法，其他一些相应的技术标准则为固体废物管理法规的实施提供了技术上的保障。在该层次中，还包括了地方性法规，即地方人大颁布的行政规章。

在具体执行过程中，一般从上到下依次执行，即首先执行层级较高的环境法律、法规，然后是环境规章，最后才是其他环境保护规范性文件。我国的固体废物的管理体系如图 1-4 所示，对相关部门的职责进行了划分。

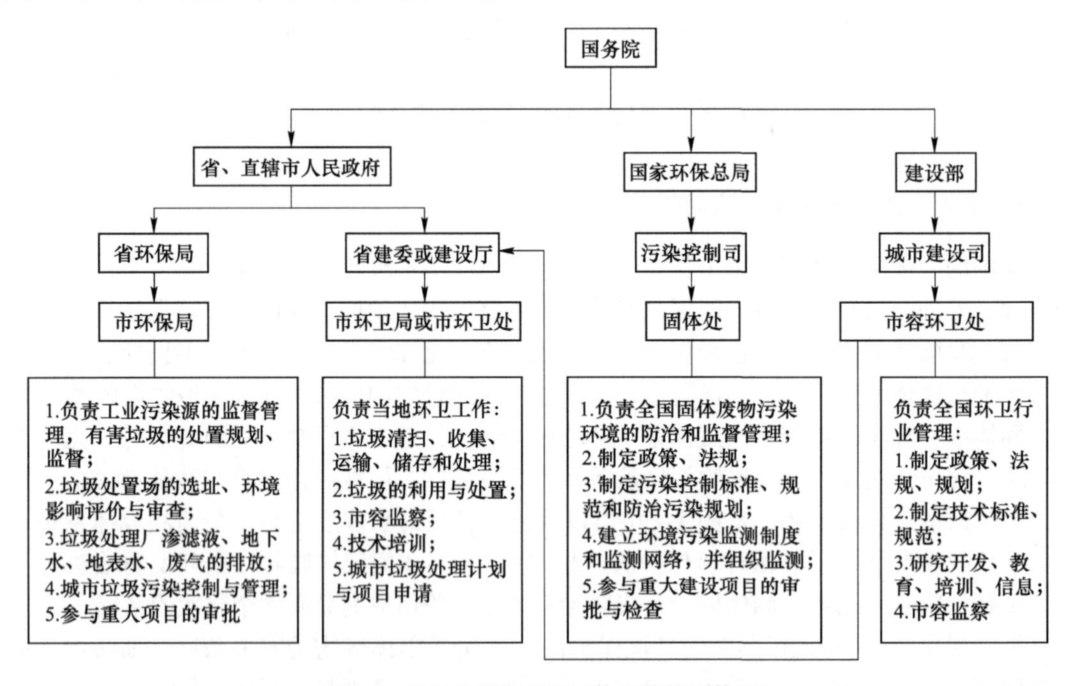

图 1-4　我国的政府部门固体废物管理体系

我国住建部负责城市生活垃圾管理，主要职责：制定规划、相关政策、法规、条例、行业技术标准、规范等；研究与开发、推广新技术和新产品；组织信息网；教育与培训等。具体的管理工作则由住建部城市建设司市容环卫处承担。

生态环境部负责对城市生活垃圾污染环境的防治工作实施统一监督管理，具体内容如下：建立固体废物污染环境全过程监测制度和监测网络；执行国家有关建设项目环境保护管理规定，审批建设项目的环境影响报告书；组织制定城市生活垃圾污染控制标准及规范。

地方环保局的任务：统计每年有关固体废物产生与处理处置情况的指标；对垃圾处理方案进行环境影响评价，包括选址、处理设施、处理过程、产生后果等；工业以及危险固体废物的处理和监督管理，包括污染控制监测和废物物流管理。

地方环卫管理局的任务：负责城市生活垃圾清扫、收集、处理处置；负责具体治理项目的立项、建设和组织项目的实施。

城市地方人民政府的任务：负责有计划地改进燃料结构，发展城市煤气、天然气、液化气和其他清洁能源，合理安排废旧物资收购网点，配套建设城市生活垃圾清扫、收集、储存、运输、处置设施等，指导和协调地方环保部门和环卫部门的管理。

在我国现有的城市生活垃圾管理体系中，还存在一些需要完善和改进之处，诸如环境卫生管理法规有待于完善；现有管理体制需改进；垃圾治理所需费用待落实；垃圾分选制度要落到实处：提高垃圾回收利用率；加快无害化处置设施的建设；普及和提高全民的环保意识等。随着我国综合国力的不断增强和公民环保意识的逐步提高，我国的城市生活垃圾管理体系在不断完善的同时，将会得到更有效的落实，使我国城市生活垃圾管理水平不断得到提升，使城镇居民的生活环境不断得到改善，促进城镇经济和环境的和谐发展。

1.5.2 包装废弃物高值化利用途径

常见的包装废弃物处理与处置方法可分为填埋、堆肥、焚烧、热解、气化、资源化等。在常见的生活垃圾处理方法中，以填埋、堆肥、焚烧为主。国内外现有的包装废弃物处理处置技术，如分选技术、堆肥技术、填埋技术、焚烧技术、热解技术、气化技术等，都实现了大型化和自动化。包装废弃物处理处置技术与计算机技术、通信技术、控制技术、测试技术、遥感技术、新材料技术、能源技术等密切相关，上述有关学科的发展和进步，带动了包装废弃物处理处置技术水平的提升。国际上，包装废弃物处理处置技术已经成为展现各种高新技术综合应用的领域，为各种高新技术的实际应用提供了平台。各种包装废弃物处理处置技术朝着自动化程度提高、污染排放降低、运行成本下降、资源化程度提高的方向发展。我国包装废弃物处理处置技术起步相对较晚，与发达国家的总体水平相比还有相当大的差距。随着我国经济的不断发展和综合国力的不断提高，近年来也引进了具有世界先进技术水平的包装废弃物处理处置技术，有的正在建设，有的已经投入运行。对于我国的包装废弃物处理处置技术，应走引进与自主研发相结合的道路，增加自主知识产权的含量，实现我国包装废弃物处理处置技术的现代化，最终实现技术自主化、设备国产化。而要实现固体废物高值化，主要途径是对其进行再生资源化，实现废物到新型原料的转变。

当一个物品有用时，称为“材料”；但是同一物品不再有用时，称为“废品”。这种情况对于包装固体废物更甚，因为包装材料与包装废弃物之间往往不存在物质本征结构和性能方面的变化，仅仅是使用功能的变化，因此，包装使用后产生的固体废弃物浪费是令人惋惜的。以矿泉水瓶为例，其主要成分为聚对苯二甲酸乙二醇酯（PET），其包装功能为盛装液体水，当其中的水被使用完后，PET 瓶变为废品，但是其自身的结构和性能没有任何变化。这是一种 100%的资源浪费。那么，对于包装废弃物而言，废品和浪费之间是否都是必然现象，这取决于产品的使用寿命。

产品的快速周转是我们当今所观察到的一个比较新的现象。一般来说，当一个产品失去其“价值”后，其生命也随之而终止。然而，失去价值的时刻往往并不是产品停止工作的那一瞬间。产品的使用寿命还可细分为：

（1）实际寿命（Physical Life），其终端为产品无法通过实惠的修补而重新被使用的那一时刻；

（2）功能寿命（Functional Life），其终端为产品的功能消失的那一时刻；

（3）技术寿命（Technical Life），其终端为产品的功能已被新型产品所替代的那一时刻；

（4）经济寿命（Economical Life），其终端为产品的功能已被更有经济效益的新型产品所替代的那一时刻；

（5）法定寿命（Legal Life），其终端为新的标准、新的指令和法规限制该产品继续使用的那一时刻；

（6）时尚寿命（Desirability Life），其终端为新的市场口味或审美观改变而将产品淘汰的那一时刻。

显然，若想减少资源消耗，必须延长产品的各种寿命，使其更有耐久性。而产品的耐久性是与以上所列举的6种类型的产品寿命紧密相关的。产品材料的优选在这其中起着很重要的作用。目前，我们先接受一个事实：因为这样或那样的原因，当一个产品第一次走到了它的生命尽头，如何处理其废品呢？根据上述的几种物理、化学与生物处理途径，包装固体废物的高效回收处理利用途径取决于其高值化过程。只有当包装废弃物能被用于更高价值的场景时，其回收利用的经济效益才能促使废物实现更高效地转化。由此可知包装废弃物的高值化回收利用至少有3个基本意义：其一是解决环境污染问题，尤其是消灭塑料等包装材料引起的白色污染，保护人类和动植物赖以生存的地球；其二是充分利用自然资源，包装废弃物的主要材料为纸、塑料、金属和玻璃（陶瓷），主要来源于植物、石油、矿石等，这些废物从材料组分与结构的角度而言，完全可以成为“可再利用的自然资源”；其三是保护生态环境及动植物的多样性，包装废弃塑料制品已经在海洋环境、森林及天空空间中造成了严重的污染，使动植物多受其害，造成了“海—陆—空”立体空间的全方位污染。而且，在生物体甚至人体血液中发现微塑料。这些都对生物体与人体造成不同程度的危害。因此，有必要通过高效回收利用包装废弃物来降低其对动植物的日常活动的影响。那么，如何衡量包装废弃物的高值化利用对材料市场供应的贡献呢？

假设某材料使用 Δt 年之后其中的一部分（f）成为旧的废物。如果它在成为废品的当年被回收利用，则它的回收利用率也为 f。鉴于材料的消费会随着时间而增加，而废品的回收总会滞后于消费，因此废品回收对现实供应的贡献会随着时间而递减。设某材料在 t_0 年时的消费为 $C_0 t$，而消费速率以每年 r_c 的速率增长，则在 t^* 年的消费量应为

$$C = C_0 \exp[r_c(t^* - t_0)] = C_0 \exp(r_c \Delta t) \tag{1-5}$$

则在 $\Delta t = t^* - t$ 时间段上的总回收量 R 应为

$$R = f C_0 \tag{1-6}$$

如图1-5中黑色短棒所示。那么，废品回收量（R）与材料市场的消费量（C）之比应为

$$R/C = f/\exp(r_c \Delta t) \tag{1-7}$$

图1-6用图解的方式显示了这一规律。如果 $r_c = 5\%$，$f = 60\%$，当产品的寿命为1年时，废品回收对现时材料供应的贡献约为57%（图1-6中的 A 点）；如果该产品的寿命为30年，则废品回收的贡献将下降至13%（图1-6中的 B 点）。显然，废品回收的贡献随着 f 值的增加而增加，但是，如果产品寿命较长或者消费增长速度较高，则该贡献值会迅速下降。

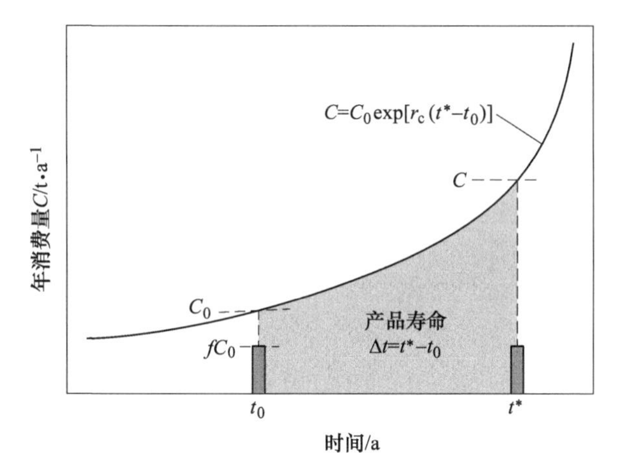

图 1-5　产品的材料及其使用寿命对回收贡献的关系图
（如果消费速率不断增长，寿命长的产品对回收的贡献将低于寿命短的产品）

事实上，每个产品中都含有不同种材料，而每种材料又可用于不同的产品。因而，每种材料或产品都有自身的使用寿命 Δt_i和回收利用率f_i（这里的 i 代表其中的一种材料或产品），设 s_i为某材料或某产品总消费量的一部分，它对当今该材料供应贡献为

$$R_i/C = s_i f_i/\exp(r_c\Delta t_i) \tag{1-8}$$

废料回收的总贡献将是各项材料市场的分贡献的总和。因此，如何实现包装废弃物的高值化利用，就在于提升包装废弃物回收的总贡献值。

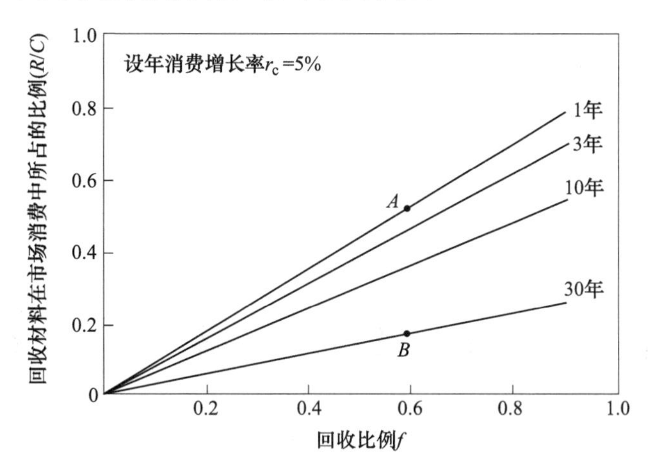

图 1-6　公式（1-7）图解
（倘若产品的年消费增长率为 5%，回收效益将随时间的推进而递减）

思　考　题

1-1　什么是固体废物，固体废物的来源主要有哪些，固体废物是怎样分类的？
1-2　简述包装废弃物的主要组成有哪些？
1-3　固体废物会对环境造成哪些影响？

1-4　包装废弃物高值化利用的途径有哪些?

1-5　简述包装废弃物对环境的影响。

1-6　简述包装废弃物管理系统的组成。

1-7　简述固体废物处理技术的现状和发展趋势。

2 包装废弃塑料处理与高值化

2.1 塑料包装材料

塑料包装的出现是现代商品包装的重要标志，塑料包装从出现到广泛地应用，发展速度很快，在包装历史上是具有里程碑意义的。它改变和调整了包装材料的结构和布局，令商品包装呈现出崭新的面貌，使包装水平上了一个台阶。从经济的角度来看，塑料在包装材料中占有较大的份额。在中国，塑料包装材料的使用占整个塑料产量的26%左右。塑料是可塑性高分子材料的简称，具有质轻、美观、耐腐蚀、力学性能高、易于加工和着色等特点，被广泛用于各类产品的包装。用塑料制成的软包装袋、瓶、桶、杯、盆等包装容器逐步取代了金属罐和玻璃瓶，使包装工业的面貌发生了巨大变化。

2.1.1 塑料包装材料的分类

根据组分的性质可将塑料分为单组分塑料和多组分塑料。单组分塑料由合成树脂组成，仅含少量辅助物料。多组分塑料以合成树脂为基本成分，含有多种辅助物料。

按使用程度可分为一次性包装、再使用包装等。

按包装对象可分为食品包装、药品包装、纺织包装、液体包装、粉状包装、器械包装、危险品包装等。

按塑料包装制品形态划分是当前使用的主要分类方式，可将其分为六大类：(1) 塑料薄膜，它包括普通薄膜、定向拉伸薄膜、涂布薄膜、复合薄膜等，薄膜可定义为厚度小于0.3mm 的软质塑料薄片材；(2) 中空容器（瓶、罐）类；(3) 塑料箱，包括食品周转箱；(4) 编织袋；(5) 塑料带，包括胶合带、捆扎绳等；(6) 泡沫塑料等。

按塑料材料的化学组成，则可将塑料包装材料分为多种，常用的塑料包装材料及其英文缩写见表 2-1。

表 2-1 常用的塑料包装材料及其英文缩写

缩写代号	中文名称	缩写代号	中文名称
AS	苯乙烯-丙烯腈共聚物	PVA	聚乙烯醇
ABS	丙烯腈-丁二烯-苯乙烯共聚物	PI	聚酰亚胺
ASA	丙烯腈-苯乙烯-丙烯酸酯共聚物	PP	聚丙烯
EPS	发泡剂聚苯乙烯	PE	聚乙烯
E/P	乙烯-丙烯共聚物	FR-PP	玻璃纤维增强聚丙烯
LDPE	低密度聚乙烯	PC	聚碳酸酯
LLDPE	线性低密度聚乙烯	OPP	单向拉伸聚丙烯

续表 2-1

缩写代号	中文名称	缩写代号	中文名称
HDPE	高密度聚乙烯	BOPP	双向拉伸聚丙烯
PB	聚丁二烯	EVOH	乙烯-乙烯醇共聚物
PVC	聚氯乙烯	EVA	乙烯-醋酸乙烯共聚物
CPVC	氯化聚氯乙烯	PT	粘胶纤维素薄膜（普通玻璃纸）
PVDC	聚偏二氯乙烯	VCVDC	氯乙烯-偏二氯乙烯共聚物
PS	聚苯乙烯	VCVAC	氯乙烯-乙酸乙烯酯共聚物
CA	醋酸纤维素	EP	环氧树脂
EC	乙基纤维素	PE-C	氯化聚乙烯
PVAL	聚乙烯醇	MC	甲基纤维素
HIPS	耐高冲击改性聚苯乙烯	MABS	甲基丙烯酸-丙烯腈-丁二烯-苯乙烯共聚物
PTFE	聚四氟乙烯	PBT	聚对苯二甲酸丁二酯
PAN	聚丙烯腈	PMMA	聚甲基丙酸甲酯
PET	聚对苯二甲酸乙二醇酯	PUR	聚氨酯
PA	聚酰胺（尼龙）	UF	脲醛树脂（电玉）
PA6	聚己内酰胺（尼龙 6）	PF	酚醛树脂（电木）
PA66	聚己二酰己二胺（尼龙 66）	KPT	聚偏二氯乙烯涂布胶黏纤维素薄膜（防潮玻璃纸）

塑料根据受热加工时的性能特点可分为热塑性塑料和热固性塑料两大类。前者多属软性材料，后者属刚性成型材料。包装用的塑料多属于热塑性塑料，热塑性塑料分子结构为线型，或者支链型，当它被加热到某一温度后将软化或熔化，这时可以将其塑化造型，冷却后定型。热塑性塑料能反复加热、反复塑化，此种塑料可塑性好、易加工、可循环使用。此类塑料包括 PE（聚乙烯）、PP（聚丙烯）、PS（聚苯乙烯）、PMMA（聚甲基丙烯酸甲酯）、PVC（聚氯乙烯）、PET（聚酯类）等。热固性塑料，顾名思义，即塑料在加热熔化后一次定型，温度升高则会引起它的分解破坏，即没有再塑性，是一次成型材料。热固性塑料在成型加工前还不是网状（体型）结构，只是一般线型（或支链）分子，但在加热成型时就会交联起来形成了三维网状结构。此种塑料耐热性好，不易变形。热固性塑料最大的缺点是无法回收处理，只能一次性使用。因此，包装中一般较少使用热固性塑料，多采用热塑性塑料。热固性塑料的主要品种有酚醛塑料、脲醛塑料、蜜胺塑料等。包装常用热塑性塑料的物理参数见表 2-2。

表 2-2　包装常用热塑性塑料的物理参数

项目	PP	LDPE	HDPE	PET	PS
硬度	洛氏 R95	肖氏 D48	肖氏 D69	洛氏 R130	洛氏 M70
相对密度	0.90	0.918	0.96	1.4	1.04
伸长率/%	600	550	1000	350	2
拉伸强度/MPa	35	12	34	45	45

续表 2-2

项目	PP	LDPE	HDPE	PET	PS
冲击强度/kJ · m^{-2}	300	—	1000	500	200
催化温度/℃	—	-70	-80	—	—
软化温度/℃	167	84	128	—	79
耐油性	一般	不好	不好	良好	不好
吸水率/%	<0.03	<0.01	<0.01	0.02	0.03

2.1.2 塑料包装材料的组成

树脂是塑料中最主要的组分，它是决定塑料类型、性能和用途的根本因素。单组分塑料中树脂含量几乎达 100%，在多组分塑料中，树脂的含量为 30%~70%。塑料在制成塑料制品时，必须在成型加工前的树脂原料中配以不同的助剂、添加剂等。这些辅料的添加目的，是改善塑料的性能，包括自身的物理性能、化学性能、加工性能和降低树脂用量，增加利润。常见的助剂和添加剂如下：

（1）增塑剂。增塑剂是一种高沸点、低挥发性的小分子物质，在塑料中加入增塑剂目的是增加塑料的塑性、柔性、耐低温性，降低玻璃化温度，以便提高加工时的塑性，降低加工时的温度。增塑剂有两种，极性的与非极性的，添加的原则为极性对极性，非极性对非极性。其作用是起到组织极性基团之间的作用，隔离整个大分子之间的距离，从而降低分子间的作用力，起到增塑的作用。增塑剂品种很多，但最常用的有邻苯二甲酸二丁酯、二辛酯、樟脑、丙三醇、三乙酸酯及环氧类。邻苯二甲酸二丁酯类的用量最大，可达每年增塑剂总用量的 2/3 以上。

（2）填充剂。填充剂是能改善塑料某些性能的惰性物质，也称填料。填充剂的用量一般在 40%以下，填充剂主要是固体粉末状、纤维状物质，如碳酸钙、硫酸钙、高岭土、硅藻土、滑石粉、木粉、玻璃纤维、尼龙纤维等。填充剂有两类，一类为惰性填充剂，另一类为活性填充剂。活性填充剂的主要功能为对聚合物起增强作用。但惰性填充剂是为了改进材料加工性能，降低树脂用量，赋予材料以特殊功能，如润滑性、导电性等。填充剂加入的目的是增加树脂强度和性能，使其具有耐热性、耐寒性、耐磨性、润滑性及一些特殊性能及减少树脂用量，降低成本。

（3）防老化剂。塑料制品在加工、使用及储存的过程中，由于环境与条件的影响，如高冷、急冷、受各种力，导致材料内部结构变化——分子断链、降解，使材料物理、化学性能变坏，以致丧失使用价值，这种现象称为老化。其表现形式是材料变脆、变色、发黏、裂缝等，为有效地避免老化的产生，在塑料中加入一定量的防老化剂。它的品种很多，以下三大类为最主要的，如光稳定剂、抗热氧剂、热稳定剂。

1）光稳定剂。光稳定剂中包括紫外光吸收剂、紫外线屏蔽剂、能量转移剂、金属减活剂，其中紫外光吸收剂用量较多，其结构特征是分子中含有多个苯环和易变化的—OH（羟基）和 C═O（羰基），如邻羟基二苯甲酮、苯并三唑类。它们的机理主要是在受光后自身先起变化，形成稳定结构，以保护材料本身。其他的几种作用机理也相同，关键是通过各种反应、作用，有效削弱照射光线。

2）抗热氧剂。抗热氧剂的主要作用是打断自动氧化的锁链过程，大大降低热氧老化的速度，主要有链终止剂和过氧化物分解剂。其结构特征为分子含有较大的空间阻碍基团和易转移的α-H，如阻碍酚、阻碍胺等，分子中含有 N—N，O—H 基，当活泼氢转移后，生产稳定的自由基，而剩下的 ArO、ArN 仍有捕捉自由基的能力，使活性自由基终止为不能再引发氧化反应的物质。

3）热稳定剂。热稳定剂主要用于 PVC 塑料制品，PVC 的加工温度在 160℃以上，而 PVC 在 120~130℃时就开始热分解，热稳定剂的加入能够防止 PVC 在加工、使用和储存过程中因受热而发生降解、交联、变色和老化。热稳定剂的主要品种包括铅盐类、有机锡、金属皂类、复合稳定剂和有机助剂等。

（4）抗静电剂。在塑料配料中也可加些其他的助剂，如抗静电剂，若在材料加工、整饰时不添加抗静电剂，则会因静电而引起麻烦，出现打火花、吸灰尘或印刷不适等。

（5）着色剂。能使塑料具有色彩或特殊光学性能的物质称为着色剂。目前，使用的着色剂能使塑料制品染成从淡色到深色及其他各种不同颜色，它不仅能使制品鲜艳、美观，同时也能改善塑料的耐候性。塑料制品常用的两种基本着色剂为染料与颜料，染料与颜料相对来说不易溶解，但能扩散在整个塑料制品中。在塑料制品的整个使用过程中，颜料比染料更稳定，不易褪色。现在使用的一种着色剂，叫作色母料，它可在加工成形过程中加到塑料制品中去。塑料制品中可将这种着色剂和塑料成分拌在一起，或在制品加工时直接加进这种着色剂，就能使塑料变色。

（6）润滑剂。为了改进塑料熔体的流动性及制品表面的光洁度而加入的物质叫润滑剂。常用的润滑剂有脂肪酸皂类、脂肪酯类、脂肪酶类、石蜡、低分子量聚乙烯等，其用量低于 1%。润滑剂可根据其作用不同，而分为内润滑剂及外润滑剂两类。内润滑剂与塑料树脂有一定的相溶性，加入后可减少树脂分子间的作用力，降低其熔体黏度，从而削弱聚合物间的内摩擦。一般常用的内润滑剂有：硬脂酸及其盐类、硬脂酸丁酯、硬酯酰胺等。外润滑剂与塑料树脂仅有很小的相容性，而在成形过程中易从内部析出黏附在设备的接触表面（或涂于设备的表面），形成润滑剂层，降低了熔体和接触表面间的摩擦，防止塑料熔体对设备的黏结。属于这类润滑剂的有硬脂酸、石蜡、矿物油及硅油等。

（7）固化剂。固化剂也称硬化剂，作用是在塑料树脂中生成横跨键，使分子交联，由受热可塑的线形结构，变成体形（网状）的热稳定结构，如环氧、醇酸树脂等，在成型前加入固化剂，才能成为坚硬的塑料制品。固化剂的种类很多，通常随着塑料制品及加工条件不同而异。用于酚醛树脂的固化剂有六次甲基四胺，环氧树脂的固化剂有胺类、酸酐类化合物，聚酯树脂的固化剂是过氧化物等。通常所说的塑料是由合成树脂与添加剂等组分共同组成的。

2.1.3　塑料包装材料的特点

2.1.3.1　塑料包装材料的优点

（1）物理性能优良：塑料具有一定的抗拉、抗压、抗冲击、抗弯曲、耐折叠、耐摩擦、防潮等性能；（2）化学稳定性好：塑料耐酸碱、耐化学药剂、耐油脂、防锈蚀等；（3）质轻：塑料密度约为金属的 1/5、玻璃的 1/2；（4）加工成型方法简单多样：塑料可制成薄膜、片材、管材、带材，还可以编织布，用作发泡材料等，其成型方法有吹塑、挤压、注塑、铸塑、真空、发泡、吸塑、热收缩、拉伸以及应用多种新技术，可创造出适合不同产品需要的新型包装；（5）优良的透明性和表面光泽度，印刷和装饰性能良好，在传达和美化商品上能取得良好效果；（6）价廉，价格上具有一定的竞争力。

2.1.3.2 塑料包装材料的不足之处

（1）强度不如钢铁；（2）耐热性不及玻璃；（3）在外界因素长期作用下易发生老化；（4）塑料不是绝对不透气、不透光、不透湿；（5）部分塑料还带有异味，其内部低分子物有可能渗入内装物；（6）塑料易产生静电，容易弄脏；（7）有的塑料废物燃烧处理时会造成公害。

2.1.3.3 包装用塑料的主要性能指标

作为包装材料的塑料，其理论上的主要性能指标应是：保护性指标、安全性指标和工艺性指标，具体技术指标包括如下方面。

A 阻透性

包装用塑料的阻透性主要包括透光、透气、阻气、阻湿、透水等性能，其各种性能见表 2-3。

表 2-3 塑料包装材料主要阻透性指标

性能指标	代号	单位	说　明
透光度	T	%	指材料抵抗光线穿透过的性能指标
透气性	Q_g	$cm^3/(m^2 \cdot d)$	指一定厚度的材料在一个大气压下 $1m^2$ 面积内所透过的气体量（在标准状态下）
透气指数	P_g	$g/(m \cdot h \cdot Pa)$	指在单位时间内，单位气体压差下透过单位厚度和面积材料的气体量
透湿度	Q_v	$g/(m^2 \cdot d)$	指一定厚度的材料在一个大气压下 $1m^2$ 面积 1d 内所透过的水蒸气克数
透湿系数	P_v	$g/(m \cdot h \cdot Pa)$	指单位时间单位压差下、透过单位面积和厚度材料的水蒸气重量
透水度	Q_w	$g/(m^2 \cdot d)$	指 $1m^2$ 材料在 1d 内所透过的水分重量
透水系数	P_w	$g/(m \cdot h \cdot Pa)$	指单位时间、单位压差下、透过单位面积和厚度材料的水分重量

B 稳定性

稳定性是材料抵抗环境因素（温度、介质、光等）的影响而保持其原有性能的能力，包装材料的稳定性主要包括耐高温、耐低温、耐油、耐老化等基本性能。大多数塑料有较高的耐油性、耐老化性，下面简要介绍耐温性。

耐高温性。即随温度的上升，包装材料的强度、刚性明显降低，同时也影响其阻气、阻湿、阻水等性能，塑料材料承受高温的性能用温度指标来表示，一般用马丁耐热试验、维卡软化点试验、热变形温度试验测定材料的耐热温度。用这些测试法测定的温度是在各种规定的载荷、施力方式、升温速度等条件下，材料达到规定变形量的温度，故各试验方法的耐热性指标之间无可比性，它只能作为在相同条件下各种塑料之间的耐热性能的比较。所测的数值并不表示该材料的最高使用温度，耐热温度越高其耐热性能就越好。

耐低温性。塑料抵抗低温性能用脆化温度 T_b（脆折点）来表示。脆化温度是指材料在低温下受某种外力作用时发生脆性破坏的温度，一般通过低温对折试验、低温冲击压缩试验等。相同条件下材料脆化温度的高低可用作耐低温性能的比较，但不代表最低使用温度。

C　力学性能

即在外力作用下塑料抵抗材料变形和破坏的能力的性能，塑料包装材料的主要性能指标见表 2-4。

表 2-4　塑料的主要力学性能指标

性能	说　明
刚性/MPa	指材料抵抗外力作用而不发生弹性变形的性能
抗拉、压、弯强度/MPa	指材料在拉、压、弯力作用下不破坏时，单位受力截面上所能承受的最大力
爆破强度/MPa	是塑料薄膜带破裂所施加的最小内压应力，表示受内压作用的容器材料抵抗内压的力，常用来测定塑料包装的封口强度。也可用材料的抗张强度来表示
冲击强度/$J\cdot cm^{-2}$	材料抵抗冲击力作用而不破坏的性能，单位受力截面上所能承受的最大冲击能量
撕裂强度/$J\cdot cm^{-2}$	材料抵抗外力作用使材料沿缺口连续撕裂破坏的性能，它指一定厚度的材料在外力作用下沿缺口撕裂单位长度所需的力
戳刺强度/N	材料被尖锐物刺破所需要的最小力

D　毒害性

有无毒害属于安全性指标，塑料由于其成分组成、材料制造、成形加工及与被包装物品之间的相互关系等原因，存在着残留有毒单体或催化剂、有毒添加剂及分解老化产生的有毒物质的溶出和污染等不安全问题。目前大多采用模拟溶出试验来测定塑料包装材料中有毒、有害物质的溶出量，并进行毒性试验，由此获得对材料无毒性的评价，确定有毒物质极限溶出量，以及某些塑料包装材料的使用限制条件。

E　抗生物侵入性

塑料包装材料无缺口、无空隙缺陷时，材料本身一般能抵抗环境微生物的侵入渗透，但抵抗昆虫、鼠类等的侵入较困难，因为抗生物侵入的能力与材料的强度有关，而塑料的强度比金属、玻璃低。为了包装物在储存环境中免受生物侵入污染，应对包装进行虫害的侵害率试验，为包装的选材及确定包装质量要求和储存条件等技术措施提供依据。昆虫对包装材料的侵害率为：用一定厚度材料制成的容器，内装食品并密封后至该包装材料在储存环境中被昆虫侵入包装内所经过的平均周数。入侵率是指：用一定厚度材料制成的容器，内装食品并密封后至该包装材料的储存环境中存放时每周内侵入包装的昆虫个数。包装材料侵害率数值越大或入侵率数值越小，则表示其抗生物侵入性能越好。

F　加工工艺性能

塑料包装材料可以用挤出、注射、吸塑等方法成形，其加工工艺性能包括包装制品成型加工工艺性、包装操作工艺性、印刷适应性等。

2.1.4　塑料包装材料的应用

塑料包装材料由于其自身的特点：品种多，成型种类多，兼具多种优良性能，所以在包装上应用广泛，不论是食品（固体或液体）、工业品、杂货品、化工品、文化用品都可用，而且在性能上耐常温的、耐低温的、耐高温的、耐拉伸的、耐压的、防震的各种性能的材料都有。目前我国塑料制品主要有以下几类：

（1）薄膜。包括单层薄膜、复合薄膜和薄片，这类材料制造的包装也称软包装，主要用于包装食品、药品等。单层薄膜的用量最大，约占薄膜的2/3，其余则为复合薄膜及薄片。制造单膜最主要的塑料品种是低密度聚乙烯，其次是高密度聚乙烯、聚丙烯和聚氯乙烯等。薄膜经电晕处理、印刷、裁切、制袋、充填商品、封口等工序来完成商品包装。有的还需要在封口前，抽成真空或再充入氮气（或二氧化碳），以提高商品的货架寿命。薄膜经双轴拉伸热定型，制成收缩薄膜，这种膜有较大的内应力，包装商品后迅速加热到接近树脂的黏弹态，则薄膜会产生30%~70%的收缩，把商品包紧。厚度为0.15~0.4mm的透明塑料薄片，经热成型制成吸塑包装，又称泡罩包装，在包装药片、药丸、食品或其他小商品方面已普遍应用。

（2）容器。

1）塑料瓶、桶、罐及软管容器。使用的材料以高、低密度聚乙烯和聚丙烯为主，也有用聚氯乙烯、聚酰胺、聚苯乙烯、聚酯、聚碳酸酯等树脂的。这类容器容量小至几毫升，大至几千升。其耐化学性、气密性及抗冲击性好，自重轻，运输方便，破损率低。如聚酯吹塑薄壁瓶，透气性低，已普遍用来盛饮用水、汽水等饮料。

2）杯、盒、盘、箱等容器。以高、低密度聚乙烯、聚丙烯以及聚苯乙烯的发泡或不发泡片材，通过热成形方法制成，用于包装食品。塑料包装箱的性能比纸箱或木箱更优，用低发泡塑料做包装箱可降低包装商品的成本。用高密度聚乙烯制成的各种周转箱，易清洗、消毒，使用寿命也长。

（3）防震缓冲包装材料。用聚苯乙烯、低密度聚乙烯、聚氨酯和聚氯乙烯可以制成泡沫塑料。泡沫塑料按发泡程度和交联与否分为硬质和软质两类；按泡沫结构分为闭孔和开孔两种，密度为0.02~0.06g/cm^3，具有良好的隔热性和防震性，主要用作包装箱内衬。

在两层低密度聚乙烯薄膜之间充以气泡制成的薄膜，称为气泡塑料薄膜或气垫薄膜，密度为0.008~0.03g/cm^3，适用于包装食品、医药品、化妆品和小型精密仪器。将聚苯乙烯或低密度聚乙烯在挤出机内通入加压易于汽化的气体，经挤出吹塑制成低发泡薄片，称为泡沫纸，再用热成型的方法，可制成食品包装托盘、餐盘、蛋盒及快餐食品的包装盒等。

包装中使用缓冲材料是用来缓和被包装产品在运输装卸中所受到的冲击和振动外力，以达到保护产品不被损坏的目的，所以缓冲材料是指一些具有能高度压缩和具有复原性的弹性材料。它们具有冲击能量的吸收性、振动吸收性以及复原性。

（4）密封材料。包括密封剂和瓶盖衬、垫片等，是一类具有黏合性和密封性的液体稠状糊或弹性体，以聚氨酯或乙烯-醋酸乙烯酯树脂为主要成分，用作桶、瓶、罐的封口材料。橡胶或无毒软聚氯乙烯片材，可作瓶盖、罐盖的密封垫片。

（5）带状材料。包括打包带、撕裂膜、胶黏带、绳索等。塑料打包带是用聚丙烯、高密度聚乙烯或聚氯乙烯的带坯，经单轴拉伸取向、压花而成宽 13～16mm 的带，单根抗拉强度在 130kg 以上，较铁皮或纸质打包带捆扎方便、结实。

聚丙烯薄片经单轴拉伸后，大分子沿轴向高度定向，强度增加；横向大分子失去结合力，易撕裂成带状，称撕裂膜，普遍用于捆扎零售商品。聚丙烯经适当单轴拉伸剖成 2～3mm 宽的扁丝，可织成编织袋，强度高，质轻，耐腐蚀，不霉变，性能超过麻袋及牛皮纸，现已广泛用于水泥、化肥等重包装。

胶黏带是一种压敏胶带，将压敏胶涂于薄膜带基或牛皮纸带基上，带的背面有防黏层。如果用玻璃纤维顺轴向增强的胶黏带，可提高其拉伸强度，作捆扎材料使用极为方便。将压敏胶涂于纸质或铝箔彩色标贴背面，俗称不干胶标贴。热熔胶和乙烯-醋酸乙烯酯树脂乳液是包装箱盒封口的主要胶黏剂，消耗量占包装用胶黏剂的 80%以上。

2.1.5　主要的塑料包装材料

2.1.5.1　聚乙烯（PE）

聚乙烯为无臭、无毒、外观呈乳白色的蜡状固体。聚乙烯是包装中用量最大的塑料品种之一。聚乙烯的主要性质如下：（1）分子结构为线型或支链型结构，结构简单规整、对称性好、易于结晶，柔韧性好，不易脆化；（2）分子中无活性反应基团又无杂原子，因此化学稳定性极好，在常温下几乎不与任何物质反应；常温下不溶于任何一种已知的溶剂，但对烃类、油类的稳定性较差，可能引起溶胀或变色；在 70℃以上能溶于甲苯、二甲苯、四氢萘、十氢萘等溶剂；（3）优良的耐低温性能，且在低温下性能变化极小；（4）阻湿性好，但具有较高的透气性；（5）热封性好；（6）由于聚乙烯分子无极性，极性油墨等对其附着力较差，导致适应性不良，故在印刷前应进行电晕等表面处理。同样，在聚乙烯薄膜与其他薄膜进行干法复合前，也需要进行电晕等表面处理，以增加复合的牢度。聚乙烯的品种类型有多种，在使用中通常将聚乙烯按密度和结构的不同分为低密度聚乙烯（LDPE）、中密度聚乙烯（MDPE）、高密度聚乙烯（HDPE）和线型低密度聚乙烯（LLDPE）等。3 种聚乙烯的基本性能见表 2-5。

表 2-5　聚乙烯的基本性能

性能	LDPE	HDPE	LLDPE
相对密度/$g \cdot cm^{-3}$	0.91～0.94	0.94～0.97	0.92
拉伸强度/MPa	7～16.1	30	14.5
冲击强度（缺口）/$kJ \cdot m^{-2}$	48	65.5	—
断裂伸长率/%	90～800	600	950
邵氏硬度/D	41～46	60～70	55～57
连续耐热温度/℃	80～100	120	105
脆化温度/℃	-80～55	-65	-76

2.1.5.2　聚丙烯（PP）

聚丙烯属聚烯烃品种之一，也是包装中最常用的塑料品种之一。聚丙烯是以丙烯单体进行聚合的热塑性聚合物。聚丙烯外观与聚乙烯相似，但聚丙烯的相对密度为0.90~0.91，是目前常用塑料中最轻的一种，通常分为均聚聚丙烯和共聚聚丙烯2类。聚丙烯有良好的耐化学性及耐力学性能。聚丙烯常用于制造薄膜和刚性容器，其基本性能见表2-6。

表2-6 聚丙烯的基本性能

性能	指标	性能	指标
相对密度/g·cm^{-3}	0.90~0.91	缺口冲击强度（缺口）/kJ·m^{-2}	4~5
拉伸强度/MPa	29.4~39.2	缺口冲击强度（无缺口）/kJ·m^{-2}	>8
弯曲强度/MPa	41.2~54.9	布氏硬度（HB）	8.65
压缩强度/MPa	27.9~56.8	连续耐热温度/℃	121
断裂伸长率/%	>200	脆化温度/℃	-35

2.1.5.3 聚氯乙烯（PVC）

绝大多数聚氯乙烯塑料制品是多组分的，它包括聚氯乙烯树脂和多种助剂（如增塑剂、稳定剂、润滑剂、填料、颜料等多种助剂），各助剂的品种及数量都直接影响聚氯乙烯塑料的性能。聚氯乙烯大分子中含有的C—Cl键有较强的极性，大分子间的结合力较强，故聚氯乙烯分子柔顺性差，且不易结晶。加入不同数量的增塑剂可将刚硬的聚氯乙烯树脂制成硬质聚氯乙烯（不加或加入5%左右的增塑剂）和软质聚氯乙烯（加30%~50%增塑剂）。

聚氯乙烯的主要特性如下：（1）性能可调，可制成从软到硬不同力学性能的塑料制品；（2）化学稳定性好，在常温下不受一般无机酸、碱的侵蚀；（3）耐热性较差，受热易变形。纯树脂加热至85℃时就有氯化氢析出，并产生氯化氢刺激气体，故加工时必须加入热稳定剂；制品受热还会加剧增塑剂的挥发而加速老化；在低温作用下，材料易脆裂，故使用温度一般为-15~55℃；（4）阻气、阻油性好，阻湿性稍差；硬质聚氯乙烯阻隔性优于软质聚氯乙烯，软质聚氯乙烯的阻隔性与其加入助剂的品种和数量有很大关系；（5）聚氯乙烯树脂光学性能较好，可制成透光性、光泽度皆好的制品；（6）由于聚氯乙烯分子中含有C—Cl极性键，与油墨的亲和性好，与极性油墨结合牢固，另外热封性也较好；（7）纯的聚氯乙烯树脂是无毒聚合物，但当树脂中含有过量的未聚合的氯乙烯单体（游离单体）时，在制成食品包装后，所含的氯乙烯通过所包装的食品进入人体，可对人体肝脏造成损害，还易产生致癌和致畸问题。因此，我国规定食品包装用聚氯乙烯树脂的氯乙烯单体含量应小于5mg/kg，食品包装用压延聚氯乙烯硬片中未聚合的氯乙烯单体含量必须控制在1mg/kg以下。还要注意的是，聚氯乙烯在用于食品包装时，所加入助剂的品种和数量必须符合相关卫生安全标准。

2.1.5.4 聚苯乙烯（PS）

聚苯乙烯大分子主链上带有体积较大的苯环侧基，使得大分子的内旋受阻，故柔顺性差，且不易结晶，属线型无定型聚合物。聚苯乙烯的一般性能如下：（1）力学性能好，密度低，刚性好，硬度高，但脆性大，耐冲击性能差；（2）耐化学性能好，不受一般酸、碱、盐等物质侵蚀，但易受有机溶剂如烃类、酯类等的侵蚀，且易溶于芳烃类溶剂；（3）连续使用温度不高，但耐低温性能良好；（4）阻气、阻湿性差；（5）具有高的透明度，有良好的光泽性，染色性良好，印刷、装饰性好；（6）无色、无毒、无味，尤其适用于食品包装。

2.1.5.5 聚酯（PET）

在包装行业中人们常将聚对苯二甲酸乙二醇酯简称为聚酯（PET）。聚酯树脂性能优良，表现在：（1）力学性能好，其强度和刚度在常用的热塑性塑料中是最大的，薄膜的拉伸强度可与铝箔相媲美，耐折性好，但耐撕裂强度差；（2）耐油、耐脂肪、耐稀酸、稀碱，耐大多数溶剂，但不耐浓酸、浓碱；（3）具有优良的耐高低温性能，可在120℃温度范围内长期使用，短期使用可耐150℃高温，可耐-70℃低温，且高、低温时对其机械性能影响很小；（4）气体和水蒸气渗透率低，具有优良的阻气、水、油及异味性能；（5）透明度高，可阻挡紫外线，光泽性好；（6）无毒、无味，卫生安全性好，可直接用于食品包装；（7）双向拉伸可以使聚酯树脂薄膜的纵向和横向力学性能提高，因此，双轴取向薄膜聚酯（BOPET）成为该材料的重要产品。

聚酯树脂的应用范围主要在三大领域。纤维、片材和薄膜以及瓶用树脂。（1）纤维——世界上约1/2的合成纤维是用PET制造的，通称涤纶纤维。（2）片材和薄膜——PET片材是继聚氯乙烯片材之后，用于医药品包装的片材，而在欧洲一些国家禁止聚氯乙烯用于一次性包装之后，它更成为主要的医药品包装用片材。PET片材是用PET树脂，经干燥→挤出（或流涎）铸片→拉伸而成。PET薄膜用于医疗用器具、精密仪器、电器元件的高档包装材料和电影胶片及感光胶片等的基材，还可以制成拉伸薄膜用于各类产品的包装，以及经过镀铝或涂覆聚偏氯乙烯再与其他薄膜复合，制成复合薄膜。（3）瓶用树脂——PET在包装中主要制成瓶类容器用于充气饮料及纯净水等的包装，其特点是质量轻、强度高、韧性好、透明度高，拉伸取向后可耐较高的内压，化学稳定性好，阻隔性高。结晶度较高的PET树脂是目前较好的耐热包装材料，适用于冷冻食品及微波处理的食品容器，以及热罐装食品的包装。

2.2 塑料包装与环境

我国正着力建设生态文明，郑重提出“人与自然是生命共同体”。人类必须尊重自然、顺应自然、保护自然。人与自然是相互依存、相互联系的整体，对自然不能只讲索取不讲投入、只讲利用不讲建设。让我们敬畏自然、善待自然，承担起爱护自然、保护自然的生态责任，让人与自然和谐共生的理念成为自觉行动，从而实现自然的宁静、和谐、美丽，实现人的幸福安宁和自由全面发展。在日常生活中是否践行了自己的责任与使命，人们能为环境保护做些什么，是否可以做到以下几点：

（1）能做到不乱扔垃圾；

（2）能按照要求做好垃圾分类；

（3）有将塑料包装进行循环利用的意识。

2.2.1 包装材料在生命周期过程中的演变

包装产品的生命周期分析如图2-1所示。包装生命周期分析常用于改进现有包装系统的环境性能，也用于设计新的绿色生态包装系统，选择包装废弃物最佳回收利用方法。国际上许多知名企业集团的产品包装，如可口可乐的包装、利乐包的包装都是利用了生命周期分析法设计出自己的生态包装系统。

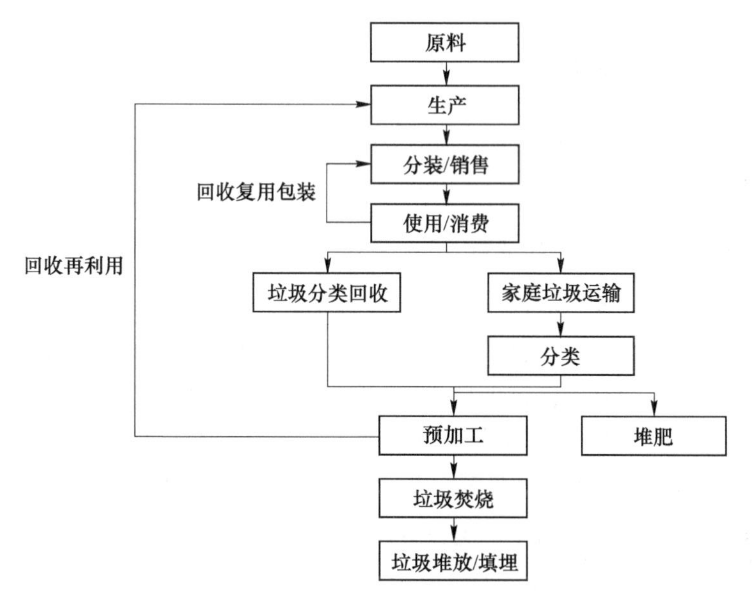

图 2-1 包装产品的生命周期分析

为了生产或处理这些产品及其包装，除了需要原材料之外，还需要耗用机械能或电能，在运输原材料的过程中，也需要消耗能量。无论是靠燃烧煤、天然气或石油等的传统热电厂，还是靠核裂变产生热量的核电厂，都是通过驱动马达产生机械能或产生电能。产品出厂后被运送到零售商手中，消费者购买使用后，包装与产品分离，变成垃圾或废物。这些包装废物与工业固态废物不同，它们是分散的，很容易和其他包装材料或生活垃圾混合在一起。每一种材料的再生方法是不一样的，在处理过程中，应当有选择性地收集，并集中到专用容器中，然后分类，最终进行废物处理。

包装材料及其制品的生产，都必须面对废物的处理和污染问题。按照我国相关法规的要求，工业废水必须经过处理，达到标准后才能排放，衡量废水是否达标的参数有温度、酸度、生化需氧量（BOD 值）、化学需氧量（COD 值）、悬浮颗粒和沉淀物的百分含量等。同样，我国的法规也规定了废物的排放标准、固态废物的处理及再生利用标准，这些标准同样适用于包装材料及其制品的生产制造。在包装材料及其制品的生产制造过程中凡是有缺陷的，都采取现场回收的措施。这些回收的材料被作为新的废物，一般不会影响环境。其他的污染，像噪声（包括厂内与厂外的噪声）污染、热污染、光污染和射线污染等，虽然这些污染现象与包装材料没有联系，但它们会对人们的身心产生有害的影响，所以它们也被视为污染物。

BOD 值：是指在有氧的条件下，水中微生物分解有机物的生物化学过程中所需溶解氧的质量浓度。为了使 BOD 检测数值有可比性，一般规定一个时间周期，并测定水中溶解氧消耗情况，一般采用 5d 时间，称为五日生化需氧量，记做 BOD_5。BOD 数值越大，证明水中含有的有机物越多，因此污染也越严重。BOD 是一种环境监测指标，用于监测水中有机物污染情况，有机物都可以被微生物分解，此过程中需要消耗氧，如果水中溶解氧不足以供给微生物的需要，水体就处于污染状态。

COD 值：是在一定的条件下，采用一定的强氧化剂处理水样时，所消耗的氧化剂量。它反映了水中受物质污染的程度，化学需氧量越大，说明水中受有机物的污染越严重。COD 以 mg/L 表示，通过水质监测仪器检测出的 COD 数值，水质可分为五大类，其中一类和二类 COD≤15mg/L，基本上能达到饮用水标准，数值大于二类的水不能作为饮用水，其中三类 COD≤20mg/L、四类 COD≤30mg/L、五类 COD≤40mg/L 属于污染水质，COD 数值越高，污染就越严重。

2.2.2 塑料包装的生产对能源的消耗

塑料树脂的种类有许多，但用于包装的只有少数几种，其中聚乙烯的比例约为 65%。原油是生产塑料的主要材料，塑料与原材料石油一样，会有一定的含热量，并且有较高的热量值。塑料包装制品的制造，首先是先将塑料树脂加热到熔化状态，然后通过一些加工工序（如挤压、吹塑、拉伸等）获得所需的造型。表 2-7 为一些塑料加工消耗能量的数据，这些加工过程需要通过机械来实现，而这些机械要靠电能来驱动。

表 2-7 生产 1t 塑料所消耗的能量

材料	加工过程	能量/J
LDPE	石油加工成 PE	39580
	PE 加工成瓶子（5 万个）	43540
HDPE	石油加工成瓶子（5 万个）	44800
PP	石油加工成 PP	43730
PET	PET 生产	76570
	瓶子生产（5 万个）	95230

塑料包装的再循环与再使用存在很多困难，用于食品包装的塑料材料的再循环已被禁止。塑料包装材料的再使用同玻璃包装材料类似，即回收后再熔化并重新制成新的包装容器。当然，塑料包装废品也可以用来制造其他产品，如花盆、垃圾袋等。塑料能够以单体的形式再循环或利用，使其含有的能量得以恢复，但是其循环成本是非常高的。

2.2.3 塑料包装的生产对环境的污染

包装工业生产中的一部分原材料经过加工制作成包装制品，一部分原材料变成污染物排入环境。如包装企业排出的各种废气造成大气污染，排出的各种废水、污水造成水体的污染，生产过程中不能回收利用的包装材料以及包装工业产生的废渣与有害物质对周围环境卫生造成危害。据统计，目前我国大中型企业向江河湖泊排出的各种废物和废水每年大约 369 亿吨。几乎所有包装制品在加工过程中，都会造成环境的污染。

塑料包装制品主要原料是高分子合成树脂，这些制品一般都在液态的环境中，通过加热或冷却生产而成。通常情况下，塑料制品不是反应的唯一产物，反应过程中也会伴随产生其他化合物。在分离出所需产品后，一些不需要的物质必须处理掉。在反应后的排放物中，悬浮物较多，且生化需氧量较高，它们未经处理不能直接排入大海、湖泊和河流。这些废液中存在少量有毒污染物，如微量的催化剂、溶剂、化合物单体等，它们含有硫和氮，难以去除。这些排放的废物会使水中的 pH 值升高，同时，由于有机分子反应慢，即使经过废水处理，一段时间后，又会形成新的产物。

用于包装的塑料树脂有两类：一类是半合成树脂；另一类是全合成树脂。半合成树脂，如纤维素可用来合成醋酸纤维、乙基硝酸和硝酸纤维素等包装用薄膜。制造这些再生纤维素薄膜过程中需要使用 CS_2，因此会产生二氧化硫等恶臭的气体和有毒的废水。全合成树脂，一部分由石油和煤加工产物得到，如乙烯、丙烯、苯、甲苯等；另一部分通过反应获得，如苯乙烯、氯乙烯、乙二醇等。在石油和煤的加工过程中，由于存在各种中间产物和最终产物，所以会伴随着废物的产生。这些废物中含有许多无机物、有机可溶物和不可溶物等，造成水污染，每生成 1t 乙烯，平均产生 1～3m^3 废水。生产过程中产生的气体通常是可燃的，在排入大气之前，虽然能够用燃烧的方法处理掉，但会产生二氧化碳等气体，也会造成环境的污染。

2.2.4 塑料包装废弃物对环境的污染

塑料包装废弃物是高分子材料，化学结构及性能稳定，一般自行降解速度缓慢，也不易被细菌侵蚀，因此塑料包装废弃后不腐烂、不分解，形成百年不腐的永久垃圾，给环境带来了严重的白色污染。污染环境的塑料废弃物主要有塑料地膜、EPS 发泡塑料、PVC 包装材料等。地膜主要有增温、保温和保墒特性，还可以防治杂草和虫害。但是由于地膜很薄，老化破碎后清除回收十分困难，长期积累在农田中也影响耕作；混杂在饲草中，牲畜吃后，易导致牲畜患疾病或死亡。EPS 主要用作缓冲包装、隔音材料及快餐器皿。随着它们在铁路沿线及掩埋场中的积累，给环境造成了很大的污染。PVC 包装废物在燃烧时会产生 HCl 气体和残留有毒物质，污染大气层及土壤。另外，其他的塑料废物，特别是复合塑料废物，均会对环境造成不同程度的污染。

包装产品多属一次性使用，所以大量的包装产品使用后即成为包装废弃物。在工业发达国家，包装废弃物所形成的固体垃圾在质量上约占城市固体垃圾质量的 1/3，而在体积上则占 1/2，且包装废弃物的总质量还以每年 10%的速度递增。大量的包装废弃物，尤其是不可降解的塑料包装废物对环境造成了严重污染，它们在自然界中，对土壤、江河湖海、海洋生物等都带来了威胁。

（1）对土壤、农作物的危害。以废塑料材料为例，这些材料的分子量在 10^4～10^5碳单位之间，分子与分子之间结合得相当牢固，在自然条件下，分解速度极为缓慢。如聚乙烯、聚氯乙烯塑料薄膜，在土壤中 300～400a 才能降解完全，它们滞留在土壤里就破坏了土壤的透气性能，降低了土壤的蓄水能力，影响了农作物对水分、养分的吸收，阻碍了禾苗根系的生长，从而造成农作物的大幅度减产，使耕地劣化。此外，塑料添加剂中的重金属离子及有毒物质会在土壤中通过扩散、渗透，直接影响地下水质和植物生长。据报道，如果每亩（667m^2）地有 3.9kg 残膜，将减产玉米 11%～13%，土豆 5.5%～9.0%，蔬菜 14.6%～59.2%；也有人做过实验，当每亩农膜残片达 6.9kg，小麦减产约 9%，当达到 25kg 时减产 26%。当前有些农业部门推广无法回收的 0.007mm 超薄地膜，长远看极其不妥当。

（2）对动物的危害。塑料废物对海洋生物造成的危害是石油溢漏的 4 倍，每年仅丢弃在海洋中的废弃渔具就在 1.5×10^5t 以上，各种塑料废品在数百万吨以上。废弃塑料对动物的伤害主要表现在被动物误食，划伤食道，造成胃部溃疡等疾患。有毒的塑料添加剂，如抗氧剂三丁基锡，由于生物富集，会使动物食欲降低，降低类固醇激素水平，导致繁殖率降低，甚至死亡。据估计，每年至少有数百万只海洋动物，因误食塑料导致丧生。目前已知至少有50种海鸟喜爱吞食塑料球，将其误认为鱼卵或鱼的幼虫，海龟也把一些塑料当成水母吞食，而海狗喜欢在废塑料渔网中嬉戏玩耍，常被缠绕致死。在陆地特别是一些反刍类动物如牛、羊等牲畜和鸟类因吞食草地上的塑料薄膜碎片在肠胃中累积造成肠梗阻死亡的事例已屡见不鲜。如在北京从一只死亡奶牛的胃中清出累积的塑料薄膜竟有13kg，对自然界的动物危害可见一斑。

（3）对人体的危害。因塑料废物造成的火灾事故也时有发生。塑料废物的焚烧还会产生有害的气体，如聚氯乙烯燃烧产生氯化氢（HCl），ABS丙烯腈燃烧产生氰化氢（HCN），聚氨酯燃烧也产生氰化物，聚碳酸酯燃烧产生光气等有害气体。其中，氯化物燃烧产生的二噁英等有毒气体能使兽类和鸟类出现畸形和死亡，对生态的破坏极大。它们对人体的伤害也是极为严重的，表现为肝功能紊乱和神经受损并使癌症的发病率上升等。塑料燃烧产生240多种碳氢化合物释放到空气中，其中有20多种是有毒或剧毒的，这对人类身体产生严重损害。据报道，已经在人体的消化道、血栓、血液中检测发现大量微塑料的存在，进一步严重危害了人类的生存。

（4）社会影响。现代工业文明的浪潮席卷了全世界，人类社会的发展过程也是与自然灾害抗争的过程，是认识自然、影响环境，改造、修复和保护环境的过程。环境地质问题的研究，对于人类的生存与安全，改善地质环境，达到人与自然、人与环境和谐相处，推动人类社会不断进步及经济的持续发展，具有深远的重要意义。生态文明建设关乎人类共同命运。

2.3 包装废弃塑料的回收处理与高值化

环境污染是一个全球性的问题，那我们就应该用全球性的眼光去看待环境污染问题。作为一名合格的“环境人”，我们或许应该做更多的思考。我们应该有着怎样的价值观？应该怎样实践核心价值观？面对全球环境污染日益严峻的情况，我们能做的有哪些呢？塑料以质轻、价廉、来源丰富、物理性能优良等自身优越性在包装领域发展迅速。目前，全球每年的塑料产量超过1亿吨，塑料包装占塑料市场的30%左右，有的地区甚至高达50%。在我国，塑料包装材料的工业产值在包装工业总值中约占1/3，高居首位。塑料包装之所以发展迅猛，关键是它在材料的性能价格比上超过了所有其他材料，而且对于发展中国家来说，更为适应其国情和经济发展的需要。塑料包装材料的确有许多其他包装材料所不具备的功能，然而由于塑料在回收处理上确有难度，所以带来了社会问题及污染问题，因此研究、开发塑料包装废弃物的回收处理与再生技术，具有特别重大的意义。

2.3.1 废弃塑料处理的指导方针

中国《“十四五”塑料污染治理行动方案》部署了三方面主要任务，一是积极推动塑料生产和使用源头减量，包括积极推行塑料制品绿色设计、持续推进一次性塑料制品使用减量、科学稳妥推广塑料替代产品等。二是加快推进塑料废物规范回收利用和处置，包括加强塑料废物规范回收和清运、建立完善农村塑料废物收运处置体系、加大塑料废物再生利用、提升塑料垃圾无害化处置水平等。三是大力开展重点区域塑料垃圾清理整治，有针对性地部署了江河湖海、旅游景区、农村地区的塑料垃圾清理整治任务。“易回收，易再生”的高值化循环模式首次写入“十四五”规划纲要：国家发展改革委 2021 年 7 月 1 日印发了《“十四五”循环经济发展规划》（发改环资〔2021〕969 号）（以下简称《规划》），“十四五”时期，中国宏观经济进入了一个全新的发展阶段，“立足新发展阶段，贯彻新发展理念，构建新发展格局”将成为新发展阶段的主基调，高质量发展将成为新发展阶段的主旋律，科技创新和低碳绿色发展将成为新发展阶段的主动力。“高值化循环利用”目标的实现需要从根本上改变产品的生产和使用方式。再生塑料产业将在回收、加工、利用等各环节逐步受到《规划》的指引，是实现“高值化循环利用”目标的重要保障，未来将进一步为循环经济发展、提高资源使用、直接减少能源资源消耗、实现“双碳”目标做出不可忽视的贡献。

2.3.2　塑料包装材料的回收现状

德国在环境保护和包装废弃物的回收方面堪称世界的典范。他们的居民对塑料垃圾的分类既认真，又准确，再加上拆卸机上塑料分类也由手工完成，所以塑料制品仅回收就超过了 60%（不包括焚烧获取能量等）。美国对塑料的回收率达 50%，仅新泽西州的塑料再生中心（CPRR）建立的热塑性废旧塑料处理装置，就具有年产 3500t 再生塑料的能力。我国每年用于包装的塑料制品 300 多万吨，但每年塑料的回收率仅达 10%左右，而且也仅仅是一些硬质塑料包装容器，是消费者直接卖到废品收购站的。而其余大部分则成为垃圾，大大浪费了这一有着极大潜力的资源。目前，在世界绿色革命浪潮的冲击下，我国已对此给予高度的重视。当前废弃塑料回收途径已逐渐完善，建立了系统的回收标识，如图 2-2 所示。

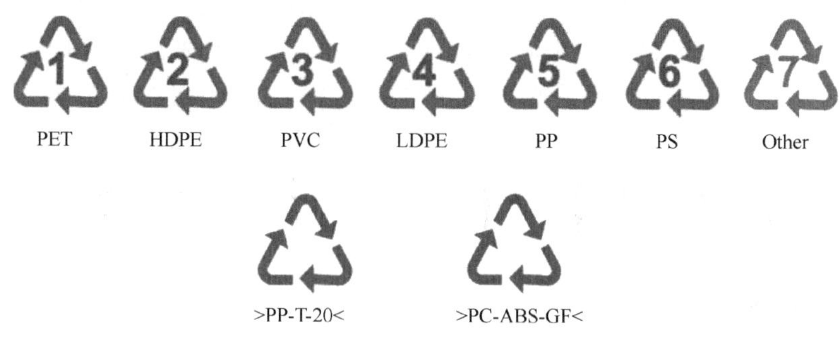

图 2-2　聚合物塑料及其混合物商品回收标志
（最后两个图标为共混复合物商品回收标志）

近年来，全球日益重视废弃塑料的污染治理。联合国环境规划署不断发起多项大规模全球运动，以减少再利用和再循环废弃塑料制品，如 2017 年启动全球“清洁海洋运动”，呼吁政府、行业和消费者减少塑料的生产和过度使用；2019 年将废塑料纳入《巴塞尔公约》的管控范围。国际上制定了一系列公约、政策和法规，建立了塑料污染防治法律体系，如美国的《资源保护与回收利用法》、欧盟的《欧盟限塑令》、日本的《资源有效利用促进法》等。发达国家人工成本高昂，环保措施严苛，长期将废塑料大量出口到其他国家，如据美国废料回收工业协会（ISRI）统计，2017 年美国出口废塑料达 2×10^6t，其中出口到中国的约占其出口量的 70%。

2022 年 10 月，我国召开的中国共产党第二十次全国代表大会上，我国生态环境部提出中国已经全面禁止洋垃圾进口，实现了固体废物零进口目标。而如何处理现存巨量废弃塑料是急需解决的问题。这也是把“美丽中国”纳入社会主义现代化强国目标，把“生态文明建设”纳入“五位一体”总体布局，把“人与自然和谐共生”纳入新时代坚持和发展中国特色社会主义的基本方略，把“绿色”纳入新发展理念，把“污染防治”纳入三大攻坚战等系列环境攻坚战中面临的技术与管理的关键问题。

2.3.3 废旧塑料的储存

回收的废旧塑料从入库到出库，需要一定时间储存保管。许多塑料因为其特殊化学性质，日光暴晒及雨淋潮湿均对其有较大损伤。因此，必须根据各种塑料的特性，采取相应措施，做好储存保管工作，以保障商品安全。废旧塑料的储存，必须注意以下几点。

（1）防老化。大部分塑料都怕热、怕潮，耐老化性能较差，不能在阳光下暴晒或被雨水浸湿，因此，在包装之后应存放在阴凉、干燥、通风的库房或敞棚内。如条件暂不具备，也应尽量用苫布、苇席加以苫盖，货垛下要用枕石或垫木垫高，以防潮湿。在夏季或雨季，更要勤倒垛，最好是每月一次。

（2）防火。有很多塑料品种易燃，储存要远离火种，包装袋上也应加注易燃标志，以免和其他品种混淆。特别是硝酸纤维塑料（赛璐珞），不仅易燃而且还能自燃。燃烧后，火势迅猛，很难扑灭，还能产生一种对人体有害的气体，因此，必须引起特别重视。有条件的地方，应设专用库房。库房玻璃窗要涂上白色的油漆，以避免传热；库房温度更要严格控制在 30℃以下，库房周围还要准备砂土箱、砂土袋和其他防火设备。

（3）防毒。有些塑料包装往往残留有毒物质。如废旧聚氯乙烯塑料袋，多数是包装过化工原料、染料和农药的，一般具有毒性，特别是装过亚砒酸、敌敌畏等药品的口袋，毒性更大。对这些有毒品种，必须单独存放，并严格和其他品种隔离，不能随意混淆。同时，在回收、运输、加工、利用等各个环节，也都应采取防毒措施。要备有防毒面具、口罩、橡皮手套、围裙、护腿、袜套等防护用品，以供职工接触带毒塑料品种时使用。

2.3.4 塑料包装材料的回收预处理

废旧塑料来源复杂，性能不一，杂质多。聚乙烯、聚丙烯、聚苯乙烯、聚氯乙烯等常用塑料经常混在一起，其间混有橡胶、线头、泥沙及金属杂物。这些杂物的存在不仅影响再制品质量，使设备和模具容易损坏，甚至还使成型加工无法进行。如在聚乙烯中混入了聚氯乙烯塑料，即使数量很少，也会使再制品失去机械强度；在聚氯乙烯塑料中如混有橡胶，会因橡胶与聚氯乙烯塑料不相溶，在制品中橡胶会被一粒粒剥出，而使聚氯乙烯塑料制品极易断裂；如果在塑料中混有钢铁杂质，则常使设备和模具损坏。这些杂物经与塑料混炼，经造粒后，就难以除去。故在处理废旧塑料时，必须先用分选、清洗、干燥等手段对回收物进行处理。

2.3.4.1 分选

A 手工分选法

对于批量小的废旧塑料分离，先将金属和非金属杂质除去，将线头、麻绳等肉眼可以看见的各种杂质及油污严重、发黑、烧焦等质量极差的废旧塑料剔除。然后将不同品种的制品，如农膜、包装膜、鞋底、泡沫拖鞋、边角料等进行分类。最后，根据外观性质再将PE、PP、PS、PVC 等分类。

聚乙烯：在未染色前呈乳白色半透明、蜡状，用手摸制品有滑腻的感觉，柔而韧，一般高压聚乙烯较软，低压聚乙烯较硬。

聚丙烯：在未染色前为白色半透明、蜡状，但比聚乙烯轻，透气性低，比聚乙烯刚硬。

聚苯乙烯：在未染色前无色透明，无延展性，似玻璃状材料，制品落地或敲打时，具有金属的清脆声，光泽与透明度都胜于其他塑料，性脆易断裂。改性聚苯乙烯为不透明。

聚氯乙烯：有透明和不透明制品，透明制品的透明度胜于聚乙烯、聚丙烯，差于聚苯乙烯，柔而韧，随增塑剂用量不同，分为软或硬聚氯乙烯，有光泽。

B 密度分选法

各种塑料都具有一定的密度，将不同品种的塑料混合物放入某一特定密度的溶液中，根据塑料在该溶液中的沉浮来进行判定、分选。该法最大的优点是简易可行，只要选择（或配制）一种或几种具有一定相对密度的溶液就可进行大批量的分选工作，因而效率较高。不同溶液的相对密度及配制方法见表 2-8。这种方法只能用以区分密度相差较大的塑料，密度相近的不同塑料则不易分选。

表 2-8 不同溶液的相对密度及配制方法

溶液种类	相对密度/g·cm^{-3}	配制方法
水	1	洁净自来水、河水等
酒精溶液（55.4%）	0.952（25℃）	水 100mL+95%酒精 140mL
酒精溶液（58.4%）	0.91（25℃）	水 100mL+95%酒精 160mL
氯化钙水溶液	1.27	氯化钙 100g（工业用）+水 150mL
饱和食盐溶液	1.19	水 74mL+食盐 36g

C 风力筛选法

此法是在筛选室将粉碎好的塑料从上方投入，从横向喷入空气，利用塑料的自重和对空气阻力的不同进行筛选。从理论上说，固体最后的下落速度不仅取决于比重，还受体积大小及形状的影响。此法还做不到严格筛选。在筛选塑料与金属等比重悬殊的物质时效果较好。此法可用于大量废料的初选工序，如图 2-3 所示。

D 静电分离法

静电分离法的基本原理如图 2-4 所示。即首先将混合废塑料进行预处理，加入调节剂和表面活性剂等添加剂，然后进行强力摩擦，使不同种类的塑料产生相反电荷。带电荷的塑料粒子随后自由落体经过高压电场，在下落的瞬间带电塑料粒子受对应电极的吸引而分离。

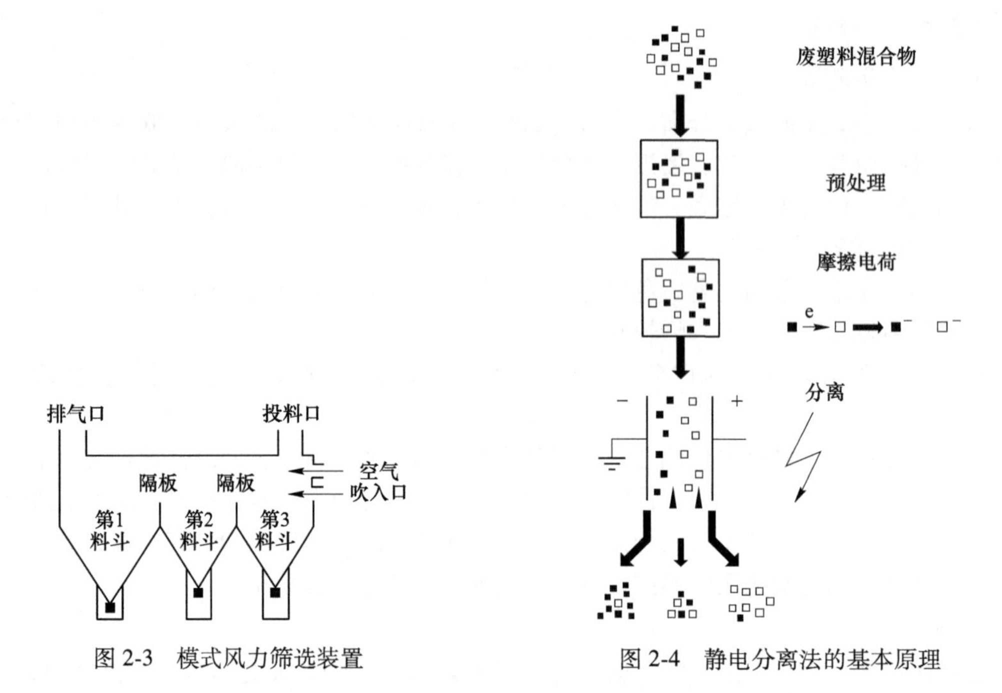

图 2-3　模式风力筛选装置

图 2-4　静电分离法的基本原理

选用静电分离法的前提是所处理物料中废塑料摩擦产生电荷存在差异。各种塑料由固有本质决定摩擦时产生的静电荷各不相同，几种主要塑料摩擦带电的相对电荷示意如图 2-5 所示。

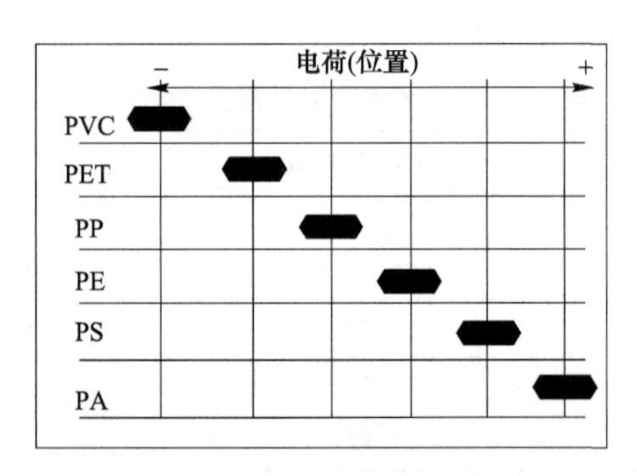

图 2-5　各类塑料摩擦带电相对电荷

图 2-5 为摩擦后各类塑料所产生电荷的相对正负性。例如 PVC 和 PET 混料摩擦后产生电荷，PVC 为带负电荷，而 PET 为带正电荷。一般而言，图 2-5 中两者相距越大则分离效果越好，越近则越难。但是该图并不表示电荷表面密度的强弱，塑料中所含添加剂的种类如颜料、增塑剂、阻燃剂、抗冲击剂等均会影响塑料在图 2-5 中的相对位置。废塑料所沾染的污物也会对此产生影响，特别是在 PP 与 PE 分离时，由于两者电荷位置靠近，污染严重的混合废料分离不易成功。静电分离法适用于分离含两种不同塑料的废塑料混合物，含两种以上类别时难达到理想效果，唯一的例外是 PVC，由于它相对其他塑料均是带负电荷，所以可从多种塑料混合物中分离出来。目前，KaliandSalz 公司钾盐研究所已有处理能力为 100kg/h 的万能装置，适用于工业规模分离由 PVC 和 PET 组成的饮料瓶废料。

E 溶解分离法

溶解分离法是利用各种塑料在有机溶剂中溶解度的差异实现废塑料分离的方法。该技术是将废塑料碎片加入特定溶剂中，控制不同温度使各种塑料选择性地溶解并分离。二甲苯是最好的溶剂之一，仅需调节温度即可实现分离，而且溶剂损失小。回收的聚合物经加热造粒后即可使用，性能良好。如美国 Rensselaser 学院的试验，在溶解槽中装入废塑料碎片及二甲苯，在室温下二甲苯可溶解 PS，将溶解状态的 PS 和二甲苯送入特定容器加热到 250℃以上，然后送入低压闪蒸室，使二甲苯挥发回收而得到 PS。在 76℃下二甲苯可溶解 LDPE，105℃下可溶解 HDPE，120℃下可溶解 PP。该学院还开发了一种特殊溶剂可用于分离 PET 和 PVC。此外美国 Houston 大学也进行了类似的开发，其分离流程图如图 2-6 所示。

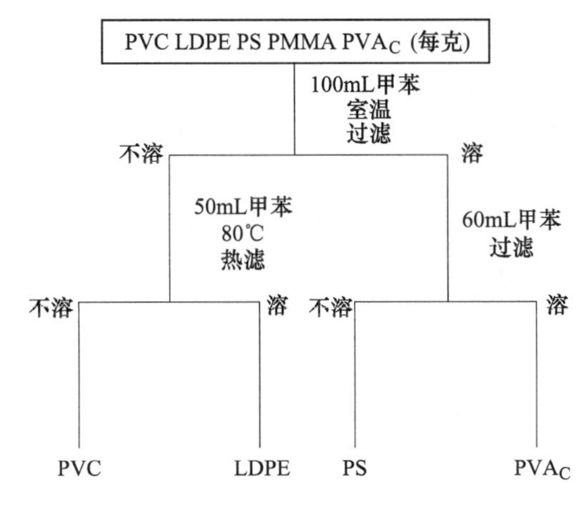

图 2-6 一种特殊溶剂分离 PET、PVC 流程

F 低温分离法

塑料在低温下发生脆化而容易粉碎。利用各种塑料的脆化温度不同，分阶段选择粉碎，以达到分离的目的。流式低温粉碎系统也适用于粉碎废旧塑料，如图 2-7 所示。如分选 PVC 和 PE：将混料投入预冷器后，冷却到-50℃，PVC（脆化温度为-41℃）则可在粉碎机内粉碎，因 PE 的脆化温度为-100℃以下，故不粉碎，因而将 PE 和 PVC 分离。

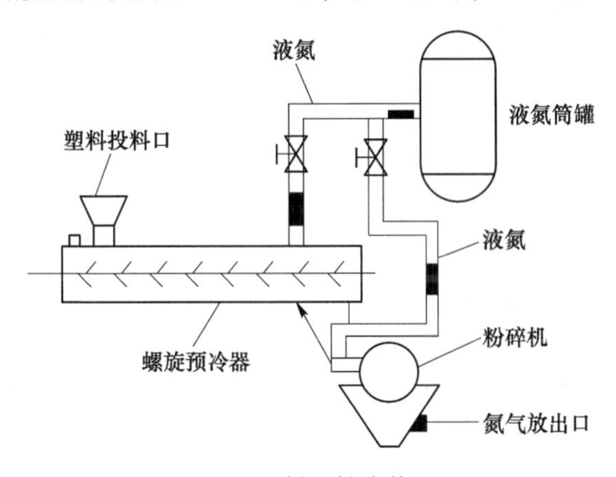

图 2-7 低温粉碎装置

G 其他分离法

其他分离法还有化学分离法、打浆分离法、加热分离法以及生物分离法等。在化学分离法中，对于叠层材料，例如药品包装材料、车辆壳体及电线外包装材料等塑料与铝的复合体，分离方法是把复合体用氢氧化钠浸渍，把铝溶解分离出来。打浆分离法是利用浆料的亲水性和不同物质间的比重差进行分离；加热分离法是利用热膨胀、热收缩和软化温度之差加以分离；生物分离法是利用微生物分解作用和繁殖分离塑料。

H 分选实例

a 手工分离废旧薄膜

通常 PVC 和 PE 及 PP 等使用和回收过程中混有泥土、金属等杂质，其分选步骤如下。(1) 剔除杂质。将混入薄膜中的杂质除去，通常采用清洗法，清洗过程为：温碱水清洗→石灰水清洗→刷洗→冷清水漂洗→晒干。(2) 分选。薄膜未加填料或加入量极少对比重影响不大，故可将清洗干净的薄膜放入水中，下沉者为 PVC 膜等，上浮者为 PE、PP 膜。另外，PVC 膜撕裂时有明显的白色痕迹，PE 膜撕裂较易，无白色痕迹，并且薄膜表面有明显的石蜡感。PE、PP 膜通常可混合进行回收利用，如果要求分开 PE 和 PP，可以配制酒精溶液，即按 100mL 水中加入 95%的酒精 160mL 的比例，将 PE、PP 混料投入混合溶剂中，上浮者为 PP，下沉者为 PE。(3) 分类。将各种膜分为透明、乳白色和杂色三类。必要时，将杂色膜再进行分类。

b 包装用多层薄膜的分离回收

包装用多层薄膜含有多种成分，如玻璃纸、尼龙 66、PET、PE 等，可用溶解分离法来提取分离聚烯烃塑料。用二甲苯分离出塑料中的聚烯烃溶液，在 120~130℃混入石膏微粒，使其均匀分散。降到室温后，聚烯烃和石膏共沉淀。除去溶剂则得聚合物和填充剂的复合粉状物。这种粉状物的混炼性和成型性很好，制成的板材几乎看不到石膏填充剂有二次凝聚现象，这说明分散性是好的。这种方法能生产出附加价值高、性能好的复合材料。

c PET 瓶的分离回收

粉碎软饮料瓶后可使体积减小 90%，再经二级粉碎，然后用吹风机除掉纸和尘土等。在水基洗涤溶液中洗涤，除去黏附塑料上的黏合剂，把纸变成纸浆。经过滤洗涤后，碎料放入水浮箱，PET 和铝沉入底部，而 HDPE 上浮，撇除上浮 HDPE 待用，捞出底部的 PET 和铝，并将其干燥。将干燥的 PET 和铝粒子送入带静电分离器的滚筒设备中。分离器向粒子发射电子束，由于铝是良导体，铝粒子迅速失去表面的负电荷，并随滚筒转动的离心力脱离滚筒，集中到一起。PET 导电性很差，不会失去负电荷，由于静电力的作用粘到滚筒上，用一个刷子将其从滚筒上扫下并集中到一个料箱中。这样得到的 PET 纯度达到 99.5%。

2.3.4.2 清洗

其目的是除去回收物上黏附的污物（包括油污、泥沙、垃圾等），从而保证再生制品的质量。目前常用的清洗方法分为手工清洗与机械清洗两种方法。机械清洗法是利用机械搅拌，造成回收物彼此之间的撞击和摩擦，从而达到去除污物的目的。在清洗之前最好先用温碱水或石灰水把回收物浸泡一定的时间，以便除去回收物上黏附的油污，中和包装有毒药品的薄膜或容器的毒性。清洗过程为：温碱水（或石灰水）浸泡→涮洗（或机械搅拌)→冷清水漂洗→晒干（或用机械甩干）。

2.3.4.3　干燥

洗过的废旧塑料，应根据各地不同的条件，采取自然晾干、火炕烘干、机器甩干、电力烘干等方法去掉水分，使它干燥不潮。

2.3.5　包装废弃塑料的一般处理方法

2.3.5.1　处理要求

废弃塑料如果放任不理，将会累积巨大的环境负担。处理工业废料，是用便宜但会产生大量固体废物的技术，还是高成本投入研发没有二次污染的绿色技术？当今社会工业模式下，就工厂的气体来说，排放要经过事先处理，配备合适的处理系统和设备。这可能比较昂贵，但对于整个环境和人类的可持续发展来说，这个成本显然要低得多。任何一项工程，不管是设计、建造还是实施阶段，都要对周围的生命和环境保持理解和尊重。在国家“可持续发展”“环境保护”的发展理念下，要心怀“绿色理念”，在做技术创新的同时，心怀国家绿色发展大事。

2.3.5.2　焚烧法

焚烧法是一种最简单最方便的处理废弃塑料及垃圾的方法。它是将不能用于回收的混杂塑料与其他垃圾的混合物作为燃料，将其置于焚烧炉中焚化，然后充分利用由于燃烧而产生的热量。此法最大的特点是将确实成为废物的东西转化成为能源。其发热量可达5234~6987kJ/t，它与其他的燃料油相比不相上下，远高于纸类、木类燃料。同时具有明显的减容效果。其质量可减少85%左右，体积可减少95%左右。燃烧后的残渣体积小，密度大，填埋时占地极小也很方便，稳定且易于解体溶于土壤之中。焚烧法的工艺不需要任何的前处理，垃圾运送到就可直接入炉，节省了人力资源，既获得了高价值的能源，又有效地保护了生态环境，所以此法备受人们重视。从经济角度来看。有时处理一些难分拣的塑料所花的资金相当大，价值不高，所以不如焚烧来获取大量的能源。目前日本利用焚烧获得能源所处理的塑料达到了回收总量的36%。奥地利在维也纳市投资了4900万美元建立了一座施皮特劳垃圾处理厂，装备具有高度自动化的程度，每天焚烧800余吨的垃圾。

此种处理方法的不足之处是：（1）设备的一次性投资大，费用高；（2）有些塑料在燃烧过程中不可避免地产生二次污染的有害物质，如SO_2、HCl、HCN等，剩余灰烬中残存有重金属及有害物质，它们都会对生态环境和人体健康造成危害。所以在采用焚烧法时一定要配建一套对废气与残渣的环保处理系统，以达到符合国际标准的排放；（3）因为焚烧及配套设备较庞大，加之它要连续焚烧，必须有源源不断的垃圾储备，达到大规模的处理量。所以要求它的场地面积很大，而且方便运输。

2.3.5.3　填埋法

填埋法是一种最消极但简单的处理废弃塑料的方法，是指将废弃包装塑料填埋于郊区的荒地或土地里，使其自行消亡。但是作为普通塑料要好几百年才会分解消失，所以此种处理方法是最不理想的。填埋法是不得已而为之的处理方法。其特点主要有：一是不需设备，不要投资，方法简单。对于一些经济不发达的发展中国家来说是十分适用的。二是垃圾深埋后，短期不会对地表的植物构成危害。三是暂缓环境的污染状态。但是此种方法随着各国科技和经济的发展定要被淘汰。因为这样久而久之占用了大量的土地，潜藏了巨大的污染源。它不见阳光和风雨，隔绝空气，所以难以风化，积累多了会严重阻碍地下水的流通与渗漏。另外废旧塑料中有机成分在填埋过程中，由于厌氧环境会产生甲烷等有害气体，污染大气。有些塑料在其他垃圾和雨水等多种因素作用侵蚀下会发生化学反应，造成对地下水源的污染。最重要的一点是这种填埋极大浪费了再生资源。

2.3.6 包装废弃塑料的高值化

塑料包装废弃物的处理方法很多，依照绿色包装的内涵来对它们进行排序，首先是回收再生循环利用，其次是焚烧获取能量或重获原料，最后是实行填埋堆肥化。回收再利用是一种最积极的促进材料再循环使用的方式，是保护资源，保护生态环境的最有效的回收处理方法。此种方法又可分为回收复用、机械处理再生利用、化学处理回收再生。

2.3.6.1 回收循环复用

循环复用指的是不再有加工处理的过程，而是通过清洁后直接重复再用。这种方法主要是针对一些硬质、光滑、干净、易清洗的较大容器，如托盘、周转箱、大包装盒及大容量的饮料瓶、盛装液体的桶等。这些容器经过技术处理，卫生检测合格后才能使用。

循环复用技术处理工艺如下：首先将它们分类和挑选，合乎基本要求的才进行水洗→酸洗→碱洗→消毒→水洗→亚硫酸氢钠浸泡→水洗→蒸馏水洗→50℃烘干→再用。其中挑选是十分严格的，一定是刚用后就丢弃的，基本没什么污染，上面无划痕，透明、光滑如新瓶一样方属基本合格。对于装机油及各种液体、农药的非食用桶和容器处理简单些，只水洗（洗涤剂）→晾干或50℃烘干即可再用。

2.3.6.2 机械处理再生利用

机械处理再利用包括直接再生和改性再生两大类。直接再生工艺比较简单，操作方便，易行，所以应用较为广泛。但是由于制品在使用过程中的老化和再生加工中的老化，其再生制品的力学性能比新树脂制品低，所以一般用于档次不高的塑料制品上，如农用、工业用、渔业用、建筑业用等。

A 直接再生利用

直接再生主要是指废旧塑料，经前处理破碎后直接塑化，再进行成型加工或造粒，有些情况需添加一定量的新树脂，制成再生塑料制品的过程。它可采用现有技术、设备，既经济又高效率。在这个过程还要加入适当的配合剂（如防老剂、润滑剂、稳定剂、增塑剂、着色剂等)，能改善外观及抗老化并提高加工性能，但对材料的力学强度和性能无所帮助。

直接再生又可依据废弃塑料的来源及用途分为3种方法。(1) 不需要分拣、清洗等前处理，直接破碎后塑化成型。这种方法主要用于包装制品生产过程中的边角料和残品，它们可以直接送入料斗与新料同时使用，不需任何前处理，这种方法还可用于一些虽经使用，但十分干净，没有任何污染的塑料容器等。(2) 要经过分离清洗、干燥、破碎等前处理。尤其对有污染的制品，首先要粗洗，除去沙土、石块、金属等杂质，以防损坏机器，粗洗后离心脱水，再送入破碎机破碎，破碎后再进行精洗，以除掉包装内部的杂质。清洗后再干燥，然后直接塑化成型或造粒。这种方法一般应用在来自商品流通消费后不同渠道收集的塑料包装废物，各种用途和各种形状的包装容器、口袋、薄膜等。其特点是杂质多，脏污严重，处理难度大，这种方法要想得到更好的效果和最佳经济效益，就要对废物进行原材料的分类。(3) 要经过特别的预处理。如 PS 泡沫塑料，体积大不易输入处理机械，所以要事先进行脱泡减容处理。由于制品种类不同可采用不同的脱泡机。

直接再生法中塑化是很重要的一道工序，是得到新的再生制品的前提。塑化的目的其一是制备再生粒料，其二是经塑化后直接成型。在塑化的整个过程中还要有一步均化过程，就是将破碎的废塑料与各种助剂（如增塑剂、润滑剂、稳定剂、防老剂、改性剂等）混炼均匀的过程。塑化和均化所用设备有双辊塑炼机、密炼机、单或双螺杆挤出机。

造粒工艺有冷切、热切。冷切是挤出的熔体经过冷水槽冷却后由切粒机切成粒，热切是熔体挤出后直接被旋切刀切粒，同时经喷水加以冷却。有些地方的商业部门为了便利生产单位使用，把废旧塑料进一步加工还原成颗粒供应。废旧塑料还原造粒的工艺流程，大体有以下几个环节：(1) 清选整理，将回收的废旧塑料进行挑拣整理，剔除杂质，放入碱水中煮洗，再用清水冲洗、晾干，即成净料。(2) 炼胶机混炼，将净料放入炼胶机，再加入相应的增塑剂（邻苯二甲酸二丁酯）、稳定剂（三盐酸硫酸铅）、润滑剂（硬脂酸钡）和着色剂，经过一定时间混炼，就可复制成软性聚氯乙烯平板。(3) 过滤切粒，将塑料平板切成长条，投入挤塑机滤去杂质。挤塑机出口处装有能自动调整的切刀，挤出的塑料便被切成均匀的颗粒。上述生产工艺流程，因原料不同会略有差别。废旧软聚氯乙烯、硬聚氯乙烯和聚乙烯、聚丙烯塑料还原造粒，工艺流程如图 2-8~图 2-10 所示。

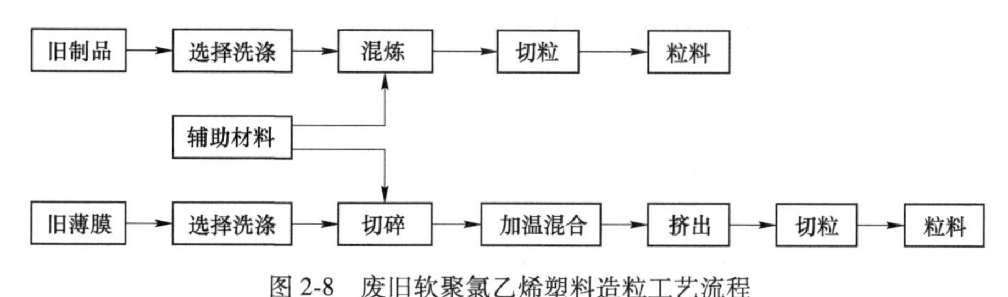

图 2-8　废旧软聚氯乙烯塑料造粒工艺流程

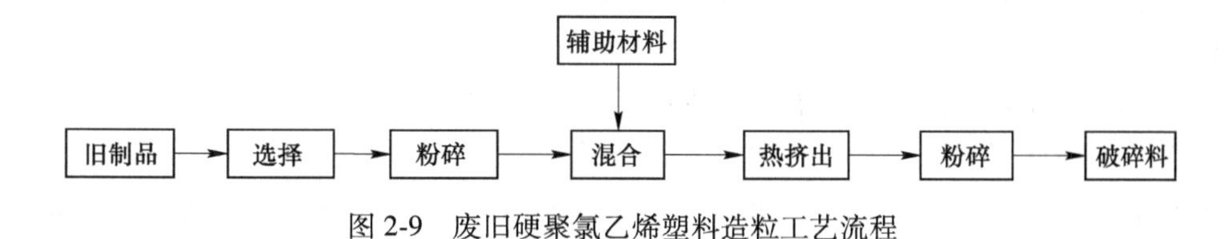

图 2-9　废旧硬聚氯乙烯塑料造粒工艺流程

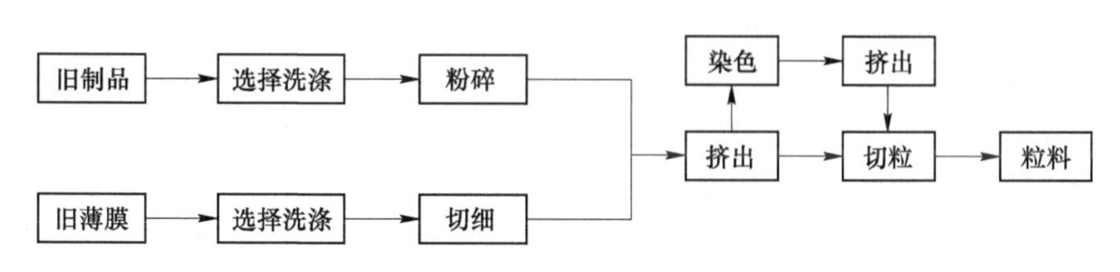

图 2-10　废旧聚乙烯、聚丙烯塑料造粒工艺流程

在直接再生的整个过程中，分离工序是一个难度高的技术。手工分效率太低，所以，

发展机械化和高新技术分离，如静电分选、旋风分选、离心分选、磁选等，目前已有更新的进展和突破。清洗程序可以是手工的，也可是机械的。人工洗效率太低，所以应大力发展新的机械清洗。为保证质量，应先将废弃塑料放入较热的洗涤液中浸泡数小时，再机械搅拌，经过它们的彼此碰撞、摩擦而除去污物或杂质。干燥多采用有加热夹层的旋转式干燥器，夹层中通过热蒸汽，边受热边旋转，干燥效率高。作为塑料粉碎机，其型号种类很多，大致可分为3类：压缩型粉碎机、剪断型粉碎机和冲击型粉碎机。它们各自的特点是：压缩型粉碎机结构简单，既可用作粉碎，还可当期使用，具有经济价值，适用于中等硬度的脆性塑料；剪断型粉碎机适于韧性塑料的破碎；冲击型粉碎机适于硬脆型塑料，特点是破碎均匀，破碎粒度小。

B 改性再生利用

改性再生的目的是提高再生料的基本力学性能，以满足专用制品质量的需要。改性的方法有多种，可分为两类：一类为物理改性，即通过混炼工艺制备复合材料和多元共聚物；另一类为化学改性，即通过化学交联、接枝、嵌段等手段来改变材料性能。

a 物理改性

物理改性借助混炼工艺，通常可以进行活化无机粒子的填充改性、废旧塑料的增韧改性、废旧塑料的增强改性、回收塑料的合金化等过程。

活化无机粒子的填充改性：这种填充改性主要是用活化后的无机填料加入到废旧热塑性塑料中，既降低生产成本，又可提高制品的强度。当然要有量的控制，同时还要配以较好的表面活性剂，以增加它们之间的亲和性。所用的填料有$CaCO_3$、高岭土、硅灰石、滑石粉、钛白粉、云母、氢氧化铝、玻璃微珠等。它们各自有独特的性能，对塑料的填充起到了独特的作用。如$CaCO_3$，惰性白质高，无毒，不含结晶水，填充塑料可提高抗冲击性能，在加工温度下使塑料稳定性好，成型硬化时收缩率减少。又如氢氧化铝，粉末细微质轻，呈白色，加入塑料中可以起到阻燃的作用，原因是氢氧化铝在热分解时产生水解，吸收大量的热能而起到阻燃作用。填料表面与树脂表面在复合过程中形成界面层，对再生材料性能影响很大。为取得较好的复合效果，所以要对填料进行活化处理。其方式是用偶联剂与填料充分均匀混合，使两者紧密亲和，偶联剂的加入量一般为填料的0.5%~2.0%。

废旧塑料的增韧改性：废旧塑料再生后往往抗冲击性能较差，原因是材料在使用中老化。大分子链有所降解，所以力学性能下降。增韧改性就是在旧塑料中加入弹性体或共混热塑弹性体（TPO、TPR、TPV），通过共混来提高再生塑料的韧性。例如用橡胶增韧改性、聚丙烯是一个最普通的例子。橡胶具有良好的高弹性和耐寒性，耐磨性，耐屈挠性，其玻璃化温度低于-100℃，所以将高弹性橡胶加入废弃PP或其他塑料中共混，不仅可提高旧PP材料的韧性，抗冲击性能，还大大改善了旧PP的耐寒性。在增韧中的投料比通常是5/95~15/85（质量比），因为橡胶少，增韧效果不明显，多了则使共混体模量下降。共混多采用双辊粗炼机，辊温要控制在170~180℃，以保证共混的良好效果。

废旧塑料的增强改性：这类的增强往往是用纤维来增强塑料性能。若纤维增强的是热塑性塑料，称之为热塑性玻璃钢（FRTPC）。对回收的包装废旧塑料也可以用纤维来增强，但塑料必须是热塑性的。增强后复合材料各方面性能将大大提高，强度、模量均会超过原废旧塑料的值。其耐热性、抗蠕变性、抗疲劳性均有提高，而制品成型收缩率却变小了。对于这种增强改性过的热塑性玻璃钢可反复加工成型，有很好的应用潜力。纤维增强塑料的机理如图 2-11 所示。纤维增强塑料的加工工艺一般有两种：一种是稍短的纤维，可直接混合塑化造粒；另一种是将长纤维活化后在螺杆挤出机的料口送入，然后与塑料熔体掺混均匀，最后切粒而成。材料在复合时，纤维的加入量最高在 30%左右，过量往往会导致性能下降，原因是过量后纤维在机械作用力下受损伤厉害，长纤维变短，所以影响了强度。纤维的活化一般采用硅烷偶联剂、乳化剂和润滑剂等配合剂共同制成乳液，然后将纤维浸泡、干燥等制备而成。

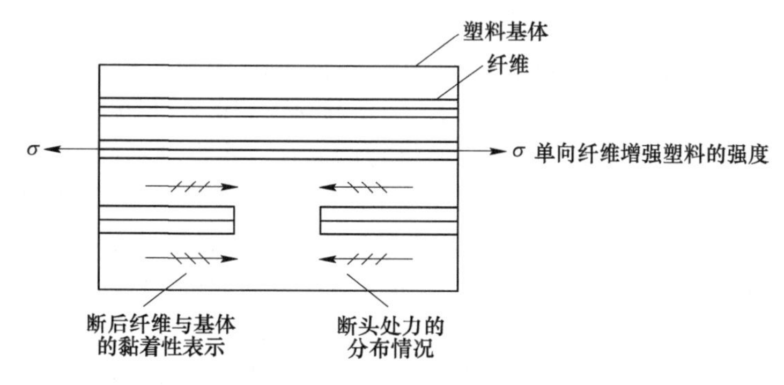

图 2-11 纤维对塑料的增强机理示意图

下面举一个纤维增强改性再生聚乙烯的例子：聚乙烯是四大通用塑料之一，用于包装上的数量相当大，所以针对它的废旧塑料的改性再生十分必要。再生 PE 比 PP 的拉伸强度、模量低，耐冲击性比 PP 好一些。若用纤维对再生 PE 进行增强改性，可显著提高再生 PE 的物理、力学性能，增强后的复合材料（玻璃纤维与 HDPE）可作为工程塑料。表 2-9 为活化短玻璃纤维增强再生 HDPE 的实验数据。由上面数据可以看出纤维增强后的再生 HDPE 其拉伸强度增加了近 3 倍，弯曲强度增加了 2 倍，断裂伸长大大减小，总之力学性能均有提高。

表 2-9 活化短玻璃纤维增强再生 HDPE 的实验数据

纤维含量/%	性能					
	拉伸强度/MPa		弯曲强度/MPa	断裂伸长率/%		维卡软化点/℃
	L	*T*	*L*	*L*	*T*	
0	16.5	16.5	32.9	882	882	120
10	26.8	24.1	35.2	42	36	128
20	38.9	26.1	59.5	16	28	138
30	45.6	28.8	60.2	10	18	141

注：*L*—纤维取向方向；*T*—垂直于纤维取向方向。

废旧塑料的合金化：所谓高分子合金又称为高分子共混物（polyblend），是由两种或两种以上的不同结构的聚合物通过物理共混合化学共聚的方法生成具有“金相”结构的多组分高聚物混合体系。它是当今材料科学，特别是工程材料中备受器重的材料，是改善高聚物性能的有效途径。将此方法运用在再生塑料上，将具有很好的开发前景和特殊的意义。本来作为单一的均聚物来说其性能的优势是有限的，其应用受到了限制。若几种聚合物在相溶剂作用下混合为一体，其结构及分子间的力发生了变化，使材料兼具多种优良的性能；如韧性耐冲击，又耐高温，还具有高强度易加工性，这样给材料注入了生机，使其具有更大的应用市场和应用范围。回收的废旧塑料容器包装分拣相当困难，便可采取合金共混、共溶方式直接处理它们，并有目的地加入某种具有特性的主要再生塑料，以达到预期的力学效果。这样将大量地利用了塑料的废旧资源，发挥了再生塑料的使用价值，并获得巨大的经济收益。制备再生塑料合金的方法，是采用单、双螺杆挤出机、密炼机等，将各种废旧塑料及其配合剂混合在一起进行塑炼、混炼，使其各组分在熔融状态下均匀混合，并在充分塑化后造粒或直接成型。

回收PE与PP包装废物经共混后制备塑料合金的例子：聚乙烯有高密度聚乙烯（HDPE），低密度聚乙烯（LDPE），线型低密度聚乙烯（LLDPE）及中密度聚乙烯（MDPE）。如果用不同的品种，不同的比例将它们混合，将得到不同性能的再生合金。如废旧塑料制品中，用于食品包装的基本为LDPE，PP或LDPE与少量LLDPE混合吹塑膜，农用膜则多为LLDPE/LDPE或LDPE/HDPE混合吹塑的，较硬质的管材多为HDPE的制品。如若想制备抗冲击性能好的再生合金，可以直接将回收的LLDPE和LDPE废弃塑料，配以大部分的PP废弃料共混。它们不需要分拣过程，只要经过清洗、干燥后再破碎的过程，然后加入适量的增容剂如二元乙丙共聚物，就可制成冲击性较好的三元回收合金。如用25%的LLDPE与LDPE共混，经吹塑成地膜，厚度比一般地膜减薄33%，而其拉伸强度却提高了45%以上，直角撕裂强度提高50%以上。这样可大大延长农用膜的使用寿命，减少用量降低成本，生产企业也会获得更大的利润。

b 化学改性

对塑料包装废物的化学改性，就是通过化学反应的手段对材料进行改性，使其在分子结构上发生变化，从而获得更优良的特殊性能。改性的化学方法很多，但本质是要在旧的大分子链或链间发生化学反应。即依靠分子链上或链端的反应性基团进行再次反应，或在链上接上某种特征基团或接上一个特性支链，或在大分子链间反应基团进行反应，形成交联结构，其结果是改变旧高分子的结构，从而改善和提高其性能。交联改性有化学交联和辐射交联两种。化学交联较为方便，所以普遍被采用。

化学交联：化学交联通常是在材料的软化点之上使材料充分塑化，然后加入过氧化物类的交联剂混合均匀，在交联剂分解温度以下进行造粒和制成胚型，待用时加热到能产生交联反应的温度以上完成固化成型。大分子之间形成三维网状结构，即热固性树脂。交联后的材料各方面性能大大提高，如耐寒、耐热、耐磨、耐溶剂、机械强度、弹性上升，克服了分子间的流动，尺寸稳定。若交联过程中采用轻度交联，在保持热塑性的前提下还提高了力学性能，这是最理想的，为这种再生交联改性的材料再次废弃后的利用创造了条件。

辐射交联：辐射交联即是应用辐射源的各种高能射线如γ射线等，将加有交联剂的材料辐射而交联。上面所述的废旧塑料的改性都是基于传统的单一方式：化学改性、或是物理改性。但是近年来随着材料科学的飞速发展，一种兼顾化学与物理共同改性的新方法也应运而生，这是一个工艺技术的改革和创新。它的工艺过程和特点是在特定的螺杆挤出机中，使多种组分的材料进行物理共混改性的同时进行化学结枝改性，在两者改性完毕后又进一步加强共混，在特定的温度下造粒直接成型。这种技术方式既可以缩短改进过程的时间和生产周期，使生产连续化，又能得到更有效的改性效果。这是一种集接枝、交联、共混为一体的综合体系，复合了运筹学的原理，非常值得推广。

C　机械处理再生塑料结构与性能的变化

高分子物理与化学早已深刻地揭示了高聚物分子结构与性能之间的关系。对于高聚物来说，其分子结构决定着它的性能特点，要想得到某种性能的材料，就一定要去设计某种结构的分子，并以此指导人们去合成它，从而得到具有预期性能的高聚物，这就是高分子设计。

高聚物的聚集态结构是指大分子与大分子之间的几何排列，是聚合物从微观向宏观过渡的桥梁，它是在加工的过程中形成的。所以说作为高聚物宏观的结构是由微观的单个大分子的化学结构和体系内所有大分子之间的相互作用力、聚集态形式所决定。聚集态形式又与加工过程的工艺路线、助剂品种、工艺条件（TPTD、设备、模具等）多种因素有关。

高聚物结构的主要参数有：相对分子质量及其分布，结晶度，等规度，分子间作用力及形态（晶态、非晶态、取向态、织态等）。高聚物的性能参数有：软化点（T_f）、熔点（T_m）、玻璃化转变温度（T_g）、抗张强度、冲击强度、断裂强度、分解温度等。

作为机械再生塑料，由于旧塑料在使用时已有损伤或老化现象，再加上机械再生加工过程中高温的作用，所以使再生塑料的相对分子质量有一定程度的降解，相对分子质量分布也趋于更不均一，直接导致高聚物的基本物理性能 T_f、T_m、T_g 的变化，从而力学性能（拉伸强度、冲击强度、断裂强度）下降。这样的再生塑料不能用于力学性能要求苛刻的场合。由于再生塑料的相对分子质量降低，且分布不均，导致其流动性增加，黏度降低易于加工，降低了加工温度，节约了加工费用。若在加工再生时加入一些增强填料或配以一些特殊助剂，会改变再生塑料以前的基本物性，被赋予耐寒、耐磨、耐溶剂等性能或者具有了新的某种特殊功能，扩大了使用范围。

2.3.6.3　化学处理回收再生

化学处理再生是直接将废弃塑料包装经过热解或化学试剂的作用进行分解，其产物可得到单体、不同聚体的小分子、化合物、燃料等高价值的化工产品。这种回收处理方式可以说使自然资源的使用真正形成封闭的循环圈。但是由于此种回收再生需要用比较复杂、昂贵的设备，操作也有难度，开发周期长，一般仅有工业发达的国家才多数采用。

此种再生方法有显著的优点：其一，分解生成的化工原料在质量上与新的原料不分上下，可以与新料同等使用，达到了再生资源化；其二，具有相当大的处理潜力，能达到真正治理塑料所形成的白色污染。因此此法具有更高的经济效益和社会效益，是世界经济发展后的必然趋势。迄今为止化学处理再生的方法很多，如气化、加氢、裂解等，但是其根本原理，即采用气密系统设备，将废弃塑料置于其中，经过能量的作用而使其分解，分解出的产物进行化工分离等工艺形成新的化工原料。这种分解工艺最大的难点是分解热难以快速排散，要形成大规模的工业化生产是困难的。化学处理再生主要有热分解和化学分解两大类。

A　废弃塑料包装的热分解

根据热分解所得产物油、气、固体或混合体的不同以及设备、工艺路线不同，又可分为油化工艺、气化工艺及炭化工艺。

a　热分解油化工艺

油化工艺的特点是分解产物主要是油类物质，另外还有一些可利用的气体和残渣。此工艺可以处理多种塑料废物，如 PE、APP（无规聚丙烯）、PS、PMMA、PVC 等。油化工艺的实施有 4 种基本方法：管式炉法、槽式法、流化床法、催化法，它们各自的工艺特点不同，所以有针对性地处理某种废旧塑料，其效果和收益会更好。

（1）管式炉法：此法采用多种形式的反应器，如螺旋式炉、空管炉、蒸馏器等，全部是外部加热方式，消耗燃料较大。其中蒸馏工艺较适于单一品种的旧塑料，如 PS、PMMA，它可以经分解得到较高收率的 PS 和 PMMA 的单体油。螺旋式工艺所得的收率在 50%~70%之间。此种方法的操作中有一个非常重要的问题是，要想得到高收率的分解产物，必须注意物料在反应器中的分解反应时间，否则会加大气化和炭化的比例。

（2）槽式法：此法类似于蒸馏工艺。将废旧塑料置于槽式分解器中，反应初期旧塑料分解剧烈，其后速度减慢。作为分解产物，当蒸发温度尚未达到某一指定的蒸气压时，它将不能从槽内馏出，只能在槽内进行充分的回流。只有当蒸气压达到某一值时，分解产物将馏出。经冷却、分离等工序，最后将回收的产物——油收集于贮罐，气体储存供作燃料。此法中要注意的是在过程中收集的一些可燃馏分要严禁混入空气，以防爆炸。

（3）流化床法：此法的特征是热分解温度较低，通常在 400~500℃，所获得的分解物——轻质油的收率较高，通常在 76%。在对 APP 热分解时，油的回收率可高达 80%。比上述两种方法平均提高了 30%左右。此种方法的操作上还有一个特点，由于是用于多种废塑料的混合处理，其分解反应过程较复杂，除了得到油的馏分外，还会有一些高黏度的物质或蜡状物馏出，如果对这些物质再加以蒸馏就可进一步得到轻质油和重质油。在整个工艺中，正是由于有高黏度物质的存在，所以它们的流动输出都存在困难，因此要在处理体系内加入某些热导载体，以改善此状况。

（4）催化法：催化法最显著的特征是在分解过程中必须使用催化剂，从而导致对废塑料的处理分解温度降低。此法适于单一较洁净的废旧塑料，它是使用固体催化剂为固定床，所需处理的废料由泵送入反应器，在较低温度下进行分解。最后可获得较高收率的优质油，气化率低。此法比较先进并且节约能量，但总体技术含量高，要有针对性地选择催化剂，这就需要研究、设计、制备。再有更换催化剂时也需要一定的技术能力和技术手段及设备。

b　热分解气化工艺

热分解气化工艺主要用于城市内混有塑料包装废物的垃圾及多品种混杂的废旧塑料垃圾。它的工艺特点是工艺程序简单，对要处理的废旧塑料，不需要预前处理，不需要分选筛检，只要将混杂垃圾置入加热分解炉中，经过分解反应，就可得到分解产品。采用不同的分解设备，所得的产率不同。如用流化床法分解设备可得约 85%燃料气体，若用立式炉气化分解设备可得约 60%的可燃气体。进行热分解气化工艺所采用的分解设备有转炉、流化床、立式多段炉等。通过将塑料气化，可以生产氢气和一氧化碳（合成气），作为燃料生产的原料。

c　热分解炭化工艺

在废旧塑料进行分解处理的过程会产生一定的炭化物质，或在更高的温度下进行分解会专门得到炭化物质。这些炭化物质可以当作固体燃料，燃烧时最好选择无污染的燃烧系统，高效回收燃烧热。炭化物质的燃烧热在 17~21GJ/kg。另外，分解所产生的炭化物可以经过一定工艺的处理制成活性炭或离子树脂等吸附剂。具体的处理工艺是在 700~800℃ 的高温下使废旧塑料炭化，在此同时采取有力手段使炭化物形成交联立体结构，然后在转炉中用水蒸气在 900℃下使其活化，这样就得到了活性炭。若想制备离子交换树脂，就需要将炭化物质用硫酸在 70℃下经 20h 的时间进行磺化反应，或者将废弃塑料直接先在浓硫酸中磺化，然后炭化，使其形成活性炭状的离子交换树脂，在此过程中温度的控制是至关重要的。炭化温度高，可以有力地保障炭化物形成多孔状态从而提高磺化率，增大离子交换树脂的交换容量。

B 废弃塑料包装的化学分解

化学分解就是通过化学的方法把废弃塑料分解成小分子单体。它的特点是分解设备简单，分解产物标准、均匀、易控制，产物一般不需要分离和纯化。但是这种分解法只能用于单品种的塑料，而且必须是经过预处理较洁净的废旧塑料。因为作为分解用的化学试剂对被分解物有严格的选择性，不干净会影响分解效率和分解质量。化学分解可用于多品种的废旧塑料，但目前只用于热塑性聚酯类、聚氨酯类等具有极性的废旧塑料。作为化学分解也有多种方法，但主要的有催化分解法、试剂分解法。

a 催化分解法

此法是在复合催化剂的作用下，在常温常压下进行分解反应。其分解产物为废旧聚合物的原单体。此种分解法工艺过程比较简单，但是催化剂的制作和选用，装载是一个技术含量高的环节。处理聚酯所需要的复合催化剂为醋酸锂、醋酸钙、醋酸锌。此法在化学分解中属较先进的方法，大有发展潜力。

b 试剂分解法

试剂分解法中醇解应用比较广泛，因为它的工艺简单，易于操作，其具体的工艺过程是先将废旧塑料进行清洁、干燥预处理，然后进行破碎送入反应器中，反应所用的醇解剂为乙二醇，可适度加一些如叔胺类或有机金属化合物催化物，并在反应器中通入氮气加以保护，在连续均匀的搅拌下使废旧塑料充分进行醇解反应，最后获得具有较高工业价值的多元醇产品。此种分解方式耗资少，而得到的却是工业上应用广泛的化工原料，所以具有较大的经济价值。试剂分解中的水解也是一种既经济又方便的回收手段。水解反应是缩合反应的逆反应，所以水解的对象也应多为缩聚物，其关键就在于分子上所含有的对水分子敏感的极性基团。例如尼龙由于它分子上具有无数的酰胺键（$CONH_2$），可以引起水解；聚羟基乙酸因为也具有易水解的基团，也易水解；还有纤维素塑料，主要构成是天然纤维素，其化学组成属于多糖类化合物。正是由于其大分子中具有羟基形成的众多氢键，分子间作用力强，故可作为塑料材料。但是也正由于它的基团都具有亲水性或易水解性，故它可以被水解，其最终产物为葡萄糖。

下面以作为工业包装的聚氨酯（PU）泡沫塑料的水解工艺为例加以介绍。这种泡沫塑料水解所用的主要装置是双螺杆挤出机，它在水解过程中既起到制浆混炼器的作用，又起到水解反应器的作用。将预处理好的泡沫塑料置于挤出机中，挤出机在一定的温度下以低速进行旋转，在进行塑化的同时逐步向前推进并与水掺混，在机器搅拌的作用下制成浆料，并且边混合边水解。水解程度是由控制温度与反应时间的搭配来决定的，通常的时间要在 20min 左右。最终得到的水解产物主要是聚酯和由异氰酸酯产生的二胺，然后采取蒸馏法将它们分离。聚氨酯泡沫塑料的水解工艺过程为废旧泡沫塑料的清理粉碎→进料（挤出机前进料口）→300℃下高温挤塑→中间加料口加水→混合制浆→水解→分离产物。它的整套水解装置流程图如图 2-12 所示。

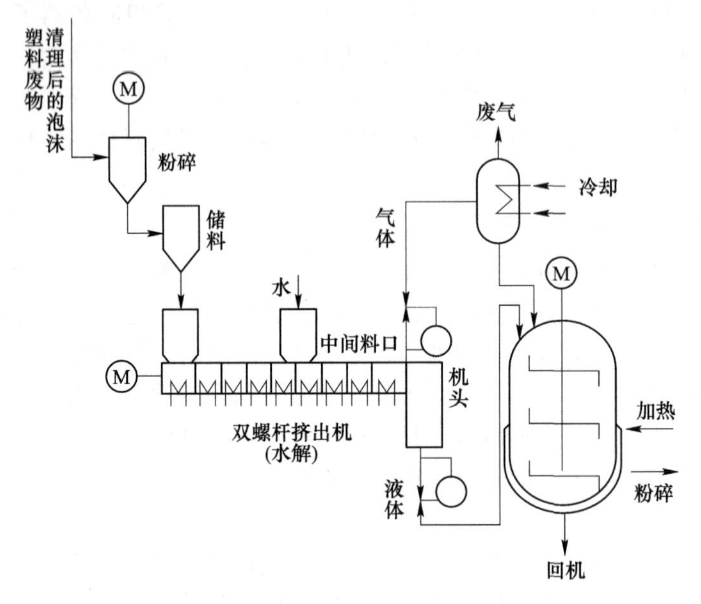

图 2-12　聚氨酯泡沫塑料水解装置流程图

2.3.6.4　新型化学品升级法

化学品升级是处理塑料垃圾的一种新兴方法，它不仅将塑料降解为单体，还可以将塑料废物作为增值原料合成化学品和新材料，通过催化氧化或活化 C—H 键在聚合物链上增加官能团，从而改变材料的性质。通过化学回收，将塑料废物转化为高价值的化学产品，可大幅提高其经济价值，这为塑料废物的处理提供了巨大的机会。譬如使用废塑料制造的电池电极或光伏膜，或者将塑料废物选择性转化为琥珀酸、戊二酸和己二酸，进一步转化为增塑剂用以加工聚乳酸（PLA）。

（1）废塑料制备烷烃。为了解决废弃塑料垃圾的增值回用问题，加州大学圣芭芭拉分校 Susannah L. Scott 等人报道了铂负载在 γ-氧化铝上的催化剂，在无须添加溶剂或分子氢的条件下，通过串联催化转化将聚乙烯等各种大分子转化为低分子量的高价值产品。反应中几乎不产生轻气体，产物的质量分数最高可达 80%，主要成分是高价值的平均链数约为 30 个碳原子且产率约为 80%的长链烷基芳烃和烷基环烷酸酯。该方法证明了利用废弃塑料生产分子烃产品的可行性。2020 年，美国爱荷华州立大学 Frederic A. Perras. Aaron D. Sadow 和黄文裕等人，受大分子解构酶的启发，开发了一种在介孔底部负载催化铂位点的有序的介孔壳/活性位点/核人工过程催化剂（$m\mathrm{SiO_2/Pt/SiO_2}$）。研究发现，长烃大分子很容易在（$m\mathrm{SiO_2/Pt/SiO_2}$）的孔隙内移动，随后的逸出受到聚合物表面相互作用的抑制，这种行为类似于大分子在过程酶催化裂隙中的结合和转运。因此，用这种催化剂对聚乙烯进行催化氢解，产生可靠的、狭窄的、可调节的烷烃产物流。

（2）废塑料制备氢和高值碳。2020 年，英国牛津大学 Peter Edwards 教授，Tiancun

Xiao，剑桥大学 John Thomas 报道了一种直接、快速的微波催化裂解方法，用于将各种塑料原料催化解构制氢和高价值碳。他们将机械粉碎的塑料（1~5mm）混合物与由氧化铁和氧化铝（$FeAlO_x$）组成的添加剂（微波敏感）催化剂混合，然后进行微波处理。在30~90s 的时间内，将机械粉碎的商业塑料原料转化为氢和少量含碳材料的残留物，其中大部分被鉴定为多壁碳纳米管，具有高达 55.6mmol/g 塑料的氢产率（理论上最高可达71.4mmol/g 塑料）。此外，从解构的塑料中提取氢气的理论质量超过 97%。美国莱斯大学James M. Tour 教授课题组提出一种回收塑料废物的方法，实验室并没有像原来那样用直流电来提高碳源的温度，而是首先使塑料废料暴露于大约 8s 的高强度交流电中，然后直流震荡，通过快速焦耳热技术将废物变成具有涡轮层的闪蒸石墨烯（FG）外，还会产生碳低聚物、氢等，处理每吨塑料废物约 125 美元电力成本，同时可以获得 180kg 高质量石墨烯，具有明显经济优势，一举两得，同时解决了“废塑料回收难”“石墨烯制备成本高”两大难题。

(3) 通过溶剂定向回收和沉淀回收塑料包装材料。今天制造的许多塑料包装材料是由不同的聚合物层（即多层膜）制成的复合材料。每年生产数十亿磅的多层薄膜，但是由于生产效率低下，导致产生大量相应的工业后废物流。尽管相对清洁（相对于城市垃圾而言）且成分几乎恒定，但尚无商业实践的技术可将工业后多层膜废物完全分解为纯的可回收聚合物。在这里，美国威斯康星大学 George W. Huber 教授课题组展示了一种独特的策略，报告了一种计算指导平台策略，该方法通过一系列溶剂洗涤将具有现实复杂性（三层或更多层）的多层膜解构为它们的组成树脂，这种方法称为溶剂目标回收和沉淀（STRAP）。STRAP 工艺的基本原理是在溶剂体系中选择性溶解单个聚合物层，目标聚合物层可溶于其中，而其他聚合物层则不然。然后通过机械过滤将增溶的聚合物层与多层膜分离，并通过改变温度和/或添加使溶解的聚合物不溶的助溶剂（抗溶剂）而使其沉淀。蒸馏出溶剂和反溶剂，并在此过程中重复使用，目标聚合物层以干燥的纯净固体形式回收。对多层膜中的每个聚合物层都重复此过程，从而导致许多分离的物流可以循环使用。

2.3.6.5 生物降解

随着越来越多的塑料废物暴露在环境中，自然界也在寻找新的应对方法进行“自我”消化。据外媒报道，一项发表在美国微生物领域 mBio 期刊上的研究表明，全球海洋和土壤中的微生物正在进化，以降解不断增多的人类制造的塑料废物。该研究由瑞典学者发起，是对微生物塑料降解潜力进行的首次大规模全球评估。研究人员从世界 236 个不同地点采集微生物样本。在收集分析的微生物样本中，发现近 1/4 样本携带可以降解塑料的酶。然后，研究人员将这些酶与 95 种已知可降解塑料的微生物酶进行对比分析。研究结果显示，从提取的微生物样本中发现了 3 万种不同的酶，其中近 60%的酶不属于任何已知的酶类，这些微生物以“未知的方式”可降解约 10 种不同类型的塑料。

此外，研究人员还发现，不同地区酶的数量和类型与塑料废物的数量、类型相匹配。他们指出，从海洋中提取的微生物样本中发现了大约 1.2 万种新酶，而在越深的海底（塑料污染更为严重），酶的含量就越高。在土壤中提取的微生物样本中，研究人员也发现塑料污染越严重的地区，微生物酶的种类就越丰富，且数量也更多。在过去 70 年时间里，塑料产量从每年 200 万吨激增至 3.8 亿吨。每年有近 1.5 亿吨塑料被填埋或释放到环境中，而其中超过 800 万吨塑料随河水流入海洋。大多数塑料废物不会降解，只是通过数年的时间分解成微粒。据此前研究，从珠穆朗玛峰的顶峰到深海区域，甚至人类的肠胃中，都发现了微塑料。塑料需求增加而引发的环境危机，导致塑料后端的收集和处理也越受到各界重视。但目前很多塑料很难回收再利用或有效降解，科学界也一直在寻找可以分解塑料的微生物酶。

2016年，来自日本的科学家们通过研究，在很多一次性水瓶中发现了可以“吃”塑料的特殊细菌，该研究发现为后期开发新方法来处理每年全球产生的超过5000万吨特殊类型的塑料垃圾提供了一定思路。为了寻找可以“吃掉”这种材料的细菌，最早研究者关注了一类细菌聚集物可以破碎PET薄膜，但最终他们发现其中仅有一种细菌负责进行PET的降解，命名为“Ideonella sakainesis”。在实验室中深入检测后研究者发现这种细菌可以利用两种酶来破碎PET，当其吸附于PET表面后，细菌就会在PET材料上分泌酶类并且产生中间化合物，随后这种化合物就会被细胞摄取，而另外一种酶则可以实施未来的破碎过程，从而为细菌提供碳源和能量来进行生长。如果温度稳定维持在86℉$\left(\frac{t_F}{℉}=\frac{9}{5}\frac{7}{K}-459.67\right)$，细菌完全破碎一块较薄的PET薄膜需要6周时间。

2018年2月3日，来自韩国科学技术高级研究院（KAIST）的一个代谢工程研究小组发现了PET具有优异的可降解性的分子机制。这是首次报道来自细菌Ideonella sakaiensis的PETase（即一种降解PET的酶，也被称作IsPETase）的三维晶体结构，并且开发出它的一种具有增强的PET降解能力的新型变体。这些研究人员研究了作为底物的PET如何与酶IsPETase结合，以及相比于其他的角质酶（cutinase）和酯酶，这种酶结构存在的哪些差异导致相对较高的PET降解活性。基于三维结构和相关的生化研究，他们成功地确定了IsPETase的PET降解活性的基础，并且利用一种新的系统进化树提出其他的能够降解PET的酶。他们指出由于IsPETase存在一种结构裂缝，PET的4个单羟乙基对苯二甲酸乙二醇酯（monohydroxyethyl terephthalate，MHET）部分是最为匹配的底物，即便对PET的10~20聚体而言，也是如此。此外，他们成功地开发出IsPETase的一种具有更高PET降解活性的新型变体，并利用这种变体的晶体结构来证实这种变体的结构变化使得它比野生型IsPETase更好地适应底物PET，这有利于人们开发出优异的酶和构建平台用于基于微生物的塑料再循环利用。

2020年4月9日，法国图卢兹大学A. Marty. S. Duquesne和I. Andre等人进一步发现了一种改进的PET水解酶，该酶在10h内最终实现了至少90%的PET解聚为单体。研究人员查阅了角质酶（cutinase，一种α/β水解酶）的结构，并进行了化学模拟，找出了PET与这种酶的相互作用位置。他们发现PET与酶表面的“凹槽”相吻合（包括PET被切割的位置），进行改良之后，该水解酶效率是极高的，只需要15h，消化率就能达到85%。通过优化条件，他们能够在10h内将PET分解率达到90%。相较于自然降解、回收利用和生物分解法，这种水解酶不但高效安全可靠，价格也较为低廉。

数万种新型微生物酶的发现，将有助于研究者进一步了解生物分解塑料的机制和步骤，促进合成生物学研究，在工业塑料废物生物降解方面有所突破。另外，使用酶可以将塑料解聚恢复到原始单体结构，从而实现塑料的重复使用，减少新塑料生产的需求。“下一步就是在这些新酶中选出最有希望的候选酶，密切研究它们的特性及塑料降解能力。”泽列兹尼亚克说道，“基于此研究，还可以针对特定塑料类型设计出不同的降解方式。”

2.3.7　几种常用塑料包装材料的回收利用

2.3.7.1　聚乙烯（PE）的回收再生

A　PE 膜造粒加工

我国废旧 PE 膜造粒加工厂采用湿法挤出造粒的比较多，湿法加工采用排水式挤出机两台上下设置成为一套机组。湿膜直接加入第一台挤出机内进行排水，塑化后物料流入下台挤出机加料口再进行挤出过滤、模头切粒、鼓风机冷却、管道输送至料仓。湿膜造粒的关键工艺要求是：湿膜加料时（即第一台挤出机）要采用人工强迫饱料加入，才能使湿膜中水分在挤出机的加料段自行排除，否则水分会混入塑化段，造成料体中含有水分影响吹膜。湿法造粒原则上只能适应于 HDPE 废旧膜，但随着造粒加工的发展以及工业废膜与生活废膜的混同，加工时不可能严格地将 HDPE 和 LDPE 废袋膜挑选清楚，所以，造粒加工过程中高压、低压 PE 混合料粒比例很大，只要适当调整一下挤出机的温度也可以进行混合料的生产，只不过生产出来的是混合料粒，如果需要生产出来的料粒能够单独进行吹膜使用，混合比例不应超过 50%，当然也可以按照生产制品的要求来配比废塑料。

B　热解解聚

目前，HDPE、LDPE 在所有塑料废物中所占比例最大（按质量计为 36%）。在 400℃以上的温度条件下，它们通过热解解聚，生成复杂的低值气体、液态烃和煤焦混合物。通过催化氢解或串联催化烷烃复分解，可以在较低温度下实现更具选择性的拆卸。

近几年出现了一锅低温催化方法，通过简单的多相催化剂将不同等级的 PE 直接转化为液体烷基芳烃。在概念验证实验中，将低分子量 PE 在未搅拌的微型高压釜中结合，无溶剂或添加 H_2。在（280±5）℃温度下 24h 后，通过溶解在热 $CHCl_3$ 中，回收液体/蜡产品进行表征。大多数 PE 的分子量下降了近 10 倍、分散性下降。

液体烷基芳烃的高收率尤其有希望，这类化合物广泛应用于表面活性剂、润滑剂、制冷液和绝缘油中，用废聚乙烯制造它们可以取代以化石燃料为基础的路线，同时鼓励更好地管理塑料废物，并回收大量可再循环到全球经济中的材料价值。

C　生物降解

以 PE 膜作为唯一碳源，从蜡虫肠道内容物的富集中分离出两株 PE 降解细菌，并根据生物膜形成的特征、PE 物理性质（拉伸强度和表面形貌）的变化，确定这些细菌能够在有限的潜伏期内降解 PE，以及化学结构（疏水性和羰基外观）、分子量（伴随子产物的形成）和质量损失。结果证实了从蜡虫中分离的两种肠道细菌对 PE 的生物降解作用，并表明这些塑料咀嚼昆虫幼虫中的细菌是一种很有希望的塑料降解微生物来源。

蜡虫肠道中 PE 降解微生物的发现为进一步研究 PE 和其他塑料的微生物降解提供了一个有希望的方向，同时也为了解自然界合成塑料的生命周期提供了新的见解。此外，从该来源分离和鉴定更多降解 PE 的微生物，以及更好地了解参与 PE 降解的酶系统，有助于开发塑料废物修复方法，从而消除塑料污染问题。

2.3.7.2　聚丙烯（PP）的回收再生

利用废聚丙烯制作编织袋、打包带、捆扎绳、仪表盘、保险杠等是最常见的利用方法。其再生利用工艺如下。(1) PP 再生打包带。挤出塑化→打包带机头→冷却水箱→前牵伸辊→加热水箱→后牵伸辊→轧花纹→卷取。废旧PP塑料进入单螺杆塑化机之前应进行清洗、破碎、干燥处理。(2) 拉丝与纺绳。挤出塑化→拉丝机头→水冷却→第一牵伸辊→再热处理→热处理牵伸辊→卷取。

2.3.7.3 聚苯乙烯 (PS) 的回收再生

废聚苯乙烯主要以泡沫塑料形式存在于包装废物中，如快餐盒、泡沫塑料、缓冲包装材料等。其回收再生途径如下。

A 回收再造粒

废旧聚苯乙烯泡沫塑料的主要来源是包装材料和各种缓冲包装内衬。回收材料中含有大量的非聚苯乙烯杂质及油污，在回收处理之前，必须对它们进行分离和清洗。回收再造粒有熔融造粒和溶剂造粒。它们的造粒工序如图2-13所示。

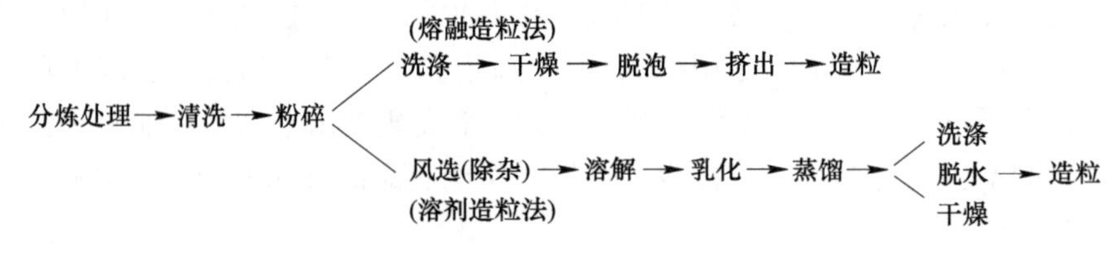

图2-13 回收再造粒工序图

回收得到的聚苯乙烯泡沫塑料综合性能低于原生树脂塑料。因此，这种聚苯乙烯颗粒塑料主要用于制造一些低值产品，如纽扣、文具以及一些盆、盒、罐等。如果要提高所制产品的附加值和品质，可在造粒前加入一些改性剂、脱膜剂、颜料等。回收再造粒有专门的设备，图2-14是英国橡塑研究协会研制的一种聚苯乙烯泡沫塑料的回收设备，聚苯乙烯泡沫塑料由料斗加入，同时加入少量溶剂，加热到145℃使聚苯乙烯熔融流动底部，再经冷却、粉碎、造粒后即可重新使用。

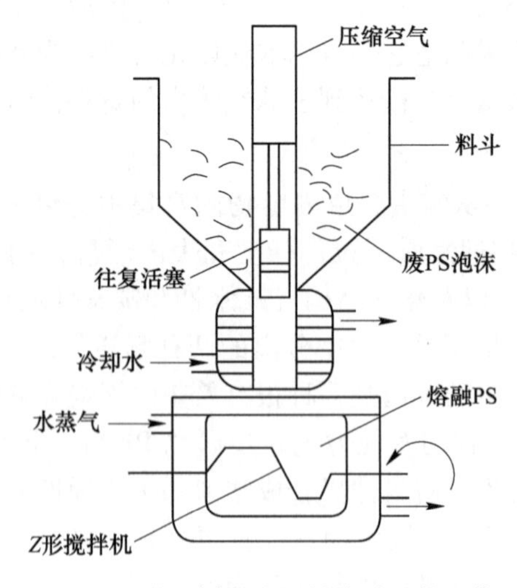

图2-14 聚苯乙烯泡沫塑料熔融和凝固装置

B 冷却再发泡

聚苯乙烯泡沫塑料多作一次性包装用品。大部分泡沫塑料使用后本身性能和成色变化不大，这就为利用这些泡沫塑料再制可发性聚苯乙烯创造了条件。回收再发泡利用是最大限度发挥聚苯乙烯的特点和回收利用的主要方向。将再生聚苯乙烯制成可发性聚苯乙烯（EPS），最主要的是通过浸渍等方法在聚苯乙烯中再加入发泡剂，根据发泡剂的加入方法以及发泡的方法不同，废旧聚苯乙烯再发泡的工艺过程可分为溶解聚合浸渍法、球化浸渍法、凝胶浸渍法以及珠粒破碎再模塑法等。

C 改性利用

a 废旧聚苯乙烯的化学改性

聚苯乙烯的苯环上可进行一系列的化学反应，通过这些苯环上的取代反应，可以制得以聚苯乙烯为骨架的带有各种功能基的聚合物，如离子交换树脂、高分子试剂、高分子催化剂等。

b 废旧聚苯乙烯的共混改性

橡塑共混技术是近几十年发展起来的改善橡胶和塑料性能的最有效、最经济的方法之一，利用橡塑共混技术可使回收聚苯乙烯向高性能方向发展，从而大大提高产品的附加值。用废旧聚苯乙烯制高抗冲聚苯乙烯。高抗冲聚苯乙烯是聚苯乙烯树脂与橡胶共混的产物，橡胶作为一种增韧改性剂，均匀地分散在聚苯乙烯树脂的基体中，显著地增加了聚苯乙烯的韧性。考虑到相容性的问题，橡胶一般选用丁苯橡胶。

c 废旧聚苯乙烯的增强改性

再生聚苯乙烯也可和其他树脂产品一样，用纤维增强材料进行增强，以提高产品的综合性能和附加值，其中，聚苯乙烯玻璃纤维增强树脂的生产和使用较为普遍。再生聚苯乙烯纤维增强塑料产品的生产方法是先将废旧聚苯乙烯泡沫塑料脱泡、粉碎、制成模塑粉，再加入20%~30%的玻璃纤维，在模内压制成型；也可在废旧聚苯乙烯热轧辊脱泡时直接加入玻璃纤维混合、粉碎，制成含有80%玻璃纤维和20%树脂的母料，然后掺入原料树脂中，使混合后玻璃纤维含量为20%，再进行模压加工。增强聚苯乙烯树脂的加工除模压成型外，也可注塑成型和挤出成型，但注塑成型时成型温度应比原树脂成型温度高10~20℃，注射速度要快，压力要高，模具温度为60~90℃。注塑聚苯乙烯树脂经玻璃纤维增强后，保持了原树脂优良的电性能和耐化学腐蚀性能，改变了原树脂脆性、冲击强度低等缺点；刚性、韧性和机械强度比原树脂增强1倍左右，蠕变和松弛率大为降低，热膨胀率减少一半，低温尺寸稳定性和耐老化性良好。

d 做木制复合材料

可将其与木粉混合（木粉含水量在7%以下），使用立式混合造粒机，该机集干燥、混合、脱湿排气、混炼塑化、造粒于一体。木质复合材料对热极敏感。要十分注意注射机料筒温度的稳定和分布。为了顺畅且平稳地送料，螺杆直径最好比标准螺杆大；为避免加热料的滞留，*L/D*选择得小些；小压缩比可以阻止材料拥挤而发热。与塑料注射模类似，注口要短而粗，流道、浇口的截面要大。在料流的熔接处一定要开设排气槽。该复合材料热导性差，模内必须设置能缩短成型周期的冷却系统。另外，模具材料必须耐腐蚀。

e 废旧聚苯乙烯塑料裂解制苯乙烯

苯乙烯的聚合物中较为薄弱的环节恰好是各个单体相连接的键，经高温加热便会生成苯乙烯单体，即解聚过程。解聚用的设备有两种：一种是断续式解聚设备；另一种是连续式解聚设备。断续式解聚设备很简单，一般采用10mm厚钢板制成的解聚锅，可由3~6个锅排列成一行，每个锅可容纳废旧塑料 40kg 左右。在解聚前，应严格挑选废旧塑料，绝不能让其他种类塑料混入，否则制出的苯乙烯不纯，影响使用。在解聚锅里先装上 10~15kg 的铅，然后再装上 30~40kg 废聚苯乙烯塑料，装好后将盖子密封，接通冷却器即可升火加热。分解出来的苯乙烯气体经过列管式冷却器冷却后流入接收器中。一般自分解开始到解聚结束需 7~8h。连续式裂解设备裂解部分由长约 2.5m、直径 30cm 的钢管制成，外部用电炉丝加热或用感应电炉加热，使管内废塑料达到 400℃ 而进行解聚。管内装有螺旋式输送器，可将解聚物自进料口一端推向尾端。在进料口部分装有螺旋式自动连续进料装置，尾端上部有排气口，解聚中生成的苯乙烯单体蒸气由此口经列管式冷却器冷凝成苯乙烯液体再流入接收器内；尾端下部有排渣口，解聚后的残余物经此排出。一般断续式裂解回收率为 60%~70%，连续式裂解为 70%~80%。

f 旧聚苯乙烯做涂料

因聚苯乙烯易溶于有机溶剂，因此可做涂料。如聚苯乙烯（或 ABS）塑料 30~35 份；苯（或氯仿）25~30 份；松香（或沥青）10~15 份；二甲苯 30~35 份；油溶性染料 5~8 份；汽油（或煤油）适量；硬脂酸铝（或锌）0.3~0.5 份。

g 制作建筑水泥制品

废弃聚苯乙烯泡沫塑料表观密度为 20~25kg/m^3，经加工搅拌后制成混凝土，湿密度为 220~270kg/m^3，基本相当于膨胀珍珠岩，干燥后的密度还可以大大减少，对与它掺混的水泥没有什么特殊要求。利用废旧聚苯乙烯泡沫塑料做轻型建材有多种制造方法，例如用聚苯乙烯泡沫颗粒，以水泥为黏结剂，碎木丝为填料，加水混合，然后模塑成各种轻质水泥隔板。

h 制备油漆

聚苯乙烯的透明度高达 90%左右，折光率为 1.59~1.60。将它涂在聚丙烯、ABS 等塑料上作真空镀膜的底漆，可以提高塑料件镀光膜的厚度；也可以用来生产一般防锈漆和家具漆。操作时首先将收集的废聚苯乙烯塑料进行清洗、除污、去油，并将清洗后的废旧塑料去除残留水分晾干、晒干或烘干，最后将上述清洗干燥的废旧塑料适当破碎后投入带搅拌器的反应釜中，加入合适配比的酚醛树脂甲基纤维素、松香和混合溶剂（氯仿香蕉水、二甲苯）浸泡 1h，经过浸泡后搅拌 3h 以上，使之溶解，改性成均匀的胶浆状溶液，用棒粘出的胶液呈线状下滴。将上述胶状溶液用 178μm 铜筛网过滤，即得到合格的改性塑料胶，可以用于制备各种油漆和色浆。

2.3.7.4 聚氯乙烯（PVC）的回收再生

我国塑料制品中聚氯乙烯占 30%以上。废旧聚氯乙烯的回收利用主要是直接回收或补充适当的新料，重新制作各种制品，当这些回用料脏差到不能再做别的制品时，仍可以做基建和水利上的制品（管、槽、带、板等）。

A 复配回用

废旧聚氯乙烯的回收再生制品，应根据不同品种添加相应的助剂，以达到使用要求。聚氯乙烯的组成较复杂，除树脂外，还有一定的增塑剂、稳定剂、润滑剂、颜料等辅助材料。这些助剂在使用过程中，由于受光和热的作用，会有不同程度的挥发和损失，在复制加工时，就必须进行适量补加，才能使聚氯乙烯废旧塑料复制后保持较好的物理性能和力学性能，其配方见表 2-10。废旧聚氯乙烯回收一般首先分离去除混杂的非 PVC 制品，因 PVC 制品有硬质与软质之分，因此在回收时应按产品的种类分别回收，并经过筛选、清洗、干燥等处理，去除杂质。

表 2-10　废聚氯乙烯复配回配方

材料	软质	硬质	软质泡沫塑料
废旧聚氯乙烯材料	100	100	100
邻苯二甲酸二丁酯	10	—	5
烷基苯磺酸酯	5	—	5
三盐基性硝酸铅	1	0.5	0.5
硬脂酸钡	0.8	1	1
硬脂酸或石蜡	0.2	0.2	0.2
偶氮二甲酰胺	—	—	6

B　生产沥青

将废聚氯乙烯塑料与煤焦油在反应釜中进行反应，在催化剂的存在下，煤焦油中的某些成分易与聚氯乙烯分子反应产生交联，形成二维网状结构，从而使改性后的焦油沥青软化点提高。其性能优于通用的石油沥青毡和焦油沥青毡，尤其耐低温性好，特别适于北方地区施工使用。具体操作过程是：在搪瓷反应釜中加入沥青，以 150~200r/min 转速搅拌，并升温至 150~170℃ 下反应 3h，再加入填料，搅拌片刻即成。

C　聚氯乙烯瓶的回收与利用

在 PVC 瓶中常混有 PET、HDPE、PP、PS 等塑料，这些废塑料可通过浮选法予以分离，即便分离不完全，当含量<3%时，除 PET 外，对废旧 PVC 瓶再生制品的性能几乎没有影响。密度与 PVC 瓶相近的 PET 较难分离，且当 PET 的含量>0.1%时会严重影响 PVC 的性能。除去 PET 瓶的 PVC 瓶经过粉碎洗涤、浮选、干燥除去金属污染物，检测及熔融过滤后才可用于制再生 PVC 瓶、管材、管件、地板等再生制品。在一些国家和地区，如欧洲和澳大利亚，从食品卫生角度考虑，PVC 瓶的回收料不允许再加工成瓶子，而是经过再造粒后，用于挤出生产 PVC 再生管材。

除了制再生 PVC 瓶外，更多的 PVC 废瓶用于制造再生 PVC 管道及配件。PVC 废瓶经粉碎、洗涤后，分别在相对密度为 1.35 和 1.30 的溶液中除去其他废物，干燥后粉碎成粉末，用 1mm 孔径的筛子筛分，然后以 30%以上比例与新树脂混合，用双螺杆挤出机挤出成型，得到管材及管件。随着回收料含量的增加，拉伸强度和模量都有所下降，其原因是 PVC 瓶是由低分子量树脂制得的，回收料含量越大，越难达到标准，在回收料含量为 30%时可以满足标准的要求。PVC 废瓶清洗、粉碎成 800μm 大小，加入 Ca/Zn 稳定剂后，还可以用于生产再生 PVC 泡沫型材。研究表明，PVC 瓶回收料含量的增加对制得的泡沫型材的密度、多孔结构、冲击性能等没有影响，热稳定性则得到提高。

D　回收聚氯乙烯填料和树脂

为能有效地利用 PVC 废膜，可采用回流抽提法、加热回流法、熔体沉淀法、溶剂萃取法等方法从 PVC 软制品中回收增塑剂和树脂。回收的增塑剂经精制后可重新使用，剩下的硬质 PVC 用于生产管道、地板等制品。

a 回收增塑剂

溶剂萃取法回收增塑剂是将洗净、干燥、剪切成碎片的 PVC 软制品用有机溶剂处理，萃取出其中的增塑剂，精制后重新使用。

b 回收 PVC

溶剂萃取法回收的硬 PVC 成型后，与新 PVC 成型品性能比较见表 2-11。可见，萃取后 PVC 中残余的邻苯二甲酸二辛酯（DOP）小于 3%时，再生制品的拉伸强度与新制品相差不大。

表 2-11 萃取法回收 PVC 再生制品与新制品性能比较

PVC 树脂	DOP 含量/%	拉伸强度/MPa
新树脂	—	57.6
回收品 1	2.6	55.7
回收品 2	4.6	49.5
回收品 3	16	24.4

c 废旧 PVC 的裂解利用

PVC 是稳定性最差的碳链聚合物之一，在热、光、电及机械能的作用下均会发生降解反应。这种不稳定性为 PVC 废料的处理提供了一条途径，即可以通过高温裂解、加氢裂化等方法，将 PVC 废料分解成小分子化合物并加以利用。（1）聚氯乙烯裂解制油：PVC 中含有约 59%的 Cl，裂解时，氯乙烯支链先于主链发生断裂，产生大量 HCl 气体腐蚀设备，影响裂解产品的质量。因此在裂解 PVC 时应作 HCl 脱除处理。经初步脱除 HCl 的 PVC 产物在更高温度下进行降解反应，生成线性结构与环状结构的低分子烃类混合物。由于 PVC 分解时产生的 HCl 对设备有腐蚀性，又不可能完全脱除干净，且其裂解油的回收率很低，因此，工业上通常不会单独裂解废旧 PVC 制品，而是将其与 PE、PP、PS、PET 等以一定比例混合，再进行裂解。（2）聚氯乙烯裂解制碳化物：对 PVC 热解脱 HCl 后的产物，采用适当的方法，如调节升温速率引入交联结构及加入添加剂等措施，可以避免简单热解时形成的似石墨化碳化物，而制得具有牢固键能的立体结构的高性能活性炭。（3）生产离子交换体：如将 PVC 废料热解制得的碳化物用硫酸磺化，或将 PVC 先磺化再脱除 HCl，即可得到离子交换体。（4）废旧聚氯乙烯的焚烧：焚烧 PVC 废料回收能量也是一种有效的回收利用方法，但 PVC 焚烧时会产生 HCl 气体，形成的残渣含有铅等重金属，对环境造成二次污染。一般采用在焚烧炉或烟道中喷射生石灰或消石灰的干法、半干法以及喷射 NaOH 水溶液的湿法，除去 80%~95%的 HCl，但碱的利用率只有 20%~25%。对产生的重金属残渣需另做处理。PVC 的燃烧热小于 PE、PS、木粉等，加上设备费用的上升，使得焚烧成本较高，因此，焚烧 PVC 已不再是主要的回收方法。

2.3.7.5 废旧聚酯容器的回收利用

塑料瓶作为包装用品的发展非常迅猛，用于食品包装最主要的是 PET（聚对苯二甲酸乙二醇酯）瓶，简称聚酯瓶。该材料是一种塑性饱和聚酯，无毒无味，适用于食品包装。

A 直接回收，清洗使用

PET 瓶既可以像金属易拉罐和纸包装一样回收“溶解”再利用，又可以像玻璃瓶一样回收重复使用。荷兰市场1989年事先推出可循环重复使用的PET瓶，这种重复灌装使用PET瓶的新技术逐步进入了世界市场。目前已有专门为重复使用的PET瓶而设计的设备。首先要求PET瓶要耐温，因为回收PET瓶的清洗方法同玻璃一样，要求苛性钠浓度在2%~3%，温度为40~68℃。

B 粉碎回收利用

对废旧破碎聚酯包装容器具和破碎造粒重新吹拉伸加工成型后的包装容器，只能用于非食品的包装。原因是回收的聚酯在高温吹拉伸下，有的分子分解生成乙醛，而乙醛有毒，故只能用于非食品包装。因有的PET瓶包括聚酯（PET）瓶体、高密度聚乙烯（HDPE）底托、铝盖，还附有乙烯-醋酸乙烯共聚物（EVA）盖衬、纸签和胶等。可将其粉碎后的碎片用鼓风机及水洗将EVA、纸、PET、HDPE根据其密度差异分离。即通过水悬浮除去HDPE，再通过密度为1.4g/cm^{3}的盐溶液悬浮使PET和铝分离。

C 废聚酯的降解利用

废旧PET再生制品，尤其是再生切片加工过程中产生的二次废料，因其特性黏数过低，已不适宜再直接利用。对这些废料可通过化学回收的方法，将其解聚成低分子物，如对苯二甲酸（TPA）、对苯二甲酸二甲酯（DMT）等，经纯化可重新作为聚酯原料或制成其他产品，如不饱和聚酯、胶黏剂、醇酸漆、绝缘漆、粉末涂料等。

D 聚酯的改性利用

与新树脂一样，聚酯废料也可以用其他材料改性，提高再生制品的性能。聚酯废料中加入聚烯烃可有效地改善制品的冲击性能、抗弯性能和尺寸稳定性，可使用的聚烯烃有聚乙烯、聚丙烯、聚丁烯、聚环氧丁烷等。例如，在聚酯废料中加入16%的聚乙烯，挤出后进行双向拉伸，制得的薄膜在抗裂纹形成的稳定性方面比未加聚烯烃改性的聚酯薄膜高100倍。为改善聚烯烃与聚酯的相容性，可引入酸酐环氧官能团与聚酯发生反应，或加入增容剂提高相容性。表2-12为在LDPE/PET、LLDPE/PET体系中加入相容剂EVA前后共混物性能的比较。可见加入相容剂后制品的屈服强度和伸长率得到了改善。在PET废料中加入尼龙和聚酯酰胺共混可提高聚酯的柔性，而对聚酯的软化点没有影响。加入尼龙和聚酯酰胺的总量小于25%，每种聚合物用量小于20%。

表2-12 PET废料共混改性配方及性能

序号	配方				屈服强度/MPa	伸长率/%
	PET废料	LLDPE	LDPE	EVA		
1	100	5	—	10	31.88	20.44
2	100	7	—	10	30.92	17.23
3	100	10	—	10	30.54	17
4	100	15	—	10	29.44	13.3
5	100	—	15	10	20.55	11.5
6	100	—	15	10	22.35	15.5
7	100	—	15	15	33.78	21.6
8	100	15	—	—	29.55	18.8

2.3.7.6 废旧聚氨酯泡沫塑料的回收利用

聚氨酯因其良好的弹性及优良的缓冲性能，在各个领域中得到了广泛的应用。除做人造革外，还在沙发、汽车中作缓冲材料，冰箱、地下蒸气管道保温以及特殊场合的现场发泡包装。因此，聚氨酯的废物也就越来越多。

（1）做人造土壤：在开孔性软质聚氨酯泡沫塑料中，加入水和化肥，可对多种植物进行栽培，植物在其中生长快。可利用这种轻质人造土壤，在房顶或室内空闲处栽种蔬菜、花草，也可以做成育苗箱，将一定厚度的泡沫塑料，按规定尺寸，放入育苗箱内，加入液体肥料，移苗时断根少，成活率高，这种育苗床质量轻，可做成立体种植，不占农田，搬运方便。聚氨酯泡沫塑料作为天然土壤覆盖物，主要是对天然土壤表面起保护作用，防止侵蚀、保温、调节水分含量，从而促进植物生长，提高产量，改善土壤的质量。这类材料的使用，弥补了天然土壤的不足，使水分、肥料和养料能起到更好的作用。将孔隙率为98%左右的废聚氨酯泡沫塑料，按 1∶100 的比例与天然土壤均匀混合，能使天然土壤的土粒间具有较大的孔隙，形成良好的通气环境，从而促使植物生长。据报道，在 670m^2透气性较差的农田里混入 30~50kg 小片状聚氨酯泡沫塑料，埋入土中深 10~50cm，栽种旱稻、烟草或葱头等作物，产量可增加 10%~50%，多年使用效果良好。

（2）模塑法回制产品：除了把废弃的聚氨酯用胶黏剂制成材料外，也可用机械方法把聚氨酯切割成小片、颗粒或磨成粉末，将其放在模具中，200℃左右热压成半成品或成品。例如，先将废料粉碎并且与黏合剂按 85∶15 的比例，在搅拌器内混合均匀。按制作所需的质量，取一定量此混合物，置于成型模具内，在压力为 100%~140%疲劳试验中可达 7×10^4次，比重为 1.17g/cm^3，外观平滑并有光泽。

2.3.7.7 混杂废旧塑料的处理

实在无法分离的废塑料一般可通过裂解制造低分子化工原料，称为塑料油化技术，目前主要采用以下 4 种技术。（1）裂化法：此法在 400~600℃温度和稍高于大气压的压力下进行操作，生产出适合进一步催化裂化的蜡状液；（2）气化法：气化在 900~1400℃氧和蒸汽中，0~60Pa 进行操作，气化产物主要是一氧化碳和氢；（3）氢化法：在 300~500℃和 100~400Pa 氢气中处理废塑料，产物包括：65%~90%油（即合成原油）、10%~20%气体和 29%以下的固体残渣；（4）高温裂解法：在 500~900℃不含氧的大气中进行操作，制得气体烃、氨和氯化氢（占 50%以下），合成原油（25%~45%）及固体残渣。

2.3.7.8 废热固性塑料的利用

（1）生产活性填料（简称热固填料）：废弃热固性塑料成本低廉，易于粉碎成粉末，可用作为广普性填料使用，热固填料本身具有聚合物结构，与塑料的相容性好于一般的无机填料，用其作填料可看作是不同聚合物之间的共混改性。如果将热固填料加入同类塑料中（如废弃 PF 作填料加入 PF 树脂中），则这种填料可不必经过处理而直接加入，相容性好于一般填料。但如果将热固性填料加入其他种类塑料中，则其相容性往往不够理想，在加入前往往还要进行改性处理。

（2）生产塑料制品：废热固性塑料不能通过重新软化而再模塑成型，但可将其粉碎后，与黏合剂混合制成塑料制品，仍然具有很好的使用性能。废塑料的粒度影响产品质量。粒度太大，产品表面粗糙；粒度太小，产品表面无光泽，且强度太小，并需消耗大量黏合剂，增加成本，一般粒度要求为 20～100cm；粒度还应是正态分布，不应完全均匀。黏合剂可以选用环氧树脂类、酚醛树脂类、聚氨酯和异氰酸酯类等。

思 考 题

2-1 还有哪些具有新特色或者特殊功能的新材料？

2-2 为什么填充剂的用量一般在 40%以下，超过会对塑料有什么影响？

3-3 请查阅资料，区分染料和颜料有什么异同。

3-4 比较注射成型、挤出成型、中空吹塑成型以及压延成型的异同。

3-5 废旧塑料的储存需要注意什么？请简要叙述。

3-6 什么是废旧塑料的高值化？

3-7 导致机械再生塑料基本物理性能下降的原因是什么？

3-8 请列举出热分解的 3 种工艺分别适用于哪些塑料废物。

3-9 请列举出 3 种常用塑料包装材料回收利用的方法。

3 包装废纸处理与高值化

3.1 纸包装材料及其制品

以纸和纸板为材料制成的包装称为纸包装。与其他包装相比较，纸包装具有原料来源丰富、加工容易、性能优良、印刷装潢适性好、价格低廉、绿色环保、易于回收处理等特点，因此被认定为最有前途的绿色环保包装印刷材料之一。随着整个国际市场对包装物环保性要求的日益提高，纸类包装材料逐渐成为首选的包装材料。为满足不同的使用需求，纸和纸板常被加工成纸袋纸、玻璃纸、鸡皮纸、植物羊皮纸等不同纸制品。纸制包装容器的应用案例有折叠纸盒、瓦楞纸箱、纸浆模塑等，都是现代包装中重要的纸制品包装容器。

3.1.1 纸和纸板包装材料的特点

从包装的功能上讲，任何包装材料都必须要满足保护商品、方便储运和促进销售这三个功能。而纸和纸板除了能很好满足这三项要求之外，还具有其他包装材料所不具有的以下优点。

（1）原料充沛，价格低廉。纸和纸板的原料丰富而广泛，易进行大批量、机械化生产，成本价格低廉。

（2）保护性能优良。与其他材料的包装容器相比，纸箱的抗冲击性强、隔热、遮光、防尘、防潮，能很好地保护内容物。纸箱在内部装满载荷物时，耐压强度好，空箱运输和储存时，折叠起来占用空间小。

（3）安全卫生。纸和纸板包装材料无毒、无味、污染小，纸箱既可以做成完全封闭型，又可以制成具有“呼吸作用”型，以满足不同商品储存、运输的要求。

（4）加工储运方便。纸和纸板的成型性和折叠性优良，便于裁剪、折叠、就合、钉接，既适于机械化加工和自动化生产，又利于手工生产，可以根据需要设计制成各种形状。

（5）印刷装潢适性好。纸和纸板作为承印材料，具有良好的印刷性能，印刷的图文信息清晰牢固，便于美化商品。尤其是面对当前盛行的仓储式超市，印刷精美的商品外包装直接面对消费者，使消费者对内容物一目了然，刺激消费者的购买欲。

（6）废物可回收利用，无白色污染。纸制包装可回收利用和再生，废物易处理，不造成公害，节约资源。纸制品的原始材料——植物纤维，在自然界可以循环再生，取之不尽，用之不竭。

（7）加工性能好。以纸为基材，可以和其他包装材料如塑料、金属箔、纤维制的线和布等制成复合包装材料。

3.1.2　包装用纸与纸板的种类

纸和纸板一般是按定量和厚度来区分的。定量在225g/m^{2}以下、厚度不到0.1mm的称为纸，定量超过225g/m^2、厚度大于0.1mm的则称为纸板。但也有例外，如白卡纸其定量可达400g/m^2，已属于纸板的范围，但习惯上还是称为“纸”或“卡纸”。包装纸和纸板种类繁多，根据加工工艺可分为包装纸、包装纸板、加工纸和纸板等类别。包装纸主要用来制造纸袋、包裹和包装标签等纸包装制品，主要种类有牛皮纸、纸袋纸、瓦楞原纸、铜版纸、鸡皮纸、食品包装纸、中性包装纸等。包装纸板主要用来制造加工纸盒、纸管、纸桶或其他包装制品，常用的纸板有标准纸板、厚纸板、白纸板、牛皮箱纸板、箱纸板等，多用来包装普通商品。

3.1.2.1　主要包装用纸

主要的包装用纸有白卡纸、胶版印刷纸、胶版印刷涂料纸、铸涂纸、羊皮纸、普通食品包装纸、中性包装纸、鸡皮纸、玻璃纸、防油纸、牛皮纸、纸袋纸、防锈纸共13种。

（1）白卡纸：白卡纸是一种较厚实坚挺的双面白色纸板，采用100%漂白硫酸盐木浆为原料，经过游离状打浆，较高程度地施胶（施胶度为1.0~1.5mm），加入滑石粉、硫酸钡等白色填料，在长网造纸机上抄造，并经压光或压纹处理而制成。主要用于印刷名片、请柬、证书、商标及包装装潢用的印刷品。

（2）胶版印刷纸：旧称道林纸，一般采用漂白针叶木化学浆和适量的竹浆制成。主要供胶印机上进行多色印刷，一般用来印刷封面、画报、商标等。胶版印刷纸分单面胶版纸和双面胶版纸，又有超级压光、普通压光之分。

（3）胶版印刷涂料纸：胶版印刷涂料纸是在原纸上涂布一层白色浆料再经压光而成的纸张，又称“铜版纸”。用于彩色凸印、胶印和凹印中的细网线图文的印刷，一般为高级印刷品，如插图、画报、样本、年历及高档商标。其质量要比胶版印刷纸要高。

（4）铸涂纸：铸涂纸又称高光泽铜版纸，俗称玻璃卡纸，是一种单面高光泽度的涂料纸。其主要用途是印刷高档商品及精致工艺品的商标、包装、明信片、贺卡、请柬等。铸涂纸具有极高的光泽度和平滑度，可印刷很细的网线，网点、阶调、色彩、光泽的再现性强，图像清晰、立体感强。它不经过超级压光，就具有比一般由超级压光处理的铜版纸还要高的光泽度，而且它比普通铜版纸的紧度低、松厚度高，还具有弹性好、着墨性佳，不掉粉掉毛等优点。

（5）羊皮纸：羊皮纸有两种，动物羊皮纸和植物羊皮纸。动物羊皮纸是用羊皮、驴皮等经洗皮、加灰、磨皮、干燥等加工工序制成的纸张。因动物皮供应有限，而且成本较高，所以近代已用植物羊皮纸来代替动物羊皮纸。植物羊皮纸又叫硫酸纸，是用破布浆或化学木浆抄造出的原纸，再经过浓硫酸（72%）处理后，用清水洗净、甘油润湿而成。植物羊皮纸是一种半透明的具有高度的防油、防水、不透气性、湿强度大的高级包装用纸，主要用于包装化工药品、仪器、机械零件、油脂食品等。

（6）普通食品包装纸：普通食品包装纸是一种不经涂蜡加工可以直接包装入口食品的包装纸，它是以60%漂白化学木浆和40%漂白化学草浆为原料，加入5%填料制造而成的。食品包装纸应符合GB/T 30768—2014规定的指标，不得采用回收废纸作为原料，不得使用荧光漂白剂等有害助剂，纸张的纤维组织应均匀，不许有严重的云彩花，纸面应平整，不许有褶皱、皱纹、破损、缺口等。

（7）中性包装纸：中性包装纸分为包装纸与纸板两种。中性包装纸是一种用未漂100%硫酸盐木浆或100%硫酸盐竹浆抄造而成的纸。这种纸张不腐蚀金属、强度高，主要用于包装军用品或其他专用产品，也可用于包装食品、肥料等。

（8）鸡皮纸：一般全部用未漂亚硫酸盐木浆为原料，经长纤维游离状打浆，不经漂白，采用扬克式单缸造纸机或长网造纸机抄成。是一种单面光泽度很高、强度较好的包装用纸，主要用于包装工业产品和食品。

（9）玻璃纸：玻璃纸又称“赛璐玢”，属于再生纤维素膜，玻璃纸的主要原料是精制的漂白化学木浆或漂白棉短绒浆。玻璃纸的特点是玻璃状平滑表面、高密度和透明度，适用于医药、食品、纺织品、化妆品等商品的透明、美化包装，并可作为透明胶带的原纸。其缺点是尺寸稳定性差，亲水性强，遇水遇热易互相黏结，纸页中水分蒸发后会脆化。

（10）防油纸：防油纸通常由亚硫酸盐木浆，经由高度打浆及细磨后制成的一类纸。也包括使用浆内添加或表面涂布防油剂而生产的能够抗拒油脂渗透和吸收的纸种。广泛用于食品和其他含油物品的包装。

（11）牛皮纸：牛皮纸是高级包装用纸，因其质量坚韧结实类似牛皮而得名。牛皮纸用未漂白针叶木硫酸盐浆（部分使用漂白浆料），重施胶工艺制成的质地坚韧、有一定的防水性，纸面呈黄褐色的高强度包装纸。定量一般在40~120g/m^2。多为卷筒纸，也有平板纸。有单光、双光、条纹、无纹等，是通用的商品包装用纸之一。

（12）纸袋纸：纸袋纸类似于牛皮纸，大多以100%废纸浆或与针叶木硫酸盐纸浆混合制造，纸袋纸具有高强度、较大伸长率、很强的抗水性及一定的透气性，定量为90~100g/m^2，用于制作水泥、化肥、农药、粮食等多层包装袋。可进行表面压光或复合。常用于包装水泥、化肥、农药等。

（13）防锈纸：为了使纸包装的金属制品不生锈，利用各种防锈剂对包装纸进行处理，一般是将防锈剂溶解于蒸馏水或有机溶剂中成为溶液，然后将它浸涂、刷涂或滚涂在包装纸上，干燥后即成为防锈纸。防锈剂一般具有挥发性，为了延长其防锈时间，将涂有防锈剂的一面，直接包装工件，而在反面涂以石蜡、硬脂酸或再用石蜡纸、塑料袋、铝箔等包装。由于各种防锈剂的蒸气压和扩散性能不同，防锈纸分为接触型防锈纸和气相型防锈纸。

3.1.2.2　主要包装用纸板

包装用纸板主要包括标准纸板、厚纸板、白纸板、瓦楞原纸、牛皮箱纸板、箱纸板、瓦楞纸板共7种。

（1）标准纸板：标准纸板是用于制作精确的特殊模压制品以及重要制品的包装纸板。标准纸板表面应经压光，表面平整、光滑、不翘曲，颜色为纤维原色，每批颜色应基本一致，纸板表面没有鼓泡、褶子、皱纹、不平、严重黑斑浆疙瘩，不得有缺角、缺边、洞眼等纸病；纸板在切裁与压模时，不得有分层现象。

（2）厚纸板：厚纸板是用于制作特种纸盒及纸箱内隔层用的厚纸板。厚纸板为100%硫酸盐纤维制造，纸板的颜色为纤维本色，具有较高的强度，且价格低廉。纸板应经压光，表面平整，厚度应一致，纸板切边应整齐洁净，表面不许有压痕、皱纹、破洞、擦伤、鼓包、翘曲及未解离的纤维束。

（3）白纸板：白纸板是销售包装的重要包装材料，用量大。其主要用途是经彩色套印后制成纸盒，供商品包装用，起着保护商品、装潢商品、美化商品和宣传商品的作用。例如：儿童玩具、药品、食品、牙膏等商品的销售包装。

（4）瓦楞原纸：瓦楞原纸又名瓦楞芯纸、瓦楞纸等。一般是用磨木浆、半化学浆、草浆、废纸浆等抄造，也有用混合浆料抄造的。它是一种低定量的薄轻纸板，其定量一般在80～200g/m^{2}之间。瓦楞原纸主要用作瓦楞纸板的瓦楞芯纸，用量非常大。

（5）箱纸板：用来制作运输包装纸箱的主要材料，采用磨木浆、硫酸盐木浆等制造，我国箱纸板按等级由低到高分为普通箱纸板、牛皮挂面箱纸板、牛皮箱纸板，定量为200g/m^2、310g/m^2、420g/m^{2}和530g/m^2。表面平整，机械强度好，有较高的耐折度和耐破度。用于和瓦楞原纸裱合后制成瓦楞纸盒或瓦楞纸箱，日用百货等商品外包装和个别配套的小包装，以及纸桶和衬垫材料。

牛皮箱纸板又称为挂面纸板，是运输包装用高级纸板。牛皮箱纸板的原料配比，国外一般采用100%未漂硫酸盐木浆，少数采用硫酸盐木浆挂面、废纸浆作芯层及底层。我国由于木材资源紧张，一般采用50%以上的硫酸盐木浆、竹浆挂面，50%以内的废纸浆、废麻化学纸浆、褐色磨木浆、化学草浆、甘蔗渣浆等挂底制成纸板。它具有物理强度高、防潮性好、外观质量好等特点。它主要用于制造外贸包装纸箱及国内高级商品的包装纸箱的面纸，作为电视、电冰箱、大型收录机、自行车、摩托车、五金工具、小型电机等商品的运输包装。

（6）瓦楞纸板：瓦楞纸板是由瓦楞原纸加工而成。首先把原纸加工成瓦楞状，然后用黏合剂从两面将表层黏合起来，使纸板中层呈空心结构，这样使瓦楞纸板具有较高的强度。它的挺度、硬度、耐压、耐破、延伸性等性能均比一般纸板要高；由它制成的纸箱也比较坚挺，更有利于保护所包装的产品。

3.2 包装废纸与环境

70%以上的纸包装产品为一次性使用，使用后即为废物，资源消耗大。与塑料废物相比，包装废纸对环境的污染较低，但仍存在一定的影响。众所周知，造纸原料来源于树木，过度生产会在一定程度上造成森林资源短缺，对自然环境造成一定的影响。此外，大部分包装废纸中含有油墨，油墨中含有有机溶剂和重金属物质，燃烧时一些有害物质会随烟雾排入空气，还会产生大量的一氧化碳和致癌物（如3，4-苯并芘），必然会危害人体的健康。然而比较乐观的是纸类材料可以循环再利用，这样就可以减少对环境的污染。因此提高纸的重复利用率无疑是对环境保护的一种很重要的措施。

目前，废纸回收利用在减少污染、改善环境、节约资源与能源方面产生了巨大的经济效益与环境效益，是实现造纸工业可持续发展以及社会可持续发展的重要措施。

3.2.1 世界废纸回收利用现状

从废纸回收总量来看，废纸回收大国主要有中国、美国、日韩和欧盟发达国家。其中，中美两国回收量最多，2018年中国废纸回收约4900万吨，美国回收废纸约4800万吨，日本紧随其后，回收废纸产量约2100万吨，位居第三。德国和韩国分别为第四和第五回收废纸大国，分别约1500万吨和约850万吨。

从废纸回收率来看，澳大利亚、美国、日本、瑞士、英国、挪威等发达国家废纸回收率均处于较高水平。日本废纸回收率为84%，美国废纸回收率为69%，而中国的废纸回收率仅为45%。虽然中国废纸回收总量为世界第一位，但废纸的回收率远不及发达国家水平，这可能是因为虽然中国有90%能回收的纸张都得到了回收，但由于不可回收的生活、工农业用纸及藏书和偏远地区不便回收的纸产品数量庞大，导致中国整体的废纸回收率仍较低。总体来说，经济发达国家的废纸回收率普遍比经济落后的国家要高。

3.2.2 我国废纸回收利用现状

3.2.2.1 废纸回收率较低

在全球各国致力提高废纸回收利用率的同时，中国的废纸回收率依旧低位徘徊，对废纸的进口依赖性较高。我国国内废纸的消耗量在废纸浆消耗总量中仍占有主要地位，但总体上呈现下降趋势，国内造纸行业不景气导致废纸的回收率停滞不前。尽管国内废纸的回收率有了一定幅度的提高，但仍低于世界平均水平，更是远远低于发达国家的水平。例如德国的废纸回收率已超过70%，日本的回收利用率为73%，芬兰城市里的旧报纸、杂志等回收率接近100%，这些数据也说明我国的废纸回收利用存在巨大潜力。国内造纸行业进口废纸的主要原因是进口废纸质量好于国内废纸，进口废纸中木浆的比例高且非木材纤维含量较低，从而得到青睐。

3.2.2.2 废纸回收过程中的问题

由于我国地域辽阔，区域经济发展状况存在一定程度差异，废纸加工回收企业主要分布于华东区域，西南、华中、东北和西北数量较少。可见，我国废纸分拣加工行业分布较为分散，网点规模小，多为个体经营。这一方面反映出该行业亟须转型升级的必要性，另一方面也表明了行业监管的困境。在这种情况下，我国废纸回收长期以来质量难以提高，废纸回收企业和造纸企业之间契约关系难以形成，一些规范经营企业在不公平的市场环境中被迫减产退出等严重阻碍行业发展的弊病也日益显露出来。

3.2.2.3 废纸的回收利用产业化水平低

我国废纸原料的进口依赖度逐年上升，国内废纸的回收率却没有改善，而且回收的废纸也大量被技术落后的小企业加工成纸板、卫生纸等低档次产品，没有完全发挥废纸的资源价值，还带来严重的二次污染。产业化水平低的根源在于废纸再生产业扶持政策缺乏力度，但产业基础差也是一个重要制约因素。当前国内废纸回收利用的一个重要瓶颈是废纸原料无论在品质还是规模上都难以满足造纸企业的要求。

综合来看，我国应健全废弃纸和纸制品的回收体系，加大珍惜资源的宣传力度，提高全民的环保意识，使人们意识到废纸分类的重要性，并通过立法来保证废纸分类回收的顺利实施，加强对废弃纸制品的回收利用，将能够缓解造纸原料不足，改变目前依赖进口的现状。

3.3 包装废纸的处理与高值化

3.3.1 包装废纸的处理方法与工艺

近年来，为减少环境污染、节约能源和缓解纤维原料的紧张局面，越来越多的造纸厂采用废纸制浆生产纸和纸板，对发展我国的造纸工业具有重要意义。废纸制浆的基本程序如下。

3.3.1.1 废纸的分类

为了合理利用不同种类的废纸，应按照 GB/T 20811—2018《废纸分类技术要求》对其进行分类。我国废纸分类及要求可参照表 3-1。

表 3-1 废纸分类及要求

类别	分类代码	种类	说明	杂质含量/%	不可利用物含量/%
1 废瓦楞纸箱类	101	牛皮挂面旧瓦楞纸箱	使用过的纯未漂白木浆挂面的瓦楞纸箱、瓦楞纸板、瓦楞纸盒等，含量不少于 70%，允许有其他种类的包装纸和纸板	≤1.0	≤3.0
	102	新瓦楞纸箱	未使用过的瓦楞纸箱、瓦楞纸板、瓦楞纸盒及工厂切边等，含量不少于 90%，允许有其他种类的包装纸和纸板	≤0.5	≤2.0
	103	未漂白旧瓦楞纸箱	使用过的未漂白浆挂面的旧瓦楞纸箱、瓦楞纸板、瓦楞纸盒等，含量不少于 70%，允许有其他种类的包装纸和纸板	≤1.0	≤3.0
	104	混合旧瓦楞纸箱	使用过的混有白色和其他颜色纸浆挂面的旧瓦楞纸箱、瓦楞纸板、瓦楞纸盒等，含量不少于 70%，允许有其他种类的包装纸和纸板	≤1.0	≤3.0
2 废纸盒及废卡纸类	201	工厂回收的白色纸盒	工厂回收的白色纸盒切边，其他废纸含量不超过 5%，禁止含有瓦楞纸箱、沥青或蜡类涂层	≤0.25	≤1.0
	202	工厂、商业回收的杂色纸盒	工厂、商业回收的杂色纸盒、卡纸等，其他废纸含量不超过 5%，禁止含有沥青或蜡类涂层	≤1.0	≤3.0
	203	家庭回收的旧纸盒	家庭回收的旧纸盒、卡纸等，其他废纸含量不超过 10%，禁止含有沥青或蜡类涂层	≤1.0	≤3.0

续表 3-1

类别	分类代码	种类	说　明	杂质含量/%	不可利用物含量/%
3 包装废纸类	301	白色包装纸	白色的包装纸和切边、纸袋，不含不可接受的内衬物	不应有	≤0.5
	302	牛皮包装纸	未漂白的牛皮包装纸和切边	不应有	≤0.5
	303	未漂白包装纸袋	未漂白的包装纸袋、牛皮纸袋，不含不可接受的内衬物	≤0.5	≤2.0
	304	杂色包装纸及纸袋	混合的各种颜色的包装纸、纸边及纸袋，不含不可接受的内衬物	≤0.5	≤2.0
4 废新闻纸类	401	新闻纸切边	未经印刷的新闻纸及切边	不应有	≤0.5
	402	未出售报纸	印刷过量、未出售的报纸	不应有	≤0.5
	403	无广告彩页旧报纸	由公众回收的旧报纸，经拣选不含广告彩页，允许含废杂志期刊、空白纸张等，含量不超过 20%	≤0.5	≤2.5
	404	混合报纸和杂志	由公众回收的旧报纸，经拣选，允许含废杂志期刊、空白纸张等，含量不超过 40%	≤0.5	≤2.5
5 废书刊类	501	白色未涂布纸切边	印刷装订厂的白色未涂布印刷纸切边	不应有	≤0.5
	502	杂色未涂布纸切边	印刷装订厂的彩色未涂布印刷纸切边	不应有	≤0.5
	503	无硬书皮非涂布书刊	非涂布书刊，不含硬书皮装帧，涂布纸（铜版纸、轻涂纸）插页不超过 20%	≤0.5	≤2.5
	504	硬书皮非涂布纸书刊	非涂布书刊，含硬书皮装帧，涂布纸（铜版纸、轻涂纸）插页不超过 20%	≤0.5	≤2.5
	505	混合旧书刊	使用过的各类书刊及类似印刷品	≤0.5	≤2.5
	506	轻型纸书刊	轻型纸印制的书刊及类似印刷品，其他书刊不超过 20%	≤0.5	≤2.5
	507	涂布纸切边	印刷厂的涂布纸（铜版纸、轻涂纸）插页及切边，非涂布纸类不超过 20%	≤0.5	≤2.5
	508	无硬书皮涂布纸书刊	不含硬书皮装帧的涂布纸（铜版纸、轻涂纸）印制的书刊，非涂布纸类不超过 20%	≤0.5	≤2.5
	509	硬书皮涂布纸书刊	含硬书皮装帧的涂布纸书刊，非涂布纸类不超过 20%	≤0.5	≤2.5

续表 3-1

类别	分类代码	种类	说　明	杂质含量/%	不可利用物含量/%
6 办公废纸类	601	白色印刷书写纸	纯白色的印刷书写类纸，不含复印和经过激光打印的废纸	≤0.25	≤2.0
	602	白色电脑连续打印纸	白色的计算机连续记录纸、商业表格等，可含有无碳复写纸、热敏纸等，不含复印和经过激光打印的废纸	≤0.25	≤2.0
	603	白色复印废纸	白色的印刷书写类及复印纸等废纸，不含装订好的书刊和类似印刷品，不含快递信封等纸包装和非白色纸等	≤0.25	≤2.0
	604	白色碎纸	粉碎过的主要为白色的信函、文件等，非白色纸不超过 20%	≤0.25	≤2.0
	605	办公用印刷品	彩色广告、商业信函、贺卡等印刷品	≤0.25	≤2.0
	606	混合办公废纸	未经分拣的混合办公杂废纸，不含装订好的书刊和类似印刷品，不含快递信封等纸包装和非白色纸等	≤0.25	≤2.5
7 特种废纸类	701	白色湿强废纸	含湿强剂的白色废纸，不含杂色或印刷的废纸，暗色表格废纸不超过 10%，不含有其他种类特种废纸	≤0.5	≤2.0
	702	杂色湿强废纸	含湿强剂的杂色或印刷的废纸类，不含有其他种类特种废纸	≤0.5	≤2.0
	703	复写及热敏废纸	无碳、有碳复写纸和热敏废纸及切边，不含有其他种类特种废纸	≤0.5	≤2.0
	704	含蜡废纸	含蜡废纸及切边，不含有其他种类特种废纸	≤0.5	≤2.0
	705	白色覆塑废纸	白色的覆塑纸，不含杂废纸，暗色表格废纸不超过 10%，不含有其他种类特种废纸	≤0.5	≤2.0
	706	杂色覆塑废纸	彩色或印刷的覆塑纸，不含有其他种类特种废纸	≤0.5	≤2.0
	707	液体包装纸	液体包装用纸或纸板及切边、使用过的液体包装容器，纤维含量不少于 50%，余下的是铝和 PE 涂层，不含有其他种类特种废纸	≤0.5	≤2.0
	708	水果套袋纸	水果套袋纸及切边，不含有其他种类特种废纸	≤0.5	≤2.0
	709	工厂使用过的特种废纸	经工厂使用废弃的特种纸，不含有其他种类特种废纸	不应有	≤0.5

续表 3-1

类别	分类代码	种类	说　明	杂质含量/%	不可利用物含量/%
8 混合废纸类	801	非纸箱纸盒类混合废纸	从社会回收的未经拣选的非纸箱纸盒类混合废纸	≤1.0	—
	802	纸箱纸盒类混合废纸	从社会回收的未经拣选的纸箱纸盒类混合废纸	≤1.0	—
	803	混合废纸①	从社会回收的未经拣选的各类混合废纸	≤1.5	—

①不鼓励此类废纸贸易。

3.3.1.2 碎解

废纸经过初步分类挑选后就可进行碎解。碎解的目的是将废纸进行离解，并将重杂质、体积大的杂质与纤维有效分离。碎解设备应最大限度地保持纤维的原有强度并能将附着在纤维上的杂物有效地分离。在处理需要脱墨的废纸时，还需在碎解设备中加入一定量的脱墨剂及其他化学药品、蒸气加热等。

目前广泛采用水力碎浆机碎解废纸，有立式和卧式、单转盘和双转盘、间歇操作和连续操作等不同形式。它具有良好的疏散作用而无切断作用，对纸纤维的伤害较小。水力碎浆机是用一个特殊形状的转子来达到碎浆目的，这种转子与浆料接触面积相当大，可将能量有效地传递给浆料，在槽体内产生水力剪切作用，使之在大于 12%的浓度下也能流态化和形成涡流循环。在循环过程中，废纸在强烈的水力冲击和摩擦作用下离解成单纤维，同时在化学药品的作用下，油墨从纤维表面剥落下来，这种碎浆机没有底刀和筛板，对废纸原料挑选要求不严格，混进纸中强度大于废纸的杂质，在碎解过程不会被破碎，易于在后工序中除去。

3.3.1.3 筛选、疏解与浓缩

A 筛选

在废纸碎解前挑选杂质只是初步的，在碎解过程中虽然起一定的净化作用，但仍有各种杂质存在碎纸中，因此还必须除杂净化。一般采用二道筛选除杂，第一道筛选用转筒筛，筛孔直径 10mm，借以除去大块的塑料片、木块、尼龙绳和未碎解的湿强度纸，第二道筛选用 25L 筛，筛孔直径 2.5mm，除去小塑料块、薄膜、装订线以及一部分轻杂质，筛选效果较好。采用设置在转筒筛之后的高浓除渣器，除去沙子、碎玻璃等重杂质。也可在制浆阶段另外加一道低浓除砂器，既净化了浆料，也保护了后序设备的正常运行，纤维分离机筛孔也不易堵塞，保证了进浆压力，一般比重大于 1.5 的杂质除砂器可以除去；比重小于 0.9 的可用轻体除渣器除去。目前大多数工厂将低浓除砂器安装在抄纸车间，对于比重与纤维相近的杂质，主要还是采用孔形或缝形筛鼓的旋翼筛进行筛选。

B 疏解

在碎解后，往往由于碎解程度不够充分，所以要采用二级碎解设备疏解机来完成，它消耗动力小，疏解效率高。疏解机的种类较多，如多级疏解机、高频疏解机、纤维分离机等，但通常使用纤维分离机效果更好。它一般安装在水力碎解机之后，利用废纸与杂质之间的相对密度差，进一步去除浆料中的重、轻杂质，同时通过设备内筛缝和水力作用使纤

维疏解。经过此二次疏解，可以获得较洁净的纸浆，纤维损失小。

C 浆料的脱水浓缩

浆料浓缩的目的是提高浆料浓度，便于储存；稳定浆料浓度，适应下一工序的要求；节省输送浆料的动力消耗；浆料浓缩过程也是对浆料的辅助洗涤过程。低浓度浆料可采用圆网浓缩机（进浆浓度为0.2%~1.0%，出浆浓度可达8%左右）、真空过滤机（进浆浓度为0.8%~1.5%时，出浆浓度为10%~15%）、低水位落差式浓缩机（进浆浓度为1%~3%，出浆浓度为7%~8%）、倾轧过滤机（进浆浓度为2%~3%，出浆浓度为7%~12%）。根据工艺流程及对浆料的要求来选择脱水浓缩设备。

3.3.1.4 热熔物的处理

A 沥青的分散处理

沥青常用于层压黏合剂和纸袋纸、纤维桶容器、牛皮纸货运袋中的防水汽层及其他物品的防潮包装等。沥青的存在会给造纸过程带来麻烦，如断头、糊网、粘缸及纸张物理强度下降。沥青分散处理原理主要为机械物理作用，首先将净化、筛选后的含沥青废纸浆汽蒸加热，使沥青成为熔融状态，然后经螺旋机械作用使之分散于纸浆中。熔融的沥青或其他热熔物在螺旋的机械作用下分散于浆料中，浆料通过排料器排出，喷放到旋风分离器，同时送入稀释水，稀释并冷却浆料。沥青由于被分散得很细，分布得很均匀，所以在最后的成品纸张中不易看出。此法的缺点是：在纸机上会造成纸页的收缩，并因使用高温而使纸张的耐破度有所降低。经上述分散处理的含沥青废纸浆料，可以用来生产深色的、高强度板纸和瓦楞板纸的中间芯层、衬垫板纸和防水板纸。

B 热熔胶的脱除

在一些发达国家，如美国瓦楞箱几乎全是采用热熔胶粘接和封口，热熔胶含量0.8%~1.0%。热熔胶为多种物质组成的高分子聚合物，其成分很复杂，有聚酰胺、聚酯、醋酸乙烯、橡胶等，其比重较浆料小，具有热熔性和速干性。在抄纸过程中会堵塞网孔，脏污和烘缸，抄纸时又会引起纸张断头等问题。热熔胶经烘缸加热熔化又会产生大量褐色“油斑”或造成纸张的黏结，污染纸面。因此，废纸制浆时必须除去这些杂质，目前国内厂家对此采用如下脱除方法。

a 热分散法

热分散系统是处理热熔物的主体设备。废纸经水力碎浆机离解并初步净化成浆料，再通过除砂器进入双网浓缩机脱水后浓度达30%，由螺旋输送至立式撕碎机对浆料进行破碎，经预热器将浆料加热，到一定温度（一般为90~110℃）后进入热分散器，利用盘磨的高速旋转而产生挤压、搓揉、摩擦作用。经过这些处理，热熔胶在熔化状态下被分散成许多难以看出的细小颗粒分布于浆料中。基本流程如图3-1所示。

b 冷筛法

废纸主要经水力碎解后经过高浓除砂器除去较大的重杂质，进入第一级孔筛系统，除去片状、条状的杂质；然后通过第二个高浓除砂器除去较小的重杂质，进入第二级缝筛系统，除去较小的片状和颗粒状的杂质；最后一级是三段逆向除渣器，主要除去热熔胶等轻杂质。基本流程如图3-2所示。

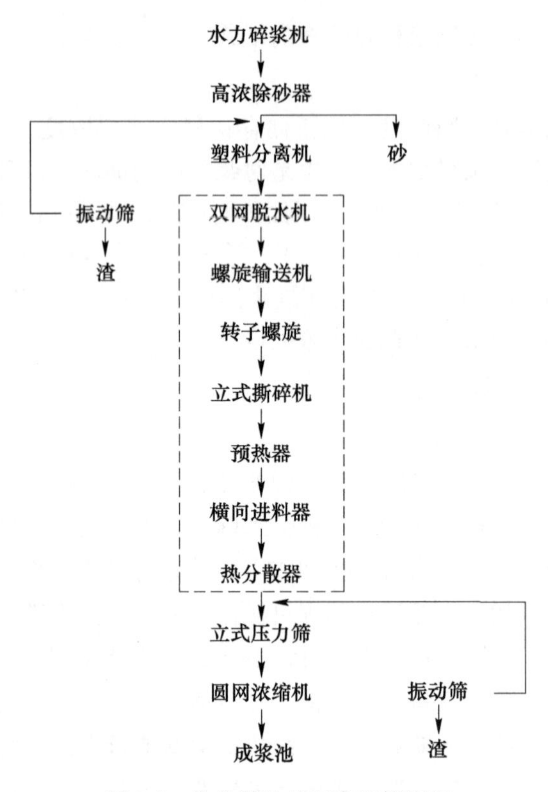

图 3-1 热分散法处理废纸箱流程

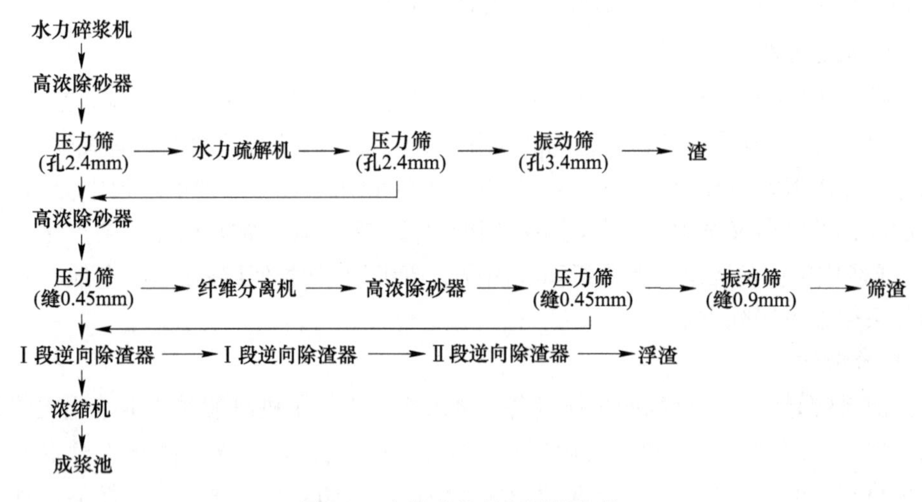

图 3-2 冷筛法处理废纸箱流程

c 热喷放法

热喷放法是国内一些小厂在没有条件引进成套处理设备的情况下，试验出的一种简易，只需少量投资的方法。利用蒸球加热废纸浆料，使热熔胶熔化，然后借用锅炉喷放时的雾化作用将热熔胶分散，经过烘缸后也难用肉眼看出。

C 塑料膜片的去除

废纸原料在未经水力碎浆机碎解或蒸煮之前，通过人工或机械的分选可以排除一些尺寸较大的塑料膜片。大量的尺寸较小的塑料膜片不易被挑选出来，这部分塑料杂质随废纸在水力碎浆机中被碎解时，未被打碎的尺寸较大的塑料片容易被发现，并可通过水力碎浆机的绞索装置或其他方法将其排出碎浆机。而尺寸较小的塑料膜片却不能被排出，经过除渣器、筛浆机和浆泵之后常常被撕碎到铅笔尖般大小，混于浆中，导致难以去除，尤其对于微塑料，因其颗粒小（粒径在 5mm 以下）、吸附性强等特点而混杂在纸浆中难以分离。如果废纸原料通过高温蒸煮，塑料膜片一般会熔融，成块的塑料可在粗筛中筛出（与尾渣一起），然后烧掉或填池。这虽是一种浪费，但对清除混入蒸煮器内的塑料十分有效，它可除去大部分塑料杂质（只有那些熔点较高的塑料如尼龙-6 不能除去）。

通过水力碎浆机及一般的除渣器、筛浆机的塑料膜片和通过蒸煮器后的粗筛而进入良浆系统的塑料膜片的共同特点是尺寸极小，几乎全是细小的斑点，不易除去，即使采用较大投资的筛选设备也不能 100%除去，目前一般的除去率为 70%~90%。对于这类塑料膜片的筛选去除国外常用逆向除渣器、旋转式除渣器、压力筛等。

D　石蜡的脱除

石蜡类加工纸大量使用在食品包装箱及防潮容器上，常用的石蜡是一般石油产品中的微晶蜡，石蜡的保护性好，而且价格低廉，在包装上广泛使用。含有大量聚合物添加剂的蜡可部分地被筛选和除渣除去，而少量含有聚合物添加剂的蜡则会扩散于纸浆中。蜡扩散于纸浆中后会降低纸和纸板的摩擦系数、可湿性、纤维间结合力和印刷性能，并降低多层纸板的层间结合力，未扩散的蜡则会在纸面上产生油点。曾建议用改性的蜡来解决纸浆中的含蜡问题。另一种方法则是在较低的碎浆温度下使改性的蜡凝聚成片状从而易于被筛选和除渣除去。但要彻底地除去纸和纸板的蜡仍然是一个难以解决的问题。

3.3.1.5　脱墨

A　废纸脱墨原理

印刷原理是通过印刷将油墨中的炭黑及颜料黏附在纸张纤维上，而脱墨原理和印刷原理相反，在于破坏这些粒子和纤维的黏附力。因此需要加入一些化学药品，在适当的温度和机械作用下，将废纸疏解成纸浆，同时使油墨松散并与纤维分开，然后用浮选、洗涤或浮选与洗涤相结合的方法从纸浆中将油墨去除。

B　废纸脱墨过程

a　疏解分离纤维

该过程的主要作用是使纤维分离，在化学药品和一定温度条件下，经机械作用使纤维均匀分离，将油墨粒子分散开来。一般分离纤维在间歇式水力碎浆机中进行，碎浆浓度趋向于高浓（20%左右），并辅助于一定的温度、碱度和时间。

b　油墨从纤维上脱离

此过程是脱墨的关键所在，即利用化学药品（脱墨剂）使油墨乳化，将颜料粒子从纤维中分离出来，脱墨剂同时也必须保证使已经游离出来的颜料粒子不被纤维重新吸附，因此，脱墨剂要求既是一种乳化剂，同时也是一种分散剂，颜料粒子的吸附剂。此过程和疏解分离纤维过程基本上是同时进行的，脱墨剂一般直接加入水力碎浆机中。常用的脱墨剂见表 3-2。

表 3-2 常用的脱墨剂

酸类脱墨剂	碱类脱墨剂
二氧化硫、氯气、草酸、过氧化氢等	氢氧化钠、碳酸钠、碳酸钾、水玻璃及氨水等

c 油墨粒子从浆料中除去

从纤维上分离出来的油墨粒子，必须及时清除，清除的方法有洗涤法、浮选法和浮选-洗涤法。洗涤法一般是将油墨粒子预先在碎浆机中进行预洗涤，然后再送到专门的除渣、筛选、洗涤设备中进一步除去。为使颜料粒子润湿和黏结剂乳化，在洗涤前还应加入清净剂，从而获得质量较高的浆料。浮选法是利用纤维、填料及油墨等组分可湿性不同的一种分离方法。浮选法是将碎解、净化后的纸浆浓度冲稀至0.8%~1.2%，送入浮选槽中，于浆料中加入脱墨化学品和少量起泡剂，然后向浮选槽中曝气，使油墨粒子黏在气泡上浮于液面，由吸盘吸掉或刮板刮去。浮选法脱墨工艺流程一般包括：废纸→预筛选→高浓水力碎浆机→高浓压力筛→浮选脱墨机→锥形除砂器→圆网浓缩机→高浓漂白机→造纸车间。浮选法可去除的油墨颗粒比洗涤法去除的油墨颗粒大得多，纤维得率高，废水处理较方便，但浮选设备复杂，投资大，技术难度也大，是近几年才从国外引进的废纸脱黑技术。

总之，脱墨过程包括化学、机械或物理的方法互相协调配合。例如热能会影响表面活性剂从纤维上除掉油墨的整度和脱除率，机械能会影响表面活性剂在脱墨过程各个阶段产生的泡沫数量。

3.3.1.6 漂白

经筛选、净化、洗涤和脱墨处理后，废纸浆的色泽一般会发黄和发暗，纤维的白度下降，因此脱墨后的浆料需经漂白才能恢复到原有的白度。目前废纸脱墨浆的漂白一般采用这几种环境友好的漂白剂。这些漂白剂具有漂白效率高、环境污染低的优点。

（1）氧气漂白。氧气漂白是当前一种成熟的工业化的清洁漂白技术，它主要采用了氧脱木素工艺。分子氧作为漂白剂，主要是利用其两个未成对的电子对有机物具有强烈的反应性。分子氧在氧化木素时，通过一系列的电子转移，本身逐渐被还原，根据 pH 值的不同，生成 $O_2^-\cdot$、HO_2^-、$\cdot OH$、O_2^-。分子氧与木素的反应，实际上都属于游离基反应，包括了氧与酚型木素结构的反应以及氧与环共轭羰基的反应。同时，伴随碳水化合物的降解化学反应。

氧气漂白具有诸多优点：氧气本身清洁、廉价，漂白费用低，对环境污染负荷小，成浆质量较高、黏度较高；能除去蒸煮后纸浆中残留木素的50%，可减少漂白工段废水中化学耗氧量和色度。但是，氧气漂白存在选择性较差和脱木素能力不强的缺点。选择性差，即指在漂白过程中，氧气既与木素发生反应，又容易使碳水化合物发生降解反应，导致纸浆得率和强度下降。

（2）臭氧漂白。臭氧是一种非常强的氧化剂，在酸性环境中的氧化电势为2.075V，在中性和碱性环境中的氧化电势为1.247V。臭氧可选择性地与木素反应，并且反应很迅速，其反应大致可分为几类：攻击木素上的苯环结构，使其开环羟基化，由此提高了其亲水能力；进攻木素侧链上的双键；与木素侧链上各基团反应；攻击木素侧链上的 α 位置。通过这些反应，木素上的亲水基团比例提高，更易被漂白剂溶出脱除。臭氧漂白不仅不会影响纸浆的强度指标，还会使浆料中的抽提物含量降低50%~75%；漂白后的纸浆白度显著上升；另外臭氧漂白还可大大降低纸浆的返黄情况；此外，在溶解浆的生产中，还具有可有效控制纸浆黏度等优势。但是，由于臭氧漂白设备的投资成本较高，在实际应用中还未被大多数制浆造纸企业特别是国内的制浆造纸企业所接受。

（3）过氧化氢漂白。过氧化氢在碱性条件下改变木质素结构的发色基团，以达到消色目的。其漂白反应机理是：在碱性条件下，过氧化氢电离出活性物质 HOO^-，主要起漂白作用，HOO^-具有很强的亲和性，可以与发色基团如羰基、醌型结构、酚型结构等进行亲核反应，使其脱色，从而达到提高白度的目的，此过程一般不改变木素的基本结构和骨架。过氧化氢漂白存在很多优点：适应性强，化学浆、机械浆、废纸浆等各类纸浆均可应用；漂白效率高；成本较低；无硫无氯，漂后残液生物毒性小，工艺清洁环保。但是，过氧化氢漂白机械浆只改变发色基团的结构，保留大部分的木素，未彻底脱除发色基团，导致漂后纸浆存在白度上限不高且容易返黄；提高强度的同时伴随着得率的损失和污染负荷的增加。

（4）连二亚硫酸钠漂白。连二亚硫酸钠是典型的还原性漂白剂。对于连二亚硫酸钠的漂白机理，经典的观点认为是靠 $S_2O_4^{2-}$ 水解产生大量新生态氢来达到提高白度的目的。进一步研究表明，连二亚硫酸钠漂白纸浆时，$S_2O_4^{2-}$ 中的三价硫被氧化成为 HSO_3^- 中四价硫。连二亚硫酸钠提高纸浆白度主要通过其对纸浆中木素以下几个方面的作用：减少木质素侧链 α 和 β 碳位置上末端饱和羰基；还原醌型结构为无色的酚衍生物；还原松伯醛结构及黄酮型的有色成分；破坏异丁香酚和查尔酮的环共轭双键。它的功能不是去除木质素，而是还原破坏木质素的发色团结构。

连二亚硫酸钠漂白效果好、不损伤纤维、过程简单、设备投资小、污染小。但是，某些过渡金属离子和重金属离子的存在会造成和加速连二亚硫酸钠的无效分解反应。其中，铁离子（Fe^{2+}和 Fe^{3+}）的影响最大，在系统中也最常见，铝离子次之，铜、镍、铬和锰等离子对连二亚硫酸钠漂白效果的干扰则较小。在漂白系统中添加螯合剂可以减轻金属离子的不利影响，连二亚硫酸钠漂白常用的螯合剂有乙二胺四醋酸钠（EDTA）、二乙酰三胺五醋酸钠（DTPA）、三聚磷酸钠（STP）、焦亚硫酸钠（STPP）和柠檬酸盐等。连二亚硫酸钠与木素的还原反应进行得很快，在60℃下，10min 内就可大部分完成。它与氧气的分解反应进行得更为迅速，数秒钟就可基本结束。因此，连二亚硫酸钠的漂前保护及药品与纸浆的快速有效混合对提高其漂白效果至关重要。

（5）甲脒亚磺酸漂白。甲脒亚磺酸，又称二氧化硫脲，是硫脲的氧化产物，呈白色粉末，无臭，是一种新型的无污染漂白剂。其在酸性溶液中稳定，在碱性溶液中分解成尿素和次硫酸钠。甲脒亚磺酸漂白作用正是因为在碱性溶液中分解生成的次硫酸和次硫酸钠具有还原性，漂白时可以改变纸浆中发色基团的结构，减少对光的吸收，提高纸浆白度。甲脒亚磺酸漂白操作方便，脱色效果特别好，废水无污染，可以直接排入农田，对空气的氧化和过渡金属离子的催化分解不敏感，使用时也不必酸化，而且无毒无味，易生物降解。其主要缺点是价格较高。现在普遍采用的漂白方法还有酶法漂白、电化学漂白、DBI（Direct Borol Injection）漂白和 ClO_2 漂白等，这里就不再叙述。

3.3.1.7 纸浆的调配

废纸中的纤维因再次受到药液的侵蚀或机械力的损伤，纤维性质较差，按废纸纸浆的质量掺到其他纸浆中，一般抄造印刷纸、书写纸和卫生纸等较低级的纸张。纸浆制成纸的加工过程大体可以分为调配、抄制、整理等 3 个阶段。纸浆的调配过程包括配浆、打浆、施胶、染色。打浆可使纤维性质加以改善，以利于纸的施胶、加填、染色等，可使纸具有某种特性。

（1）配浆：纸的质量在很大程度上取决于纸浆的质量、采用不同的纸浆，就会制成性能和质量不同的纸；同时各种纸张为了照顾到成本和性能，很少单独采用某一种纸浆制成，一般均是多种纸浆配合后应用。

（2）打浆：打浆是造纸中间最重要的一个加工过程。成品纸的质量和性能与打浆操作有很重要的关系。经配浆后的纸浆仍不适于抄纸，因其中含有未离解的纤维束，即已经离解成单根的纤维，由于表面光滑、质地僵硬，有的太长，有的过粗而不适于抄纸。若将其抄成纸张，将会是稀疏松软没有身骨，而且纸面凹凸不平，各项物理力学性能很差，所以纸浆在抄纸前必须经过打浆。打浆是利用打浆机的打碎、摩擦、压溃等作用将集束纤维离解成为单纤维，已成单纤维的将其横切为适当的长度，或使其纵向分裂，并破坏纤维的表面皮膜，使其两端帚化、表面发毛。在发生这些变化的同时，还产生一种胶体化学的变化，即利用纤维的亲水性使其膨胀胶化，纤维变得柔软而富有弹性，成为具有塑性的胶状体，所发生的这种变化称为纤维的水化作用。这些变化增加了纤维的交织能力后，才能抄制机械强度较大、厚薄均匀、组织紧密的纸张。

3.3.2 包装废纸的高值化

近年来，废纸的回收利用率不断提高，但主要用于生产低端纸品，产品附加值低，影响造纸企业的健康发展。加快完善废旧物资回收网络，提升再生资源分拣加工利用水平，促进再生商品规范流通，全面提升全社会资源利用效率，助力废弃纸张领域实现碳达峰、碳中和目标。下文介绍了废纸应用于制备功能材料、新型燃料、家装建材和包装材料等方面的研究进展，为废纸的高值化利用和造纸等相关企业的发展拓宽思路。

3.3.2.1 在包装材料领域的应用

A 废纸制备纸浆模塑材料

纸浆模塑是一种典型的绿色材料，它是以废纸为原料，在纸浆模塑机上经模具压制出来具有特定形状的薄壁多腔结构纸浆材料制品。这种材料生产出的产品和所产生的废料都是可以回收利用的，整个生产过程都十分环保，这类材料制品能够 100%回收利用，废物可自然降解。这样减少了对环境造成危害的“三废”排放，缓解了纸材料、木材的消耗，并在一定程度上缩减了开支，客观上为社会做出了贡献。

纸浆模塑材料的生产过程：纸浆模塑材料的生产需要经历制浆、成型、干燥、整形四大过程。从使用废纸资源开始到整个过程的终止都具有十分强烈的环保意识。生产过程是封闭循环使用水资源，生产中只加入了少量无害的化学防水剂，因此对环境影响较小。

（1）制浆阶段：将回收的废纸、瓦楞纸板、废纸箱等原料（或者其他材料，像竹浆、甘蔗浆、芦苇浆等）投入打浆机。在打浆机中只加入水，经过碎浆磨浆等细化工序，原料即可制成纸浆。

（2）成型阶段：在打浆机中制成合适浓度的浆料输送到成型机，使用真空吸浆或是注浆的方法使纸浆在模具机器中受压制而成型。成型的产品脱模后置于网架上，通过两种处理办法：1）置于户外自然晾干或者进入烘房进行烘干；2）热压成型可跳过干燥步骤直接通过模具热压压制出不同的品质外观和用途达到干燥的效果。

（3）干燥阶段：纸浆模塑材料制品成型后，需经干燥步骤才能将材料中的水分进行烘干，并最终成为成品。此时首选自然晾干法，既能够节约设备成本又有利于环保，一举两得。

（4）整形阶段：纸浆模塑材料经过前期的成型干燥后已基本定型。经过干燥步骤或直接采取湿压成型的半成品需要置于一个高温及较大压力的模具台上进行热压二次成型。热压整形主要功能是使最终产品能够具有较高的精确与美观度。经过此阶段的材料会具有更好的坚韧度，达到较好的防震缓冲功能。

纸浆模塑材料的特性：纸浆模塑材料制品主要应用于商品的缓冲运输内包装，并服务于商品的运输流通环节。纸浆模塑材料制品特性主要体现为以下几个方面。

（1）材料环保且来源广泛：纸浆模塑材料主要是将废纸资源收集起来，经过加工成型等工艺而制成的可降解环保材料，重复利用这些废纸资源可以大大节约木材资源。以废纸为原料的纸浆模塑生产厂家，可以做到零污染排放。纸浆模塑材料使用起来安全无毒害。纸浆模塑材料在废弃的时候经过折叠分解拆卸，并且利用废物再生产出新的纸浆模塑材料产品；即使是当作垃圾丢弃不用，这种材料在土壤里面也能够快速降解成为植物肥料，对环境造成污染较小，并具有良好的社会效益。

（2）良好的承重缓冲性能：纸浆模塑材料由废纸制成，质轻却具有良好的承重强度，这是由于整体结构分散受力，使该种材料具有良好的承重能力。纸浆模塑材料之所以能够成为缓冲包装材料，是因为它可以通过材料灵活的几何结构产生较大的弹性形变，使纸浆模塑材料制品形成抗震耐冲击的特性发挥缓冲作用，所以说具有良好结构设计的纸浆模塑材料制品能够较好保护其内部物品并具有减震功能。

（3）整体结构便于堆叠摆放：纸浆模塑材料的结构形成空腔整体，相同结构的纸浆模塑材料方便堆叠摆放，可以节约大量的储存空间；质轻的纸浆模塑材料堆叠搬运，减少了搬运次数与人力成本；回收时可以选择叠放或压平放置，有效降低了各类成本。

（4）低成本经济：由于纸浆模塑材料生产工艺现已成熟，批量生产能够降低单个产出制品的生产成本；加上纸浆模塑材料的优势，可有效节约在生产加工、运输、使用、处理等阶段的成本，这些都使得纸浆模塑材料成为一种低成本经济的材料。

纸浆模塑材料的应用：纸浆模塑材料具有良好的防震、防静电、防腐蚀效果。目前主要应用于食品包装、工业包装、农业包装及医用产品类的包装等。

（1）商品包装：纸浆模塑餐具是指纸浆通过成型、模压、干燥等工序制得的纸餐具，有模塑纸杯、模塑纸碗、模塑纸餐盒、模塑纸盘、模塑纸碟等。纸浆模塑餐具在环保性上优于传统泡沫塑料餐具。在日常商业消费产品中，包装是非常重要的一道工序，它可以保护各类消费品，让消费品在流通过程中避免遭到外来因素的破坏，从而保持自身的质量稳定。目前，我国的日常消费品包装分为金属包装、塑料包装、纸质包装和玻璃包装。随着消费者的环保意识逐渐增强以及包装材料的绿色化发展，纸浆模塑消费品包装的市场也在逐渐扩大。说明：模塑餐具不用废纸为原料。

（2）工业包装：随着我国经济的快速发展，进出口贸易额也越来越大，以往的内衬包装多用塑料制品，但是这样并不环保也难以回收再利用，纸浆模塑材料是代替现有聚苯乙烯泡沫塑料缓冲材料的理想型材料，这是由于纸浆模塑材料是再生纸类材料，废弃后可自行降解，而传统的泡沫塑料则因自身难以降解而形成“白色污染”，治理污染耗费巨大。纸浆模塑材料作为新兴缓冲材料备受关注，其缓冲功能主要是通过几何加强支撑力度的结构来实现，主要应用于商品的运输包装环节，同时又具备良好的缓冲性能。纸浆模塑工业包装制品现已广泛地应用于家电、电子、通信器材、电脑配件、陶瓷、玻璃、仪器仪表、玩具、灯饰、工艺品等产品的内衬防震。

(3) 农业包装：纸浆模塑制品在农业中主要用于制造蛋托，具有缓冲保护性和透气性，减少鸡蛋在运输和销售过程中的损坏。水果和蔬菜纸制浅盘包装出现，并取代传统的塑料包装，它可以更长时间地保持果蔬的新鲜度。随着行业发展，可堆肥的纸浆模塑纤维盆因其耐用且价格更低廉越来越受园艺工人的欢迎，用于农田、花草养护的育苗制品。

B 废纸制备复合材料

废纸在造纸行业长期用作二次纤维，一般是将其进行分拣、碎解、脱墨、浮选/洗涤等工序后重新抄造成纸张。随着材料科学新技术的迅速发展，废纸丰富的资源、相对低廉的成本以及良好的可再生性和环保性使其在材料领域的应用日渐受到关注。目前复合材料领域研究的废纸纤维主要包括废纸发泡材料、废纸-热塑性聚合物复合材料、环境友好型废纸/可降解树脂复合材料以及其他复合材料等，主要研究这些新型材料的制备方法、材料性能、添加剂性能、废纸纤维改性、成型工艺等方面。

a 废纸/热塑性聚合物复合材料

废纸用于复合材料具有质轻、易得、价格低廉等优点，可以满足作为热塑性聚合物复合材料无机填充料的所有条件，采用每天都大量产生的废纸/塑料作为原材料生产复合材料具有非常诱人的发展前景。废纸填充塑料复合材料可以用作房屋结构材料、低承载的房顶、墙体材料、门窗、家具材料等。目前对于废纸粉填充热塑性聚合物复合材料的研究已有许多，如废旧新闻纸/聚烯烃基（LDPE、HDPE 和 PP）复合材料、废纸粉/低密度聚乙烯复合材料、旧报纸/高密度聚乙烯复合材料、废旧新闻纸/聚乳酸复合材料等。

以废纸粉/低密度聚乙烯复合材料为例。采用粉碎机将废纸进行粉碎，之后将纸粉放置在 110℃的烘箱中连续烘 2h，以除去其中所含的绝大多数水分，然后置于干燥箱中备用。将一定量的纸粉连同一定量的硬脂酸放入 80℃高混机中，将不同用量的表面改性剂用液体石蜡稀释后，均匀喷洒在纸粉表面，高速混合 20min。在双辊塑炼机中（温度 120℃）进行物料的混炼，先加入一定份数的 LDPE，待其全部熔融后再分批加入定量的纸粉，分散均匀后，出片，再将料片叠放到预热的模具中，置于 130℃平板硫化机上模压 10min，然后冷压出片，即可制得废纸粉/低密度聚乙烯复合材料。采用此过程制备纸粉填充 LDPE 发泡材料，能有效降低其密度，使其具有良好的综合性能，有良好的应用前景。

b 废纸复合发泡材料

近年来，国际上大力开展植物纤维发泡材料研究，以期替代 EPS 泡沫塑料。天然纤维素纤维树脂复合发泡材料属于一种以高分子材料为基体的复合材料，是气固二相体系的复合材料，其内部均匀地分散着无数微小气孔，天然纤维素纤维作为一种有机固相聚合物，起到生物降解和增强作用。可利用的植物纤维包括各种原生植物纤维原料以及废纸纤维原料，其中废纸纤维是一种“二次利用”的植物纤维，利用废纸生产发泡材料，不仅节约资源、变废为宝，而且废纸复合发泡材料、废纸浆发泡材料与纸浆模塑制品相比，密度小、结构强度好、缓冲性能良好，具有不污染环境、制作工艺简单、成本低廉、原料来源广、适用范围广、防震隔震性能优于纸浆模塑制品等特点，不仅可以制作防震内衬，也可替代EPS制作填充颗粒物体，是一种具有巨大市场潜力的绿色环保型缓冲包装材料。目前对于废纸复合发泡材料的研究已有许多，如聚乙烯/废纸复合发泡材料、废纸-淀粉发泡体等。

以聚乙烯/废纸复合发泡材料为例：将一定份数的PE加入双辊开炼机中，待全部熔融后再分批加入定量比例的纸粉混合均匀，然后加入发泡剂和三盐，最后加入交联剂，搅拌数次，混合均匀后，出片。将料片剪成模具的形状，再将适量的料片进行叠放加到预热的模具中，置于平板硫化机上，在一定温度、压力下保持一定的时间后，快速卸压，使熔融物料膨胀弹出，即可制得聚乙烯/废纸复合发泡材料。

c　环境友好型废纸纤维/可生物降解复合材料

以天然植物纤维材料与可生物降解塑料复合制备生物质复合材料是21世纪新的研究热点，也是复合材料科学发展的必然趋势。使用废纸纤维作为可生物降解材料的增强相，就其使用和原材料使用而言，提供了积极的环境效益。天然植物纤维增强复合材料的研发，既可以解决包装原料紧缺的问题，又可以降低复合材料的成本，提高废旧快递纸箱利用率。近年来相关研究有废纸纤维/聚乳酸复合材料、废纸纤维/聚（己二酸丁二醇酯-对苯二甲酸丁二醇酯）复合材料、废纸纤维/聚碳酸酯复合材料等。

以不同种类的废纸纤维/聚乳酸（PLA）复合材料为例。（1）提取废纸纤维。从快递网点收集废旧的快递纸箱，去掉胶带和不粘胶标签之后，将其裁剪成2cm×2cm大小的纸箱片。称取废纸箱片浸泡24h至完全湿透之后，依次倒入瓦利打浆机进行打浆，先进行10min的疏解再放上秤砣进行打浆。将打出的植物纤维去水提取出来整理成黄豆大小的颗粒，放入电热鼓风干燥箱，在100℃下干燥20h至完全烘干，以此制备出废纸纤维。将完全去除水分的植物纤维用磨粉磨浆机依次研磨成絮状，装入自封袋内备用。（2）废纸纤维/PLA复合材料的复合过程。将二氯甲烷作为溶剂倒入三口烧杯中，再缓慢加入PLA，并在30℃的电热恒温水浴锅中水浴加热，连续搅拌4h使PLA完全溶解。再加入打浆时间为10min的废纸纤维（添加量为20%），连续搅拌3h使废纸纤维完全分散开来，反应后使用冷凝装置将二氯甲烷收集起来。再将其放入电热鼓风干燥机中在80℃下干燥24h，完全烘干后，用注塑机注塑成型。即可制得废纸纤维/PLA复合材料。

采用此法可使聚乳酸很好地附着在废纸纤维上，二者的相容性良好。废纸纤维在复合材料中能够起到承载力的作用，能提高材料的力学性能。废纸纤维/PLA复合材料主要应用于运输包装领域，如大型家电运输缓冲衬垫、装饰板、仓库垫板等。

d　其他复合材料

除上述三大类型的复合材料之外，废纸还被回收利用到建筑、耐火、防潮、陶瓷等复合材料领域。例如，废纸浆纤维/水泥复合材料、废纸/木屑和水泥制成的中等密度水泥胶合板材、废旧新闻纸/废旧未漂牛皮纸纤维/水泥复合材料、废纸板与多层山毛榉板进行复合制成层压复合板、废纸/石膏复合材料、废纸纤维增强陶瓷基复合材料等。

C　废纸制备缓蚀缓冲材料

金属材料及制品在生产、储存、运输和使用过程中都受到各种环境（工业大气、海洋气候、盐雾和溶液等）作用，使金属制品发生不同程度的锈蚀，造成巨大的经济损失，据国际腐蚀工程师协会（NACE）调查显示，全球每年因金属锈蚀而损失的金额达2.5万亿美元。随着防锈技术和方法的改进，其损失仍占全球生产总值的3%~4%，而且产品锈蚀的损失率呈增加趋势，故国内外对锈蚀和防锈材料的研究非常关注。金属制品特别是仪器仪表不仅要防破损，同时还要防锈，目前出现了防锈纸、防锈膜、防锈无纺布等防锈材料。但是这些材料仅有防锈效果，没有缓冲效果，包装时还要加上缓冲包装材料，比较烦琐。因此，兼具缓蚀作用和缓冲性能的缓蚀缓冲材料应运而生。缓蚀缓冲材料的生产过程如下。

a 原材料

（1）黏合剂：采用水溶性好的通用淀粉胶、聚乙烯醇胶、脲醛胶3种；（2）废纸浆：把废纸板浸泡于水中十几个小时，在水中捣碎，挤干水后捞起放入粉碎机中再一次捣碎直至成絮状，压干即可；（3）气相缓蚀剂：采用通用的二环己胺（化学纯）；（4）发泡剂：碳酸氢铵（化学纯）；（5）铁片：普通低碳钢。

b 缓蚀黏合剂的制备

称取不同量的缓蚀剂分别加入黏合剂中搅拌混合均匀即成缓蚀黏合剂。

c 废纸浆纤维缓蚀缓冲材料制作工艺流程（见图3-3）

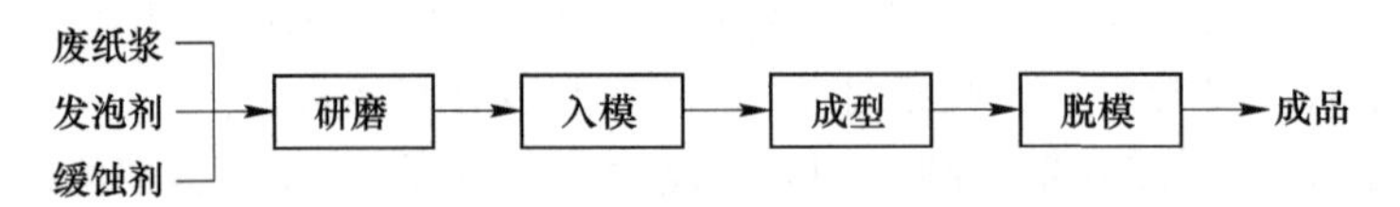

图3-3 废纸浆纤维缓蚀缓冲材料制备工艺流程

d 缓蚀试验

研究表明醋酸溶液的蒸气能加速铁片腐蚀。将醋酸溶液（1%的醋酸溶液）的蒸气作为腐蚀剂，将制作成的缓蚀黏合剂或缓蚀缓冲材料分别按图3-4中的（a）和（b）装置进行缓蚀试验。

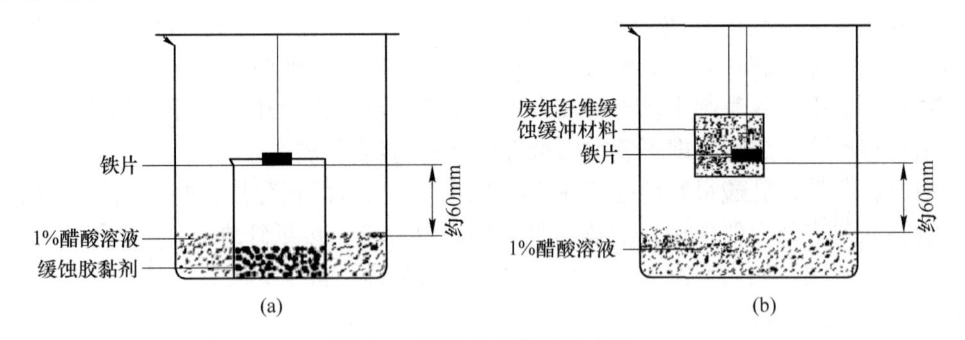

图3-4 缓蚀试验装置示意图

缓蚀聚乙烯醇黏合剂的稳定性最好，缓蚀淀粉黏合剂稳定性次之，缓蚀脲醛黏合剂的稳定性最差；缓蚀脲醛黏合剂以及以其制成的废纸浆缓蚀缓冲纤维材料的缓蚀效果最好，缓蚀淀粉黏合剂及其制成的纤维材料缓蚀效果次之，缓蚀聚乙烯醇黏合剂缓蚀效果最差，其主要原因是由于聚乙烯醇黏合剂成膜后的透气性最差，降低了气相缓蚀剂的挥发，从而降低了缓蚀效果。气相缓蚀剂的加入对废纸浆缓蚀缓冲材料的抗压强度影响较小。

3.3.2.2 制备纳米纤维素材料

纳米纤维素（NC）是以天然纤维素为原料制备的直径小于100nm的超微细纤维，其长径比大且羟基含量较为丰富。NC具有优良的力学性能、光学性能和生物降解性能，即高聚合度、高结晶度、高亲水性等特性优势，使其在功能材料、食品行业等领域都有非常高的应用价值。纳米纤维素一般包括纤维素纳米晶体、纤维素纳米纤丝和细菌纤维素。废纸多用于纳米纤维素的生产，这不仅能够有效利用废纸中的纤维资源，而且将实现再生纤维的高值化利用。

A 纳米纤维素的制备方法

武汉大学张俐娜院士是我国纤维素行业曾经的领航人物，在纤维素领域做出了众多突出成就。在纤维素领域，张俐娜院士的最大贡献是发明了一种神奇的溶剂——用尿素、氢氧化钠和水作为溶剂，将溶剂冷却至-12℃，将极难溶解的纤维素放进去，一两分钟便能溶化为黏液，达到纤维素历史上最快的溶解速度。这种由碱和尿素组成的混合水溶液不挥发、无毒，对环境无污染，而且它成本低、溶解快速。这种“神奇而又简单”的水溶剂体系，敲开了纤维素科学基础研究通往纤维素材料工业的大门。

a 化学法制备NC（酸水解法，TEMPO法、H_2O_2与TEMPO联合法）

酸水解法是制备纳米纤维素晶须最主要也是目前研究最多的方法，其过程如图3-5所示。废纸制备纳米纤维素的原理主要是通过酸催化水解处理纤维素原料。无定形区的纤维素都会优先发生水解反应被剥离，而结晶区的纤维素因致密结构，对酸具有很强的抵抗性而保留下来。在适当的酸浓度、温度和时间下，通过氢离子进攻无定形区内纤维素分子链的糖苷键，使糖苷键断裂，可以将纤维素的无定形区除去，在减小了微晶纤维素尺寸的同时，制备出具有高结晶度的纤维素。

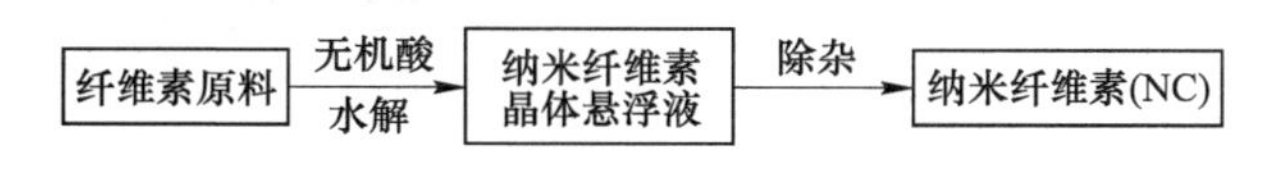

图3-5 酸水解法制备NC

TEMPO是2,2,6,6-四甲基哌啶-1-氧化物，具有弱氧化性，媒介氧化体系可分为中性和碱性两种。TEMPO能够选择性地将纤维素的C6伯羟基催化氧化成羧基基团，再经过适当的机械处理便能将TEMPO氧化纤维素制备为NC，如图3-6所示。此外，H_2O_2是一种强氧化剂，与TEMPO联合使用能够将纤维素催化氧化成羧基基团，以便于NC的制备，如图3-7所示。

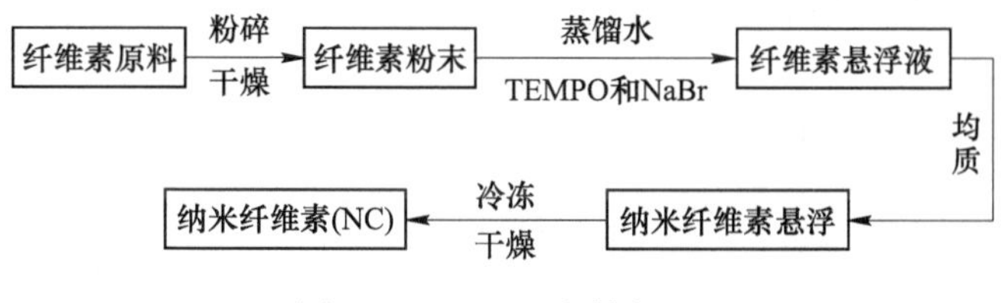

图3-6 TEMPO法制备NC

b 生物法制备NC（酶解法、生物合成法）

酶解法即利用纤维素酶选择性酶解无定形纤维素，剩余部分即为纤维素晶体，其过程

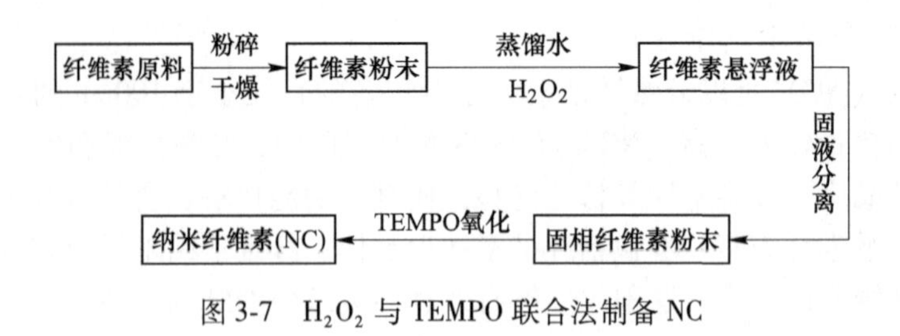

图 3-7　H_2O_2 与 TEMPO 联合法制备 NC

如图 3-8 所示。在这一过程中，可能会发生表面腐蚀、剥皮以及细纤维化和切断作用，从而使纤维素分子聚合度下降，得到纳米尺寸的纤维素。生物合成法是在一定条件下培养特定的微生物，通过控制微生物的代谢来产生 NC，如图 3-9 所示。

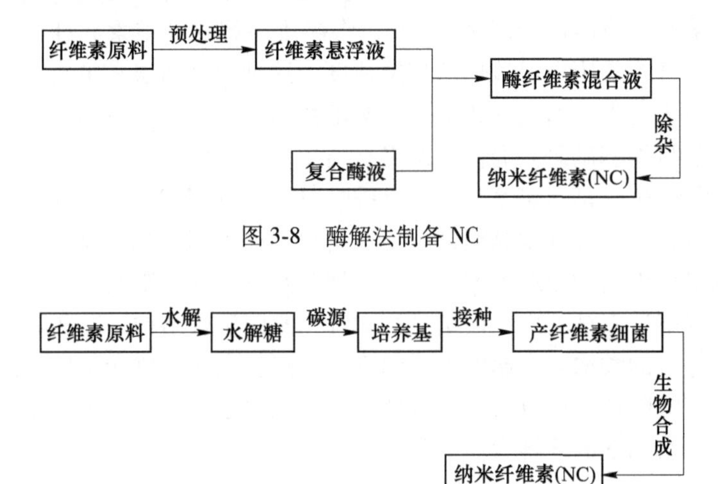

图 3-8　酶解法制备 NC

图 3-9　生物合成法制备 NC

c　物理机械法制备 NC（超声波粉碎法、研磨法、高压均质法）

超声波粉碎法是利用高强度超声波产生的空化作用，对纤维素纤维进行破碎处理，从而得到了纳米尺寸的纤维素，如图 3-10 所示。研磨法是将悬浮液倒入高速旋转的两个磨盘之间，由于在高强度精磨处理过程中产生了较大的剪切力，使纤维进行破碎，得到直径在纳米尺寸的纤维素纤丝。高压均质法是将纤维素分解成纳米纤维素的一种常用的机械制备方法。高压均质法是将含有纤维的悬浮液置于高压均质机中，通过高压均质机中压力能的释放和高速运动使物料粉碎，从而减小物料的尺寸，制得直径在纳米尺寸的纤维素纤丝。

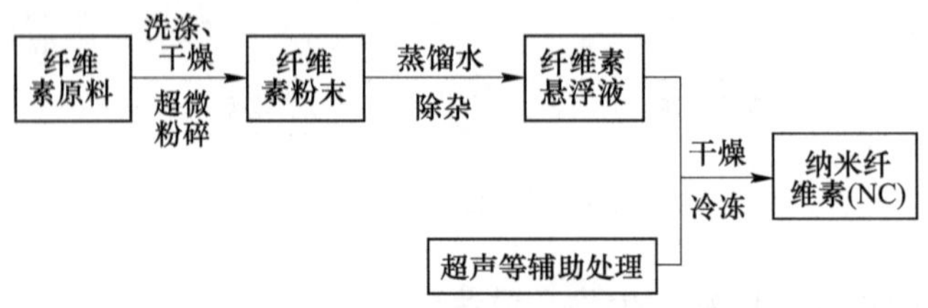

图 3-10　物理机械法制备 NC

B 废纸基纤维素纳米晶

纤维素纳米晶（CNCs）可通过物理、化学、生物等方法从天然纤维素中制备获得，其直径为1~100nm，长度为10~500nm，同时具备天然纤维素和纳米材料的特点与性质，表现出较强的刚性，常温下难以熔融。与纤维素相同，CNCs也是由众多β-D吡喃葡萄糖基结构单元通过β-1,4糖苷键连接而成的线性高分子化合物。与纤维素相比，CNCs一般具有更高的结晶度，这是因为在制备过程中，可及度较大的无定形区会被优先水解，当聚合度达到平均极限聚合度时，水解发生在纤维素微晶表面，大结晶分裂成均一而稳定的小晶体。此外，CNCs还具有优异的力学性能、独特的光学性能（液晶性）、特殊的流变行为、较好的生物相容性，以及较高的反应活性等特点，使其具有广泛的应用价值。

废纸中含有大量的纤维素，在使用过程中，其内部纤维结构形态并没有受到严重损坏，是一种较优良的纤维资源。目前，废纸（二次纤维）主要用于生产价格低廉且品质较差的卫生用纸或低档包装纸、箱纸板，造成了废纸纤维资源的浪费。为有效利用废纸中的纤维资源，可以利用废纸为原料制备废纸基纤维素纳米晶。废纸制备纤维素纳米晶实例如下。

（1）废纸的脱墨：将办公废纸（30g）用碎纸机切成157mm×4mm的碎片，并将脱墨剂［包括1.5%NaOH（质量分数）、3%H_2O_2、5%$NaSiO_3$、1.5%SDBS和1.5%OP-10］溶解在1000mL的自来水中，之后将制备好的脱墨剂和废纸碎片加入实验室再造纸机中，以10000r/min的速度去纤化10~15min。在化学试剂和机械力的配合下，油墨从废纸上脱落，得到脱色纸。随后，为了去除废纸纸浆中的油墨和杂质，将脱色纸通过细网洗涤数次。最后，在80℃的烘箱中干燥废纸纸浆24h，并用高速万能粉碎机粉碎10~30s，以获得细的脱墨办公废纸纸浆纤维（DP）。

（2）废纸基纤维素纳米晶的制备：通过酸催化水解办公废纸纸浆制备CNC。步骤如下：将2g DP与100mL H_2SO_4混合，并在45℃下以270r/min的恒定搅拌条件下搅拌1h，通过向反应混合物中添加10倍的过量冷水（1000mL）来停止水解。将悬浮液静置1h，然后用水冲洗几次，直到溶液呈中性。然后采用空气泵过滤去除水分。将水解的纤维素分散在600mL的去离子水中，超声分散2h，以获得CNCs悬浮液。最后，将这些悬浮液转移到皮氏培养皿中，并在80℃的烘箱中干燥2~3h，即制得废纸基纤维素纳米晶。

从废纸中提取出的纤维素纳米晶可以用作包装材料的涂层材料实验，也可部分替代炭黑或白炭黑后能够改善橡胶复合材料的多种性能，从而可以减少炭黑或白炭黑的用量。

C 废纸基纤维素纳米纤维

纤维素纳米纤维是通过将纤维素浆料经过预处理和高强度机械处理，得到的一种直径在3~100nm，长度可达到微米的纳米材料。纤维素纳米纤维呈现为高长径比、高比表面积的无规则柔性丝状纤维缠结而成的三维网状形态，其结晶度相对较低。纤维素纳米纤维具有很多独特的优势，例如：与其他材料相比拥有更大的轴向弹性模量、力学性能优异、长径比大、密度低、比表面积高、表面富含羟基官能团易于功能改性、线膨胀系数低、成本低于其他无机纳米颗粒（碳纳米管、石墨烯等）、无毒且生物相容性好等。对纤维素纳米纤维表面进行改性，以及与其他物质复合制备出的一些纤维素纳米纤维复合材料，可以实现透明的效果，具有优异的光透过性。纤维素纳米纤维业已有了广泛的应用，如复合抗菌膜、柔性透明膜、柔性显示器、聚合物增强填料、生物医用植入物、药物传递、纤维和纺织品、能源材料或者部分器件、储能材料的部分器件等。废纸制备纤维素纳米纤维实例如下。

（1）化学预处理：称取4g回收的废纸，将其溶于150mL蒸馏水中，用粉碎机将湿润的回收废纸粉碎成纸浆；在纸浆中加入0.5mL冰醋酸和0.6g亚氯酸钠，用玻璃棒搅拌均匀，放入75℃恒温水浴锅中加热1h，杯中放入磁石进行不断搅拌，使得反应更加充分，搅拌1h后向烧杯中继续加入0.5mL冰醋酸和0.6g亚氯酸钠，继续在75℃水浴锅中恒温加热1h，如此重复2次，直到样品变白，然后用真空抽滤泵和布氏漏斗进行过滤，并用蒸馏水不断洗涤试样直到过滤液呈中性，以去除废纸中残留的木质素，得到棕纤维素纤维；将棕纤维素纤维装入250mL烧杯中，倒入150mL质量分数为4%的氢氧化钾溶液，放入90℃恒温水浴锅中加热2h，并在杯中放入磁石不断搅拌，搅拌2h后用真空抽滤泵和布氏漏斗过滤，并用蒸馏水反复洗涤，以除去棕纤维素中的半纤维素，直到过滤液第一次呈中性；将第一次呈中性的过滤液样品倒入250mL烧杯中，加入150mL质量分数为6%的氢氧化钾溶液，然后放入90℃水浴锅中恒温加热2h，并用磁石不断搅拌，搅拌2h后用真空过滤泵和布氏漏斗过滤，并用蒸馏水反复洗涤数次，直到pH值在7左右，得到纯化纤维素纤维；将纯化纤维素纤维倒入250mL烧杯中，加入150mL浓度为1%的盐酸，放入80℃恒温水浴锅中加热2h，并用磁石进行搅拌，然后用真空抽滤泵和布氏漏斗过滤，并用蒸馏水反复洗涤，直到过滤液第二次呈中性；将第二次呈中性的过滤液配置成质量分数为1%的水悬浊液，然后进行研磨处理：磨盘之间间隙为0，研磨次数为30次，研磨转速为1500r/min，制得样品。

（2）机械分离（研磨法）：将化学预处理后的样品配置成1%质量分数的悬浊液后加入250mL的烧杯中，在研磨机出料口放置一个250mL的空烧杯以盛放出料样品，空烧杯要浸入装有冰水的容器中，以防止研磨样品温度过高发生降解，打开研磨机开关，转速设定为1500r/min，旋转研磨转盘距离旋钮，当刻度达到0时倒入样品，研磨30次，制得纸浆纤维素纳米纤丝。所制得的纸浆纤维素纳米纤丝，可通过4种不同的方法制得木质纤维素纳米纤丝：1）纤维素纤维经过研磨机预处理30min，得到纤维素纳米纤维素，之后利用细胞粉碎机超声处理60min，得到纸浆纤维素纳米纤丝；2）纤维素纤维经过研磨机预处理30min，之后将得到的微米纤维素在高压均质机中均质8次，得到木质纤维素纳米纤丝；3）纤维素纤维在研磨机中研磨60min得到纸浆纤维素纳米纤丝；4）纤维素纤维在细胞粉碎机中预处理60min，之后在高压均质机中均质8次，得到纸浆纤维素纳米纤丝。机械分离方法中的木质纤维始终保持水润胀状态，以防止纤丝间的聚集。

3.3.2.3 高性能纤维纸基功能材料

A 利用PPTA纤维制备芳纶纳米纤维纸

芳纶纳米纤维（ANFs）作为近年来开发的一种新型纳米高分子材料，兼具对位芳纶纤维（PPTA）和高分子纳米纤维的双重优势，可解决芳纶纤维存在的表面光滑惰性强、复合界面强度弱等问题。同时，ANFs可与聚合物基体通过物理/化学/自组装交联作用高效复合，使其成为构建高性能复合材料极具潜力的“增强构筑单元”，在纳米复合材料领域起着重要的界面增强作用。然而，利用宏观PPTA纤维通过去质子化法制备ANFs自

2011年被报道以来，ANFs制备周期长（7d）、反应浓度低（0.2%）、反应效率低等问题仍然困扰着其规模化应用与发展。针对这一问题，陕西科技大学张美云教授团队报道了利用PPTA纤维通过原纤化/超声/质子供体耦合去质子化法制备ANFs，使得ANFs制备周期从传统的7d缩短至4h，制备的ANFs具有小的直径及尺度分布［(10.7±1.0)nm］，同时也探究了高浓度ANFs的制备，在12h内即可制得4%的高浓ANFs，最终通过湿法造纸技术将3种不同方法得到的ANFs抄造成纳米纸，3种纳米纸呈现出较高的透明性、优异的机械强度与热稳定性，有望在电气绝缘、电池隔膜、吸附过滤、柔性电极等领域具有一定的应用前景。

B 利用芳纶损纸制备芳纶纳米绝缘纸

张美云教授团队利用芳纶损纸作为原料制备了ANFs，解决了芳纶损纸作为废弃聚合物难回用的问题，开发出芳纶纳米绝缘纸，其拉伸强度与绝缘强度超过了目前应用最广泛的杜邦公司生产的Nomex T410绝缘纸。

C 芳纶纸基复合材料

对位芳纶（PPTA）纸因其优异的力学性能、固有的介电强度和热耐久性，成为耐热绝缘材料和轻质结构件的候选材料。然而，PPTA纤维的化学惰性和光滑表面导致PPTA纸的表面附着力差和质量差。张美云教授团队在不使用任何黏合剂的情况下，首次将ANFs用作PPTA纸的增强填料、将ANFs膜用作PPTA纸的自增强材料，以增强PPTA纸的界面结合和力学性能，获得更柔软、更薄、具有更高机械强度和介电强度的层压绝缘纸。

D ANF/CNF复合材料

张美云教授团队基于ANFs优异的性能，利用溶剂交换法与层层自组装（LBL）制备了ANF/CNF（纤维素纳米纤维素）复合材料，开发出兼具优异的机械强度和抗水性、出色的紫外屏蔽与抗老化性能、耐温性好的高性能纳米纤维素基新材料，解决了传统纳米纤维素基材料易吸湿、湿强度差、热稳定性差等问题。

E 导电纸

导电纸是一种具有良好导电性能的纸。随着技术和通信的发展，柔性电子设备逐渐成为研究的热点。其中，导电纸作为其研究领域之一，具有价廉、质轻、来源广泛、可降解再生的特点。其导电性对外界环境的湿度变化不敏感，具有较高的抗张和撕裂强度。导电纸的制造方法可分为两种：一种是按照传统的造纸工艺将导电材料和纤维素纤维复合抄纸，比如，在造纸过程中可以将炭黑、碳纤维、碳纳米管（CNT）等加入纸浆中；另一种方法是用高分子导电材料作油墨对纸进行涂布。

利用纸的韧性和吸附性等特点，加入导电材料使废纸成为具有导电能力的导电纸，可用于制作电磁屏蔽材料、传感材料和防静电材料等。例如：以废报纸纸浆纤维、回收牛奶盒纸浆纤维和漂白软木硫酸盐浆纤维为原料，采用化学镀镍的方法电镀废纸浆制备导电纤维，并与未电镀的废纸浆纤维混合，可生产出导电纸浆纤维片材，该废纸导电纤维具有高导电性和较强的电场屏蔽效应。

F 净水材料

废纸的主要成分是纤维素，有良好的吸附性、生物降解性、亲水性、生物相容性和低毒性，将其应用于制备净水材料可以极大提高废纸产品的附加值。

废纸制备净水材料实例。

（1）以废报纸为原料，对其中所含的纤维素和半纤维素进行粉碎、浸泡、脱墨，制备报纸纸浆吸附剂，它可应用于废水的吸附处理过程，实现废物的减量化和资源化。

（2）以废纸纤维为原料，氯乙酸钠为醚化剂，通过改变氢氧化钠用量合成不同取代度且保持纤维状形貌的羧甲基废纸纤维，对Cr(Ⅲ）具有良好的吸附效果，并具有较好的分离和再生性能。

（3）利用环氧氯丙烷与三甲胺对废报纸纤维进行改性制备出阴离子吸附材料，当改性废报纸纤维投加量为1g/L，溶液pH值为1时，对100mg/L Cr(Ⅵ）的最大吸附量为38.66mg/g，比改性前提高了59.88%。

采用化学改性的方法制备废纸净水材料，虽然能够增加纤维素上的亲和基团数量，提高吸附性能，但制备成本高，易产生二次污染。物理改性的方法则对废纸的净水性能提升有限，因而废纸材料的改性还有待进一步研究。

G　橡胶复合材料

炭黑是橡胶工业中最重要的补强性填料，但其生产过程能耗高、污染大，废弃后难降解，易造成环境污染问题，而改用废纸作为添加剂可一定程度上减少炭黑的用量，改善复合材料的性能，提高可生物降解性。

废纸制备橡胶复合材料实例：

（1）利用废纸制备的纳米微晶纤维素作为复合材料添加剂，可在天然橡胶/丁二烯橡胶/丁苯橡胶共混体系中作为炭黑的替代物，改善橡胶的加工性能。

（2）制备天然橡胶/废纸纤维素纳米晶/炭黑复合材料。操作步骤如下：将废纸制浆后经过碱解及酸解制备废纸纳米微晶纤维素（PNC）；将所制备的废纸纤维素PNC悬浮液与天然橡胶胶乳（NR）共混搅拌10min，倒入洁净的托盘中，放入恒温鼓风干燥箱中烘至恒重，得到NR/PNC共混物；之后将一定质量天然橡胶及定量的炭黑于密炼机中密炼一段时间获得母胶，再按比例称取一定量的母胶，与NR/PNC共混物在开炼机上混炼，按顺序加入ZnO、硬脂酸、促进剂CZ和DM、防老剂、硫黄，混炼均匀，试样停放24h，即可制得天然橡胶/废纸纳米微晶纤维素/炭黑复合材料。在保证产品力学性能的同时，还可以减弱Payne效应，降低填料的网络化程度，提高橡胶制品可降解性。

H　吸水树脂

吸水性树脂是具有高吸液能力、高吸液速度和高保液能力的功能材料，广泛应用于卫生用品。而以废纸为原料生产吸水树脂，能够降低生产成本，提高产品的可降解性和卫生安全性。

废纸制备吸水树脂实例。

（1）以造纸工业废纸浆为原料，通过两段碱醚化处理得到醚化纸浆（CMP），以CMP为原料通过接枝丙烯酸（AA）及丙烯酰胺（AM）合成高吸水性树脂。具体操作步骤如下：1）纸浆醚化，三口烧瓶中加入40g烘干废纸浆 / 95%乙醇 / $\frac{3}{4}$用量的氢氧化钠，30℃下碱化1h，加入氯乙酸，升温醚化1h后加入剩余的氢氧化钠，反应1h，得到的粗产品用稀盐酸中和，乙醇洗涤并抽滤，80℃烘干；2）高吸水树脂的制备，三口烧瓶中加入醚化纸浆，用150mL去离子水溶解，滴加中和度为80%的AA、AM混合液（质量比为1∶1），加入复合引发剂$K_2S_2O_8$和$NaHSO_3$（质量比为1∶3），氮气保护下于70℃反应1h，滴加交联剂MDAA、10mL甲醇，继续反应至体系黏稠透明，终止反应，80℃烘干、粉碎、筛分。在此条件下制备的高吸水树脂吸水量达639g/g，吸盐水率达110g/g。

（2）以旧报纸和废塑料为原料，马来酸酐接枝聚丙烯为相溶剂，采用热压成型法制备废纸纤维/回收聚丙烯吸水材料。具体操作步骤如下：将旧报纸（ONP）与回收聚丙烯塑料（rPP）按照一定比例混合均匀，采用开放式双辊混炼机进行混炼，混炼过程中均匀加入相溶剂马来酸酐接枝聚丙烯（MAPP），充分混炼15min制成废纸纤维/回收聚丙烯复合材料。随着ONP纤维含量的增加，复合材料中羟基特征吸收峰逐渐增强，因而复合材料的吸水率随ONP纤维含量增加和浸泡时间的延长而提高，当ONP纤维含量超过30%时，吸水率明显提高。

3.3.2.4　制备生物质燃料

生物质能源作为可再生能源的重要组成部分受到各国研究者的关注。近年来，美国、日本、欧盟、巴西、印度等国家也纷纷制订生物燃料计划，大力发展生物质产气、产油、产乙醇等技术。我国废纸的产量大且价格低廉，这就为生物质能源提供了一个很好的原料来源。由于废纸在造纸过程已经脱除大部分的木质素和半纤维素，同时由于目前废纸纤维回收主要是将其重复应用于造纸生产，纤维在造纸循环回用过程中会产生纤维细小化和纤维结构性衰变，对纸产品的品质造成很大影响，因此很难将其永久地作为造纸原料应用于造纸生产，在造纸生产过程中产生的大量细小纤维也会不断流失形成造纸污泥。这些污泥目前主要采用填埋方式进行处理，不仅对纤维素资源造成极大的浪费，同时对环境造成很大污染，利用废弃木质纤维作为一种潜在的低成本原料，通过回收和利用废弃废纸纤维生产生物燃料，不仅可以降低其对环境造成的污染，还可以实现废弃废纸纤维的高值资源化利用。

A　乙醇

早在20世纪70年代，美国已经广泛地以粮食为原料生产乙醇作为石油的替代品，但由于以玉米、甜菜等粮食作物为原料的粮食燃料乙醇会引发全球粮食危机，同时并不能减少温室气体的排放，因而不具有环境效益。综合考虑环境效益及经济价值，废纸是较好的乙醇化原料。废纸制备乙醇实例如下。

（1）丹麦诺维信公司与生物燃料制造商——Fiberight公司合作，将废纸和废纸板经制浆、预处理和洗涤后，利用其特有的酶转化成糖类，然后再发酵制成生物燃料乙醇，并将其加工成E85乙醇汽油，成功进行了汽车运行试验。该公司已经开始工业化生产酶，以用于大规模生产先进生物燃料。

（2）对废纸稀酸水解、糖化、发酵制备乙醇。具体操作步骤如下：1）制备水解液，将粉碎至380~250μm（40~60目）的烘干旧瓦楞纸箱（OCC）原料加入一定量的不同质量分数的稀硫酸溶液中，搅拌均匀后转移到压力溶弹中，将压力溶弹放入油浴锅中于不同温度下反应一定时间，反应完毕后取出压力溶弹自然冷却；2）水解液预处理，水解液用$Ca(OH)_2$中和至pH值为10~11，然后用H_3PO_4反中和至pH值为5~6，接着以1%加入活性炭搅拌3h以脱除乙酸、糠醛等发酵抑制物，过滤后使用旋转真空蒸发仪浓缩水解液使还原糖浓度达到50g/L以上；3）取30mL预处理水解液于100mL锥形瓶中，向其中加入1%（$(NH_4)_2SO_4$，0.2% $KHSO_4$。当种子液驯化酵母含量达到3.2×10^8以上时，以10%接入种子液，于28℃置于150r/min恒温摇床上发酵。

B 氢气

氢气燃烧值高达142500kJ/kg（能量比34.15kcal/g），燃烧速度快，燃烧后的产物是水，基本没有污染环境的问题，而且生成物是水，可以循环利用。基于环境污染和能源短缺的双重危机，发展清洁能源必将成为我国能源科学发展方向。废弃有机物在产氢菌作用下厌氧发酵可以制取氢气，该过程反应条件温和，能耗小，成本低廉，较易实现工业化生产。2015年，我国消费箱纸板预计11470×10^4t，以废纸回收率45%计算，将回用3次以上的废纸作为厌氧发酵生物制氢的原料，可得原料5×10^6t。废纸产氢以40mL/g计，得$200\times10^4m^3$氢气，燃烧后的热量进行发电，可发电700×10^4kW·h，直接经济效益可达420万元（0.6元/(kW·h)），且没有CO_2、SO_2等有害气体排放。若采用火力发电的方式生产同等电量，750g无烟煤就会排放5.3×10^9g CO_2，500g石油排放3.55×10^9g CO_2，370g天然气排放2.74×10^9g CO_2，均对大气环境造成严重污染。发展循环经济，提高资源的再生利用是一种可持续发展模式，研究和探索废纸厌氧发酵制氢技术，提出再生废纸纤维的利用新途径，将废纸资源向能源化发展，对解决废纸纤维的有效利用具有重要意义和应用前景。废纸制备氢气实例如下。

（1）美国科学家开发出酶催化制氢技术，能把废纸内富含的葡萄糖转化为氢。如果能成功采用这项制氢新技术，那么单用美国回收的废旧报纸就能获取供37座中小城市全部能源需要的氢。

（2）利用白色瘤胃球菌将5种不同种类废纸生物转化为氢气，结果表明，1kg废纸可生产46~280L氢气。可见，废纸制氢的工艺较为成熟可靠，产气效率高，具有广阔的发展前景。

（3）厌氧发酵产氢。具体操作步骤如下：1）配制一定质量分数的稀硫酸和氢氧化钠，与过筛分的废纸按相应的固液比（废纸质量与溶液体积的比，g/mL）混合，在设定温度下反应，过滤，残渣用水冲洗至中性，烘干至恒重后发酵使用；2）将经过预处理洗涤后的20g废纸，加入400mL接种污泥，然后将混合物加入1L的锥形瓶中，加水补充至1L，密封后用氮气吹扫保证厌氧条件，放入恒温摇床中，在35℃下恒温培养。

C 直接燃烧

鉴于废纸可燃性好、热值高的特点，因此可以直接将其用于燃烧发电。在英国，包装废纸被烘干压缩机压制成固体燃料，投入中压锅炉内燃烧，可产生2.5MPa以上压力的蒸汽推动汽轮机发电，产生的废气用于供热，该过程相比烧煤可以减少20%的二氧化碳排放量。奥地利Hilti Mettauer制砖公司将经过特别处理的废纸浆在隧道窑中作为燃料应用于砖瓦生产中，且燃烧后的灰分还能作为致孔剂与干燥剂使用，该工艺可减少50%的石化能源消耗，降低砖瓦的生产成本。

D 碳燃料电池

碳燃料电池是一种以碳及其衍生物为燃料的燃料电池，具有能量转换效率高、环境友好（无SO_x和NO_x排放，无噪声污染）、燃料适应性广等突出优点，是具有广阔应用前景的燃料电池。废纸可以在工业生产中作为优质的碳源。有关学者在研究废纸制备碳燃料电池时发现，废纸碳源表面含有的方解石和方解石镁有利于碳燃料的热气化，因而能大大提高电池的性能；在所研究的多种碳源中，以杂质废纸碳为原料的电池表现出最高的性能，在650℃时，峰值功率密度为172mW/cm^2。

3.3.2.5 制作家具与文具

A 制作家具和装饰

与金属、塑料、原木木材等相比，纸质材料具有无毒、污染少、易于回收、可重复使用、易降解等诸多优点。用纸作为家具材料，可以节约木材、拯救森林、保护自然生态环境，使用废旧纸张作为家具原材料，不需再生、节约资源、减少污染，可以提高资源利用率。此外，纸质家具形式摩登，价格低廉，而且耐用度可达几年之久，很受低收入家庭的欢迎，具有很好的发展前途。融入创意和流行元素，废纸也能成为室内外装饰的个性材料。目前，市场上已经有利用生活中的废报纸、废纸箱等手工做成的装饰画，利用废纸创意做成的各种灯饰。南京林业大学的邱孔教授将办公废纸经过打碎，再加上一种胶合剂，在压力作用下做成板材。利用新型的废纸板材，裁切与拼装后，涂饰上油漆，成为一款多功能的组合式家具，既可以作为一张凳子，也可以作为一张桌子，并且经过拼装之后还能成为一个书架；印度的两位印刷业者用废纸制造了一系列环保家具；此外，也可以与其他配件组合，将纸板做成纸板家具或灯饰，如纸椅、纸灯等。日本的研究人员将旧报纸与废木材一同粉碎，加入农用膜等原料一同加工成型，制造的新型装饰材料具有木材的清香，强度可与某些合金相媲美，同时防潮能力强，适用于建筑外部平台的铺装材料。

B 制作文具

日本于20世纪90年代初发明了一种利用旧报纸制成铅笔的工艺。这种纸质铅笔成本低，容易刨削，轻巧耐用，很受使用者的欢迎，每年可节省10万立方米的木材，达到保护环境的目的。英国设计师 Duncan Shotton 近期设计了一种彩虹铅笔，这些铅笔是由6层回收再利用的废纸制作，使用者在削铅笔的同时都会钻出一片又一片彩虹。这种方法进一步拓宽了铅笔制造业的领域，同时也为铅笔制造带来了新的机遇。

3.3.2.6 制造建筑材料

再生纤维具备纤维素纤维的典型特征，富含60%~70%的纤维素，可代替纤维素纤维应用到水泥基或石膏基等建筑材料中，且不需要进行脱墨和漂白处理，减少了废纸处理中的废水排放和环境污染，同时降低生产成本。印度中央建筑研究院的科技人员，利用废纸、棉纱头、椰子纤维和沥青等作为原料，模压出新型建筑材料沥青瓦楞板。用这种沥青瓦楞板盖房屋，隔热性能好、不透水、轻便、成本低，还具有不易燃烧和耐腐蚀等特点。美国一家纸业公司最近开发出一种利用废纸作原料制造新型建筑材料的技术，其目的是将大量的废纸变为有用之材，为每天产生的废纸寻找一条有益于环保的用途。用这项技术处理盖房用的废纸，不需要制成纸浆，所以无废液，不污染环境，只需把废纸粉碎，加入高分子树脂和玻璃纤维，然后将其压制成不同大小、厚薄和规格的板材。经测试，这种纸粉、树脂、玻璃纤维“三合体”的板材，其抗压强度为0.14MPa，并能耐100℃的高温，具备防水、防蛀、防火等功能，是一种十分理想的新型材料。试验表明，一间38m^{2}的房间只需要200kg纸质板材。意大利人设计和制造了世界上第一个生态厨房，其组装材料主要是再加工的废纸制成的双层或3层瓦楞纸板，厨房的支架是4根纸管。这些材料全部经过特殊的防火处理，厨房材料的总质量相当于70张报纸，各部件之间由黏合剂和金属连接。

3.3.2.7　改善农牧业生产

（1）改善土壤土质。废纸具有吸水性，将其切成条状，用于家禽业场地铺地，用后再用作堆肥，既有利于清洁，又能改善牧场土壤，对土地不产生任何副作用。美国亚拉巴马州的部分牧场，有的地方因土质过硬而成了寸草不生和不毛之地。该州土壤专家詹姆斯·爱德沃兹根据包装用废纸在土壤中不会很快腐烂变质的特性，采用碎废纸屑加鸡粪，与原土壤混合，来改善牧场的土质。其配方为碎纸屑40%、鸡粪10%、原土50%。由于废纸屑在鸡粪中的基肥细菌作用下，腐烂变质，给土壤增添了腐殖质，使土壤在3个月内，即变得松软异常，不仅适合于牧草的生长，也适合种植大豆、棉花和蔬菜等多种作物，且产量颇高，同时，对土壤不产生任何副作用。也有将废纸放入水稻田中，废纸膜阻止了杂草生长，腐烂后又增加了土壤的肥力。

（2）生产动物饲料。美国伊利诺伊大学动物营养学教授赖端·柏格用废纸打成浆用作牛羊的饲料。他将旧报纸切碎，加入水和2%的盐酸，然后煮沸2h，在高温和酸的作用下，纤维素发生分解断裂，再添加到饲料中，添加量可达20%~40%，并补加少量的营养物，用来喂牛羊等反刍类动物，其功效比吃普通饲料提高30%。英国牲畜学家把包装废纸切成细长条或揉成团状再添加一些淀粉和草料，添加量为25%，用来喂牛羊，牛羊吃后可比吃普通饲料增重1/3。澳大利亚畜牧学家将废纸粉碎后，掺入适量的亚麻油和蜂蜜，制成颗粒料喂牛羊，发现比用一般饲料养的牛羊体壮膘肥。

（3）用作牲畜栏内铺垫物。长期以来，人们大多以干草、锯末作牲畜栏内的铺垫物。美国和西欧国家已纷纷用废纸进行替代。英国的养牛场、养猪场和养鸡场采用废纸屑作栏内铺垫物后，效果较好。与传统的铺垫物干草、锯末相比，废纸屑比较卫生，不含像锯末所存在的单宁那样的毒物，也没有像稻草和稻壳中常见的化学杀虫剂的残留物，没有致病源。同时，水汽含量低，隔热性能比其他材料好，尤其适合雏鸡和新生幼崽的生长发育。

（4）制作农用育苗盒。可以利用废纸纤维特别是一些低档的废纸纤维与玄武岩纤维或矿渣纤维制成农用育苗盒，产品可自然降解，玄武岩纤维或矿渣纤维直径3~5μm，降解后即成为土壤的母质，因此不对环境造成二次污染。由于加入了玄武岩纤维或矿渣纤维，使得产品的挺度高，既便于使用，又可节约部分植物纤维。此技术的优越之处还在于：所使用的废纸纤维不必经过脱墨等处理，避免由此产生的大量废液，有利于节约宝贵的水资源并保护生态环境。

（5）废纸培育平菇。英国科技人员用废纸培育平菇，获得了较高的经济效益。具体方法是：用剪碎机将各种包装废纸剪成小碎片，用水浸泡72h，然后送进清洗机里清洗，以除去其中的印染物和灰尘，之后用搅拌机搅成纸浆，将其与切碎的马樱丹按1：2的比例拌匀混合后移入消毒后的木制浅盆内，定时浇水；在接种菌种后，用塑料薄膜将木盆封严，放进25℃的培养室；经过3~4天菌丝发育生长再揭开薄膜，移到室温20℃的采收室；经过20天的生长，就可以采菇了。这种主要由包装废纸培育的平菇，一般情况可以连续采收3~4个月，一个50cm×50cm×15cm的木盆，每次可以采菇1.5~2.2kg，其风味与用一般方法培育的平菇相同。

3.3.2.8 生产保温材料、耐火材料和除油材料

（1）生产保温材料。现有的保温材料大多选用聚亚苯基颗粒等有机材料，而这些材料与无机墙体黏结性差，施工难度大，还产生“热桥效应”，使保温效果降低。发生火灾时有机物质会释放大量有毒气体，存在安全隐患。芬兰一家公司开发出一种用废纸制保温材料的新工艺，即在自动化生产线上将废纸分两次进行粉碎，而后用硼酸进行浸泡处理，这样可提高生态棉的耐热性能和生物稳定性，最后提炼出一种轻盈的浅灰色的保温材料——生态棉。在建造房时可用这种生态棉铺设在屋顶、楼板和墙壁中间，以及自来水管和暖气管道周围，即凡是需要保温的地方都可以使用。其保温性不亚于石棉，而且不会燃烧，不会腐烂，对人体无害。

（2）生产耐火材料。建筑业法规禁止在重负荷结构中使用石棉作为耐火材料，因此建筑公司纷纷寻找经济有效的替代品，既有类似于石棉或其他矿物纤维的性能又能够避免对人类健康的伤害。日本 Gunmar 大学研制出利用化学发泡剂和酚醛树脂加固由废纸生产的泡沫型防火耐水性纤维板，该纤维板的密度和机械强度随着酚醛树脂用量的增加而提高，板的燃烧时间随着酚醛树脂用量的增加而减缓，防火性能良好，板的形稳性、耐水性令人满意。清华大学将废纸纤维同适当比例的矿物材料混合制备耐火材料，发现对人无害的硼化合物遇到火之后熔化并在纤维周围形成保护层。不燃性混合物烧结后变得更加坚硬，而且不会降低材料的绝热性能。适当添加石墨能够产生显著的灭火效果。该材料黏着性很高，而且能够保护钢体免于腐蚀。

（3）生产除油材料。在水中将废纸分离成纤维，加入硫酸铝，经过碎解、干燥等处理后，将其作为除油材料，可移走固体或水表面的油。该材料价格便宜、安全，制造工艺简单，不必用特殊的介质如合成树脂来浸渍。原料来源广泛，且使用后可燃烧废物。新加坡国立大学 Duong Hai Minh 教授领导的研究团队将废纸制备成绿色纤维气凝胶。该新纤维气凝胶具有超强的吸油能力，吸油量可达干重的 90 倍，是常用的商业吸油剂的 4 倍，能够通过挤压实现 99%的原油回收。

3.3.2.9 在化工领域的应用

（1）生产酚醛树脂。这是一种更先进的废纸回收处理技术。日本王子造纸公司以旧报纸和办公室废纸为原料，将其溶于苯酚中，用来生产酚醛树脂。因苯酚与低分子量的纤维素和半纤维素相结合，故制成的酚醛树脂强度比以苯酚和乙醛为原料所制成的产品强度高，热变形温度比以往的酚醛树脂高 10℃。因此，生产的纸张也比普通纸更强。酚醛树脂主要用于制造日用品和装饰品，例如普通的高压电插座，家具塑料手柄等。旧报纸和办公废纸可以作为原料，但使用办公废纸作为原料成本低，只使用旧报纸的一半。

（2）废纸生产葡萄糖。日本马斯生物开发研究所开发出利用废纸生产葡萄糖的新技术，关键点是用高浓度的磷酸来分解纤维素纤维（其基环单体就是葡萄糖）。其生产工艺流程是：首先将切碎的废纸放入磷酸溶液内，进行纤维素纤维的分解；接着，再添加生物酶进行加水分解；然后，用活性炭或离子交换树脂进行过滤，生产出结晶葡萄糖。该公司已利用旧报纸试生产出了结晶葡萄糖，经日本食品分析中心采用色谱分析，新技术生产的葡萄糖纯度高达 97.4%，与用玉米和马铃薯生产的葡萄糖几乎没有区别。此外，美国纽约大学科学家利用射线照射的新方法，使纸转化变成了葡萄糖。其生产工艺流程是：首先将

废纸与水搅拌合成纸浆，然后用直线电子加速器照射，达到一定的剂量之后，在高温高压下通过挤压机，再加酸分解 1min，这样 70%的废纸就变成了葡萄糖。美国已采用该方法建成了一座每月能加工 100t 废纸的大型制糖厂，年产量达 800t 葡萄糖。

（3）提炼废纸再生酶。丹麦现代北欧公司提炼出一种废纸再生酶。它可将废旧纸张中的墨迹和油墨分离出来。其生产工艺流程是：向磨碎的纸浆中加入强碱，之后按照每吨 200~300mL 的比例，向纸浆中添加废纸再生酶，经过这样的处理之后，黑色的油墨沉淀到纸浆池底，并很容易从纸浆中分离出来。用此法造出的白色再生纸，适宜于任何印刷出版物使用，质量可靠。

（4）利用微生物将废纸屑加工成酒精。美国佛罗里达大学微生物学家英格雷姆利用一种造纸厂污水中的微生物，将普通废纸屑加工成酒精，从而为燃料工业开辟了一条新途径。其生产工艺流程是：首先利用低浓度酸液将废纸变成纸浆，使其分解成含有纤维素、半纤维素及木质的高分子碳水化合物，然后将造纸厂排放污水中滋生的各种菌酶引入。经过一段时间后，纸浆中的长分子结构就会在各种菌酶的作用下分解为简单的糖，然后再借助微生物将糖转化为酒精。这种废纸生产的酒精成本比淀粉酒精便宜 2/3 左右。目前，美国已利用这项工艺建起了用废纸生产酒精的工厂。据粗略统计，美国目前为这一新途径而消耗的酒精年均已达万吨左右。因此，利用废纸生产酒精这一工艺的问世正好满足了燃料更新的需求。

（5）利用转基因微生物从废纸中制取琥珀酸。琥珀酸是工业上一种重要的高分子化合物，能够用来制造可降解塑料和电子产品用纤维，目前市场需求量不断增加。但通常的生产方法效率低下，成本高，每千克产品售价高达数十美元。日本地球环境产业技术研究机构成功地使用转基因微生物从废纸中制取出琥珀酸，将琥珀酸制造成本降低了 90%。据报道，棒状杆菌这种微生物能把糖分解为丙酮酸，而该机构使用转基因技术，在棒状杆菌中植入含有某种酶的基因，因此，处理过的棒状杆菌又具有了将二氧化碳中的碳和丙酮酸结合在一起的能力，最终可合成琥珀酸。其工艺过程是：先用酸溶液和酶把废纸分解为糖等物质，再用上述的转基因微生物并加入二氧化碳在 35℃的条件下培养，最终可从每升培养液中制取约 30g 的琥珀酸。

（6）回收甲烷。瑞典伦道大学的专家将废纸打成浆，在浆液中添加能分解有机物的厌氧微生物和铝的水溶液；然后移入反应炉，把在炉中的废纸浆液里的纤维素、甲醇和碳水化合物等转变为甲烷；再用酶将木材抽出物除掉，即可得到燃料甲烷。

3.3.2.10 在环境工程方面的应用

日本东京的小台处理厂以杂志装订时产生的书背外包纸废品为原料，研究了通过混入纤维来改善污泥脱水性的方法。通过添加废纸，使泥饼水分降低，可以使污泥燃烧而加入的絮凝剂和助燃剂每吨处理费用由 2000 日元下降到 1200 日元，约节约 40%。把废新闻纸制成板材，在 800℃下碳化后，850~900℃情况下用 CO_2 赋活制造活性炭的方法；另可利用废纸制造脱臭材料等。可以把氨和三甲氨等恶臭物质分解，成为无臭物质，是活性炭脱臭能力的 30 倍，即使稍微被水弄湿，其脱臭效果也不会下降。

3.3.2.11 废纸在其他领域的利用

（1）采用生物技术生产乳酸。KataoKaShigyoKK 公司开发出一种以旧报纸为原料生产乳酸的低成本生产方法。乳酸可用于发酵、饮料、食品和药物生产中，它作为可生物降解塑料的原料也具有很大的吸引力。该工艺生产乳酸的方法是：首先用磷酸把旧报纸处理一下，然后在纤维素酶的存在下制成葡萄糖。该工艺比通用的方法使用的纤维素酶用量少且时间短。由此得到的低成本葡萄糖可通过普通的发酵方法制得 L-乳酸。

（2）利用废纸屑做糨糊。废纸屑水解可得黏性很强的糨糊。将干净的没有油墨的纸屑 1 份，氯乙酸 0.35 份，氢氧化钠 0.1 份，碳酸钠 0.1 份，水 12~15 份，盐酸 0.1 份可制得 15 份糨糊，其流程为：纸屑→氢氧化钠（饱和）24h 浸泡→搅拌溶解→加氯乙酸及碱（碳酸钠）→加水搅拌成浆。为防止霉变和变色，可加入少量盐酸将 pH 值调至中性，废纸屑制得的糨糊，比一般糨糊对纸张的坚牢度要高。

（3）利用废纸制备煤尘抑制剂。在采煤过程中巷道中飞扬着的煤粉、煤尘污染空气，影响矿工身体健康，在空气中达到一定浓度时遇火会引起爆炸造成灾害，其危害性十分巨大。将废纸应用于制备煤尘抑制剂并应用于采矿行业，可显著降低煤尘浓度，这对于改善作业环境和保障工人的健康有着重要意义。具体操作如下。

1）原料处理：称取一定量粉碎后的废纸，在 100℃条件下，缓慢加入适量 10% NaOH 溶液至反应器中反应 12min。用稀盐酸将 pH 调节到中性，洗涤，抽滤，放入 80℃烘箱中烘干即得到疏松状的精制纤维。

2）羧甲基纤维素制备：将得到的精制纤维放入带有搅拌装置的三口瓶中，加入一定量 85%乙醇水溶液和 10% NaOH 溶液，在 35℃条件下反应 90min 得到碱性纤维素。将溶液加热到 70℃，再加入含适量氯乙酸的乙醇水溶液，反应 150min，用酸中和，用 85%乙醇洗涤，过滤，干燥得到羧甲基纤维素产品。

3）煤尘抑制剂的制备：将得到的羧甲基纤维素产品进行溶解稀释到一定浓度得到煤尘抑制剂。与传统抑尘剂相比，以废纸为原料制备煤尘抑制剂的成本较低且无毒性及腐蚀，且其可抗七级风，抑尘率在 130h 时都可保持在 99%以上。

（4）利用报纸制备肥料。通过高温酸解的方式先对废纸中的纤维素进行水解，然后加入碱液调整肥料的 pH，干燥研磨成粉状肥料。该产品在加快植物健康成长的同时，可改善土壤的水循环，提高土壤蓬松度，对植物生长非常有益。

在人类环保意识不断提高的今天，人们的观念已不仅仅局限于如何减少废品，越来越多的人开始重视对废品的回收利用，包装废纸回收利国利民，随着国内废纸回收体系的不断完善，技术的不断创新，未来的资源回收一定可以大有作为。2022 年 1 月 17 日，国家发展改革委联合商务部等有关部门印发了《关于加快废旧物资循环利用体系建设的指导意见》，指出构建废旧物资循环利用体系是发展循环经济、建设资源循环型社会的重点任务。废纸作为一种潜在的可回收利用的废旧物资，正日益受到科学家和企业家的重视，只要对其进行合理的回收利用，开发生产对人体和环境无危害的纸包装材料，对于提高我国包装工业的水平、发展我国绿色包装、完善我国废旧物资循环利用体系，提高资源循环利用水平，提升资源安全保障能力，助力实现碳达峰、碳中和目标具有重要意义。

思　考　题

3-1　简述纸包装材料的特点。

3-2　简述包装用纸和纸板的种类。

3-3　主要包装用纸和纸板有哪些?

3-4　我国包装废纸的回收利用现状如何，存在哪些问题?

3-5　简述包装废纸的处理工艺。

3-6　包装废纸的高值化利用有哪些?

4 包装废弃金属处理与高值化

4.1 包装金属废物概论

金属包装是包装的传统材料之一，因其独特性在包装材料中占据重要地位，被广泛应用于工业产品包装、运输和销售包装中。由于具有极优良的综合性能，有着纸、塑、木、玻璃等材料无法比拟的强度和刚性，因此金属在包装领域保持强大生命力。

4.1.1 包装金属废物的定义

包装废物是指包装工业生产和商品消费后废弃的各种包装物，而金属包装废物是指失去或未完成保持内装物原有价值和使用价值的功能，成为固体废物丢弃的金属包装及材料。而对于金属包装的综合治理是指对金属包装废物进行处理和利用及减少金属包装废物的体积等，通过回收、加工等方式，从金属包装废物中提取或者使其转化为可以利用的资源和其他原材料的活动。我国生活垃圾中金属包装的含量占比很低，证明了金属包装废物具有较高的回收率，以及循环使用的功能。迄今为止，我国金属包装容器行业已发展成为品种齐全，在整个包装行业中有举足轻重的地位，随之产生的金属包装废物占比也在逐渐增大。

4.1.2 金属包装材料的发展及现状

4.1.2.1 我国金属包装现状

经过多年的发展，我国金属包装行业水平逐渐与发达国家的差距缩小，一批产品新、规模大和效益好的金属包装龙头企业逐渐涌现。已逐渐形成珠三角、长三角和环渤海 3 个金属包装产业带。智研咨询发布的《2020—2026 年中国二片罐行业市场消费调查及投资价值咨询报告》显示，近两年来由于我国金属包装行业受到供给侧结构性改革和原材料上涨的影响，2018 年我国金属包装容器及材料制造相关企业累计主营业务收入 1114.07 亿元，同比下降 13.84%。但 2019 年上半年，金属包装容器及材料制造相关企业完成主营营业收入 582.03 亿元，同比增长 6.08%。

食品、快消费品的高速增长是作为包装产业快速发展的第一牵动力，而包装产品的升级趋势则直接体现在金属包装产品在各门类产品的份额；未来金属包装的发展重点在于食品安全保障、减薄减重化、可回收且多次重复利用性等方面。金属包装能长时间保持商品的质量，货架寿命长达 3 年之久，这对于食品包装来说尤为重要。目前我国具有一定规模的金属包装企业有 1000 多家，年销售额在 500 万元以上的有 500 多家，金属包装容器工业总产值约合 250 亿元人民币。金属包装行业在不断发展，其金属包装制品如铁制罐、铝制罐、钢桶、瓶盖、瓶塞、气雾罐等成为中国包装行业的重要门类。金属包装容器常用材料主要是薄钢板（黑铁皮）、镀锡薄钢板（马口铁）、镀锌薄钢板（白铁皮）、铝及铝合金皮等。

4.1.2.2 金属包装行业发展方向

我国自2015年发布的《中国智造2025》开始，中国智造的进程就进入了加速阶段。包装机械产业是中国制造业中重要组成部分，是我国机械工业支柱产业之一。包装机械行业作为包装产品制造、加工提供方，对今后包装行业赛道有着决定性的作用。截至目前，我国包装机械领域自动化比例已超过50%，这为智能化的发展奠定了基础。伴随着5G时代的到来，工业互联网、人工智能和物联网技术正在发展，未来的3~5年内我国的自动化包装设备的市场规模有望进一步扩大，从而有效提升包装生产的效率，以求破解人力成本不断攀升的难题。因此对于金属包装今后的研究方向在于，努力提升生产设备的更新迭代，同时研制出新型的金属包装材料，开发新的容器，改变传统的制罐工艺和设备，减少环境的污染和提高包装食品的卫生水平。

4.1.2.3 金属包装材料优点

（1）具有优异的阻隔性和良好的综合防护性能。金属包装材料对气、水及水蒸气的透过率极低（几乎为零），保香性好，并且完全不透光，能够有效地避免紫外线的有害影响；其阻气性、防潮性、遮光性和保香性远远超过塑料、纸张等其他类型的包装材料。因此，金属包装能为内装物提供优良的保护性能，有利于长时间保持商品的质量，这对于食品包装尤其重要。

（2）具有良好的力学性能、可加工性能和强度。金属包装材料具有很好的延展性和较高的强度，可以进行冲压、轧制、拉伸、焊接等加工；可以制成薄壁、耐压强度高、不易破损的包装容器；也可以与其他多种材料复合形成综合性优良的复合包装材料。这样使得包装产品的安全性有了可靠的保障，并便于贮藏、携带、运输、装卸和使用。

（3）具有特殊的金属光泽，表面装饰性好。特殊的金属光泽加上精美的装潢印刷，可以使商品外表面富贵华丽，美观适销，同时可以提高商品的销售价值。另外，各种金属箔和镀金属薄膜是非常理想的商标材料。

（4）方便、卫生性能好。金属包装容器及内涂料一般均能达到卫生安全的要求，用其包装的产品携带和使用方便（一般设有易拉装置，如易拉罐的拉环等），能够适应不同的气候条件，可回收循环利用。

（5）金属包装材料的加工性能良好，加工工艺成熟，能够连续化、自动化生产。金属包装材料具有很好的延展性和强度，可以轧成各种厚度的板材、箔材。金属铝、金、银、铬、钛等还可以镀在塑料薄膜和纸张上。因而金属能以多种形式充分发挥优良的、综合的防护性能。

（6）金属包装材料来源丰富，成本较低。金属废弃物易回收，一般可回炉再生从而循环使用，减少环境的污染。

4.1.3 金属包装容器应用概述

金属包装容器，是指用金属薄板制造的薄壁包装容器。其具备力学性能好、阻隔性优异、易于实现自动化生产和形式多样等独特性能，因而广泛应用于食品包装、医药品包装、日用品包装、仪器仪表包装、工业包装、军火包装等方面。

4.1.3.1 金属罐的性能和特点

A 金属罐的优点

优良的阻隔性：金属罐不但可以阻隔气体（氧气、二氧化碳、水蒸气等），还可以阻隔光线，特别是紫外光。这一特性使它的内容物（如食品、饮料等）有着较长的货架寿命。

优良的抗压强度：这一特性使得用金属罐包装的食品便于运输和贮存，销售范围大大增加。

良好的加工适应性：现代金属罐的生产都有着非常高的生产速率。例如马口铁三片罐生产线，速度可达到2000罐/min，而铝质两片罐生产线的生产速度可达3000~4000罐/min。这样高的生产速率，可以使金属罐以较低的成本去满足消费者最大量的需求。

方便携带使用：金属罐比较牢固，不易破损，携带方便。很多饮料罐和食品罐都配备了易开盖，更增加了使用的方便性。

装潢美观性：金属表面一般都具有美丽的光泽，再配以色彩艳丽的图文印刷，极大增加了商品包装的美观性，显得档次较高。

可回收性：废弃的金属罐可以回炉再生，循环使用，既回收了资源，节约了能源，又可以消除环境污染。即使锈蚀后散落在土壤之中，也会自然降解，不会对环境造成恶劣的影响。

卫生性：用于食品包装的金属罐内壁一般都喷涂了食品级涂料，使其在卫生质量方面达到了食品安全卫生的要求。

B 金属包装罐缺点

化学稳定性差：金属罐特别是马口铁罐，在酸、碱、盐和湿空气的作用下容易锈蚀甚至泄漏，这在一定程度上限制了它的使用范围。但是如今通过各种保护涂料的合理应用，这个缺点完全可以被弥补。

经济性较差：金属罐价格较贵，无形中提升了食品、饮料的成本。如今，通过技术上的不断进步，金属罐的成本在逐渐降低。近年来金属罐的轻量化就是降低成本的一个非常好的措施。

4.1.3.2 金属包装容器种类

A 金属罐

金属罐有多种分类方法：按形状可分为圆罐、方罐、椭圆罐、扁罐和异型罐；按材料可分为低碳薄钢板罐、镀锡钢板罐、镀铬钢板罐和铝罐等；按结构和加工工艺可分为三片罐、二片罐；按开启方法可分为普通罐、易开罐等；按用途可分为食品罐、通用罐、喷雾罐等。

三片罐（其又称为接缝罐、敞口罐）是由罐身、罐盖和罐底三部分组成。罐身有接缝，根据接缝工艺不同又分为锡焊罐、缝焊罐和粘接罐。多用于食品和药品等包装。

二片罐是由连在一起的罐身和罐底加上罐盖两部分组成，其罐身无接缝。根据加工工艺又分为拉深罐和变薄拉深罐。拉深罐还可以根据罐身高与截面直径比例不同分为一次浅拉深罐和多次深拉深罐，又称为DRD罐。二片罐多用于含气饮料和啤酒包装等。

食品罐一般用于制作罐头，是完全密封的罐，完全密封是为了在填充内装物后，能够加热灭菌。我国食品罐头所用的材料几乎都是镀锡钢板，但近几年来也开始使用无锡钢板和铝箔板，而且需求量有增长的趋势。食品罐多为三片罐的形式，也有部分为浅拉深二片罐。

通用罐是指不包括罐头在内的包装点心、紫菜、茶叶等食品的金属罐以及包装药品与化妆品等的金属罐。这些罐可密封，但不需要灭菌处理。通用罐的外表面一般都经过精美的印刷也被称为“美术罐”。使用的原材料是多种多样的，除金属材料外，还有一部分使用塑料和复合纸板等制成罐身，金属制作成罐盖。

B 金属桶、盒

金属桶是常用的金属容器，分为敞口和闭口两种。其中200L以上的大桶已经形成标准，如一些汽油桶或方形金属茶叶盒等，金属桶有时也归为家用器具类。

C 金属软管

金属软管于1841年发明，1895年用于管装牙膏，至今已经形成为半流体、膏体产品的优秀包装容器。其特点是：易加工、耐酸碱、防水、防潮、防污染、防紫外线、可以进行高温杀菌处理，适宜长期保存内装物。

金属软管携带方便，使用时能及时挤出内装物而不会出现回吸现象，内装物不易受污染，特别适合重复使用的药膏、颜料、油彩、黏结剂等，有延展性的金属均可制作软管。常用的是锡、铝及铅。锡的价格贵，但性能好。现在包装中软管已大量使用塑料，但重要的场合需使用金属材料。

D 金属箔制品

金属箔制品有铁箔、硬质铝箔、软质铝箔、铜箔、钢箔5类。它们可以制成形状多样、精巧的包装容器，目前常用的是铝箔容器。铝箔容器是指铝箔为主体的箔容器，随着商品种类的多样化及高档食品的普及，铝箔容器在食品包装方面的应用日益增多，广泛应用于医药、化妆品、工业产品的包装。

4.1.3.3 金属包装容器罐体结构

罐按结构可分为三片罐和二片罐，金属三片罐由罐身、罐底和罐盖三部分组成，罐身有接缝，罐身与罐盖、罐底卷封。大型罐的罐身有凹凸加强压圈，起增强罐体强度和刚性作用。罐底与罐盖结构大致相同，其结构有盖钩圆边、肩胛、外凸筋、斜坡、盖心和密封胶等部分。

盖钩用于与罐身翻钩卷合，盖钩内注密封胶；盖上鱼眼状外凸筋和逐渐低下的斜坡构成盖的膨胀圈，它可以增强罐盖强度，并具有适应罐头冷热加工时的热膨胀和冷收缩恢复正常形状的需要，适宜灌封的机械加工要求，以及显示罐头食品是否败坏等作用。所以，膨胀圈的形式取决于罐头品种、内装食品性质、罐内顶隙、真空度等因素。一般的罐内食品结成块状、顶隙较小、真空度较低的如午餐肉、带骨肉用罐的罐盖膨胀圈应有较好的塑性。三片罐的罐盖有普通盖和易拉盖两种；二片罐是罐身与罐底为一体的金属罐，没有罐身接缝，只有一道罐盖与罐身卷封线，密封性比三片罐好。

4.1.3.4 金属包装罐制品的发展方向

（1）原材料的改进。镀锡薄钢板生产从刚开始的热镀锡发展到电镀锡，从厚镀锡到差厚镀锡（板两面的镀锡量不相等），近年来又开始生产无锡钢板（TFS），其目的都是节约贵重金属锡而降低成本。另外，随着冶炼技术和轧钢技术的进步，所产钢板越来越薄，制成的容器也越来越轻，制造二片罐的铝合金板也是如此。

（2）制罐技术的进步。马口铁三片罐的加工使用锡焊法，由于所用焊料中含有有害金属而被淘汰，目前三片罐一般采用电阻焊。然而对于某些新的、价格低廉的材料，如TFS板，电阻焊效果不佳，正研究采用激光焊，可达到较高的生产速率和较好的生产质量，同时，因减少了罐身的搭接宽度而更加节省材料。国际上二片罐的制作技术发展很快，除采用了CAD/CAM技术外，目前如瑞士、意大利等国已采用印刷一次冲压成型技术，大大地简化制罐工艺和提高了生产效率，使二片罐市场具有更大的竞争力。

（3）改进老产品。开发新品种饮料罐一般是圆柱形，为适用较小的易开盖容器，降低整个容器的成本，现部分饮料罐已改为缩颈罐，如209的罐身，颈部缩到206、204甚至200。此外，为了更加方便消费者使用，还不断推出各种各样的瓶盖和罐盖。

4.2 包装金属废物的产生与分类

4.2.1 包装金属废物的产生

“十四五”期间是实现“双碳”目标的关键期及窗口期，食品接触包装材料是食品饮料产业链减碳方案中重要的一环。北京工商大学校长孙宝国带来了“关于食品金属包装固废定向回收与原级资源化利用的提案”，聚焦食品包装的回收和利用。据相关资料显示，美国每年产生城市生活垃圾1.5亿吨，我国城市人均垃圾年产量达到440kg，而这些城市生活垃圾中有1/3~1/2是包装废物，金属包装废物约占9%。由于目前我国还未形成一套完整的回收包装废物的有效机制和相关配套政策，对金属包装废物的回收利用率很低，资源浪费严重，而且由于金属包装的内装物不同，使得废物中留有内装物残留，如果采用化学试剂进行清洗还会产生新的污染，这更加大了金属包装废物回收的难度。

4.2.2 钢铁类包装材料

金属材料种类繁多，但用于包装产品上的并不多，金属材料按照厚度的不同可分为板材和箔材，一般将厚度小于0.2mm的称为箔材，大于0.2mm的称为板材。而大多数金属包装材料并不是单一的材料，是两种或两种以上的金属或其他材料相互复合形成的复合材料。

钢材被广泛使用于各个行业，金属包装弃物有黑色金属和有色金属两大类。黑色金属主要是镀锡钢板马口铁、镀锌钢板白铁皮等钢铁材料；有色金属主要是铝及其合金和锡等材料。钢材来源较为丰富，能耗和成本也较低，至今仍占金属包装材料的首位，包装用的钢材主要是低碳薄钢板。低碳薄钢板具有良好的塑性和延展性，制罐工艺性较好，有优良的综合防护性能，但冲拔性能没有铝材好。钢制包装材料的最大缺点是耐蚀性差、易锈，必须采用表面镀层和涂料等方式处理后才能使用，钢制包装材料主要有表4-1列出的5类。

4.2.2.1 低碳薄钢板

低碳薄钢板制成的金属容器强度高、密封性好、载重量大，能长期反复使用，十分适

表 4-1 常见的钢制类包装材料

种类	用途优势
运输包装用钢材	用于制造运输包装和大型容器（如集装箱、钢桶、钢箱）以及捆扎材料
镀锌薄钢板	又称白铁皮，是制罐材料之一，主要用于制作工业产品包装容器
镀锡薄钢板	又称马口铁，是制罐的主要材料，主要用于制作工业产品包装容器
镀铬薄钢板	又称无锡钢板，是制罐材料之一，可部分代替马口铁，主要用于制作饮料罐
低碳薄钢板	低碳薄钢板的力学性能高、加工性能良好、综合性能好

用于运输包装。在运输包装中低碳薄钢板能制成集装箱、桶箱、钢托盘等。

集装箱是个大型密封包装箱，具有 $1m^3$ 以上的容器。各种物品采用集装箱作为运输包装，具有安全、简便、迅捷、节省人力和包装材料的优点，并适用于各种运输工具的联运和机械化装卸，是一种先进的运输方式。能显著减少货损、对贵重、易碎、怕潮的高档商品尤其必要。集装箱在途中运转时，不动内货物，直接进行换装，并能进行快速装卸。

钢箱是一种比集装箱小型的运输包装容器，用于替代木质周转箱，适用于工业产品的运输包装。钢箱坚固耐用，商品破损率小，可节约大量的木材和运输包装费用，减少损失。现已大量用于自行车、玻璃、机电产品、汽车配件等产品的包装运输。

钢桶现主要用于液体货物的运输和储存，例如蜂蜜、食用油以及化工产品等。用于装储如蜂蜜等的钢桶，其内壁必须涂刷有机涂料（如环氧树脂）以防发生生锈及溶出重金属离子铬、铅、锌等，从而污染食品，并延长寿命。近年来出现了一种新型液体产品储运容器——铁塑桶。它是由外层铁桶和内胆塑料装配而成，此种铁塑桶特别适合于不能用钢桶储运周转的腐蚀性较强的化学试剂、药品或液体食品，如酱油、醋、饮料等。钢质罐材均以低碳薄钢板为基材，再经表面防锈镀层处理而成板材。主要有镀锡薄钢板（俗称马口铁）、镀锡薄钢板、镀铬薄钢板等。

4.2.2.2 镀锌薄钢板

镀锌薄钢板又称作白铁皮，它是酸洗薄钢板后，经过热浸镀锌处理，使钢板表面镀上厚度为 0.02mm 以上的锌保护层。镀锌薄钢板是制罐材料之一，它主要用于制作工业产品包装容器，还可用于制作汽车润滑油、油漆、化学品、洗涤剂等产品的金属罐。镀锌薄钢板的力学性能与镀锌板、镀铬板相接近。它表面光亮，强度、韧性良好，耐腐蚀性也不错，但较镀锡板、镀铬板差，价格低。镀锌薄钢板的结构经金相分析为钢基板、锌铁合金层、锌层和油膜层结构，如图 4-1 所示。

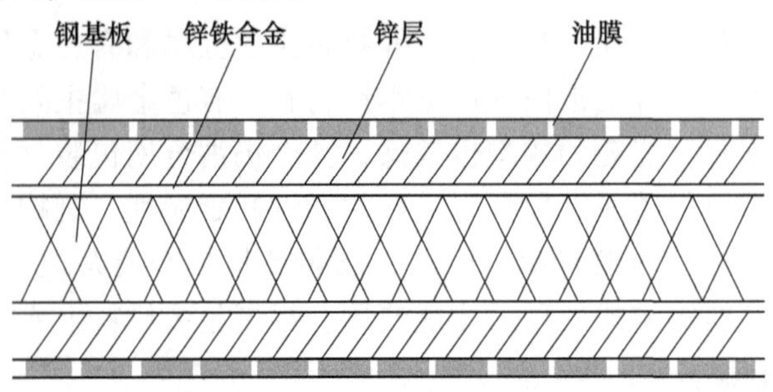

图 4-1 镀锌薄钢板结构示意图

4.2.2.3 镀锡薄钢板

A 马口铁结构

镀锡薄钢板简称镀锡板，俗称马口铁，是两面镀有纯锡的低碳薄钢板。马口铁将钢与锡的优点集于一身，成为世界上应用最为广泛的材料之一，在包装材料中有着举足轻重的地位。马口铁是传统的制罐材料，至今仍是制作食品罐头的主要罐材。还能用于生产包装化妆品、糖果、饼干等的罐装、听、盒。另外还是玻璃、塑料等瓶罐的良好制盖材料。但其冲拔性比不上铝板，因此大多制成焊接和卷封工艺成型的三片罐结构，也可以做冲拔管。马口铁板经金相分析，其组织结构由里往外共分为5层。

钢基板：一般制罐用，其厚度为0.2~0.3mm；锡铁合金：为锡铁合金结构，电镀锡板含量小于1g/m²，热浸镀锡板为5g/m²；锡层：纯锡层，电镀锡板镀锡量为5.6~22.4g/m²，热浸镀锡板为22.4~44.8g/m²；氧化层：主要是氧化亚锡、氧化锡等；油膜层：为棉籽油或葵二酸二辛酯；镀锡薄钢板的结构图如图4-2所示。

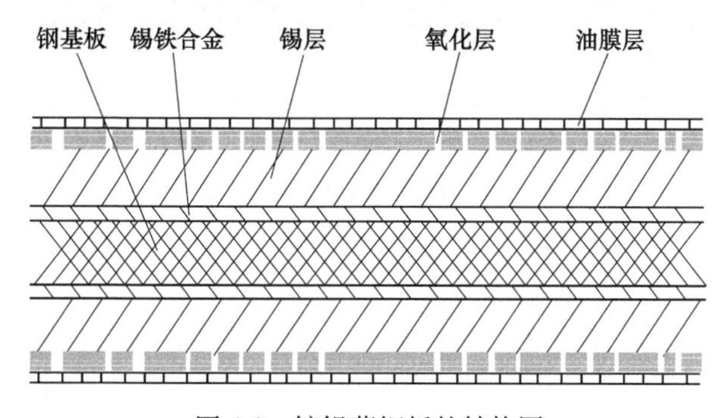

图4-2 镀锡薄钢板的结构图

B 镀锡薄钢板的性能

镀锡板的力学性能是指镀锡原板，即钢基板的力学性能，它主要由钢基板的化学成分、轧制工艺和退火工艺来决定。耐蚀性是镀锡铁板最重要的性能，镀锡板大量用作食品罐头容器，因此要求其能适应各种食品的特点和要求。镀锡板的腐蚀问题包括罐内和罐外的腐蚀，其中应特别重视罐内腐蚀问题。罐内腐蚀主要是由内装食品引起的。例如，食品中含有硝酸盐、亚硝酸盐、草酸盐、花色素之类的色素就会促进内面腐蚀；食品中混有硫黄、亚硫酸盐及硫化物等时，会产生明显的黑度；罐中残留的氧气也会引起内面腐蚀。决定镀锡板耐蚀性的重要因素是镀锡层和表面处理，但钢基板的化学成分和表面纯净程度也很重要。一般要求硫、磷、铜的含量越少越好。但也有特殊情况，如碳酸饮料罐要求硫元素量多更佳；含柠檬酸的食品铜含量多一些有利于耐屈性。为了增加耐蚀性，表面必须镀一层锡，并形成钝化膜而具有很强的耐蚀性。镀锡层难免存在着许多孔隙，在孔隙处钢基暴露出来称为露铁点。由于溶液保护钢基，孔隙度对耐蚀性的影响不很明显。但是在测定孔隙度基础上发展的铁溶出试验值对耐蚀性有影响，该值越小马口铁的耐蚀性越好，一般要求铁溶出值小于20μg/20cm²。锡的纯度对耐蚀性也有影响，一般要求锡的纯度在99.80%以上。锡层的晶粒度越大，则马口铁板的耐蚀性越好，一般有色金属晶粒度等级要小于9级。

4.2.2.4 镀铬薄钢板

A 镀铬薄钢板结构

金属锡的资源少，镀锡薄钢板的成本高。为了降低成本，因而产生了非镀锡薄钢板——镀铬薄钢板，又称铬系无锡钢板，简称镀铬板 TFS（Tin Free Steel）。TFS 被广泛用于罐头工业，最多的是啤酒和饮料罐以及一般食品罐罐盖等。镀铬板的价格约比镀锡板低10%，它是目前制作食品罐材料中价格最低的，但是它的耐蚀性终究还是不如镀锡板，主要用于腐蚀性较小的啤酒罐、饮料罐以及食品罐的底盖等。镀铬薄钢板的结构经金相分析为：钢基板、金属铬层、水合氧化铬层和油膜。镀铬薄钢板的结构如图 4-3 所示。

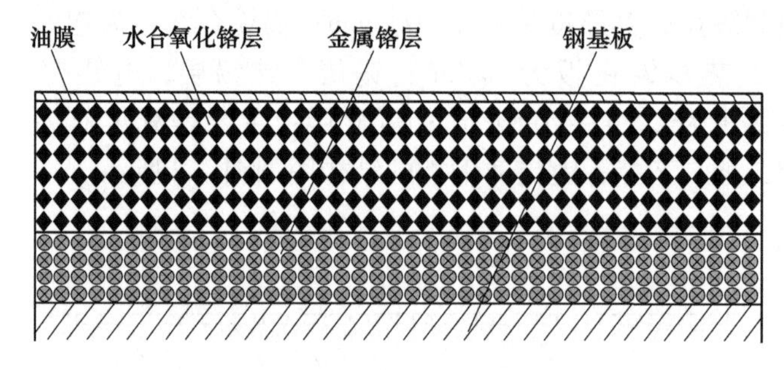

图 4-3 镀铬薄钢板的结构图

B 镀铬板的性能

抗蚀性能：镀铬钢板虽比镀锡钢板对强酸强碱的抗腐蚀性能差些，但对柠檬酸、乳酸、醋酸等弱酸弱碱能起到很好的保护作用。当镀铬板罐内壁施涂涂料后，耐肉类、鱼类和部分蔬菜中的硫化物导致的硫化腐蚀能力比镀锡钢罐强。

附着能力：TFS 对有机涂料的附着力特别好，比马口铁高 3~6 倍，因此 TFS 适于制造罐底和二片拉深罐，如美国二片钢罐 90%以上采用 TFS。涂料烘烤时可采用较高的温度，从而提高涂印的生产率。

力学性能：由于镀铬层较薄且韧性差，冲拔加工时表面易受损伤，铬层会破裂，因此不能用通常的双重卷边法加工空罐。在罐口封口时，封口部分涂层易裂或擦伤导致生锈，需加补涂。

焊接性能：罐身接缝不能采用锡焊法，制作三片罐时要采用焊缝法、黏合剂黏接法，因此，镀铬板应用于三片罐的数量主要取决于制罐工业配置缝焊设备的多少或黏合技术掌握情况。目前二片拉深罐采用镀铬板的数量逐年增加。

4.2.3 铝包装材料

铝材是钢材包装材料以外另一类包装用金属材料。它除了具有金属材料所固有的优良的阻隔性、气密性、防潮性、遮光性之外，还具有下列特点。（1）铝是轻金属，密度为 2.7g/cm^3，约为钢材的 1/3，用作食品包装材料可降低贮运费用，方便包装商品的流通和消费。（2）耐热、导热性能好，导热系数约为钢的 3 倍，耐热冲击，可适应包装食品加热杀菌和低温冷藏处理要求，且减少能耗。（3）优良的阻挡气、汽、水、油的透过性能，良好的光屏蔽性，反光率达 80%以上，对包装食品将能起很好的保护作用。（4）具有银白色金属光泽，易接受美化装饰，用于食品包装有很好的商业效果。(5) 铝在空气中易氧化形成组织致密、坚韧的氧化铝（Al_2O_3）薄膜，从而保护内部铝材料，避免被继续氧化。采用钝化处理可获得更厚的氧化铝膜，能起更好的抗氧化腐蚀作用。但铝抗酸、碱、盐的腐蚀能力较差，尤其杂质含量高时耐蚀性更低。当 Al 中加入如 Mn、Mg 合金元素时可构成防锈铝合金，其耐蚀性能有很大提高。(6) 较好的力学性能，工业纯铝强度比钢低，为提高强度，可在纯铝中加入少量合金元素如 Mn、Mg 等形成铝合金，或通过变形硬化提高强度。铝的强度不受低温影响，特别适用于冷冻食品的包装。铝的塑性很好，易于通过压延制成铝薄板、铝箔等包装材料，铝薄板、铝箔容易加工并可进一步制成灌装各类食品的成型容器。(7) 工业纯铝易于制成铝箔并可与纸、塑料膜复合，制成具有良好综合包装性能的复合包装材料。(8) 铝的原料资源丰富，然而炼铝耗量巨大，铝材制造工艺复杂，故铝质包装材料价格较高，但铝质包装废物可回收再利用，在减少包装废物对环境污染的同时可节约资源和能源，因此，提高铝质包装废物的回收再用率是一项重要的工作。

4.2.3.1 铝板

将工业纯铝或防锈铝合金制成厚度为 0.2mm 以上的板材称铝薄板。铝薄板的力学性能和耐腐蚀性能与其成分关系密切。工业纯铝的强度低、塑性高，但随杂质含量的增加其塑性降低，耐腐蚀性也变差。由于铝质金属容器加工方便，轻便耐用，防护性能良好，所以产品包装方面应用的范围很广，用量也大。目前，世界上生产铝较多的国家，每年生产的铝中，有 7%~10%，总数达 60 万吨左右用于产品包装。制作铝包装容器的板材多采用纯铝合金板材。

铝冲拔罐：铝板是一种新型的制罐材料，加工性能优良，但焊接较困难，因此铝板均制作成一次冲拔成型的两片罐。目前铝罐生产线的速率可达每分钟 120~150 个。铝罐轻便美观，外壁不生锈，罐身无缝隙，且由单一金属制成，保护性能好，用于鱼肉类罐头无硫化铁和硫化斑，用作啤酒饮料罐无风味变化等现象。铝罐的缺点是强度较低，较易碰撞后产生凹陷。现在铝冲拔罐在欧洲应用较多，约占金属罐的 1/3；主要用于销售量很大的啤酒饮料罐，一般制成易开罐形式，非食品包装的喷雾罐中也有部分为铝罐，不久铝罐将与传统的马口铁罐会有激烈的竞争。

铝管和铝管包装：挤压软管包装容器中约有 2/3 是铝管，铝管一般由 99%的纯铝制成，以便挤压卷曲，外表可进行印刷装潢，内壁涂有有机树脂，如环氧树脂、酚醛树脂、乙烯基树脂等，既可进一步提高耐蚀性，又能起防止铝管在卷曲时破裂的作用。铝管特别适用于罐装半流质或膏状食品，如果酱、肉酱、奶油、蜂蜜、浓缩食品和调味品等。铝管包装不仅具有质量轻、优良的综合防护性能、强度好、不易破碎、便于携带的特点，而且具有易开启、可挤压折叠的特点，使用后食品易于再存放，保持新鲜度的时间较瓶、罐装为长，不需进行冷冻处理，使用方便。因此颇受消费者的欢迎，并被用于军用食品和宇航食品的包装。

4.2.3.2 铝箔及铝箔复合材料

用于包装的金属箔中，应用最多的是铝箔。铝箔是采用纯度 99.3%~99.9%的电解铝或铝合金板材压延而成，厚度在 0.20mm 以下。一般包装用铝箔是和其他包装材料复合使用，作为阻隔层，提高阻隔性能。为了降低包装成本尽可能减薄铝箔的厚度，但当铝箔过薄时会产生针状小孔，使阻隔性能下降。因此必须努力提高铝箔的生产技术，使针孔发生率尽量减少。针孔的多少和大小可根据透气透湿数据来衡量。

对铝箔的质量要求主要有：表面应洁净、平整，不允许有腐蚀斑痕，皱纹和碰伤表面，允许有迎光肉眼可见的针孔，但不得过大或过多，应符合标准；纯铝箔卷应缠紧，端面要缠齐，不得有压陷、毛刺和污迹；食品用铝箔应注明“食用”二字，铝箔不得带油类气味，有毒元素含量应符合标准规定。因为铝箔较薄载荷性能较差，耐折叠性较差，如果与其他材料如纸、塑料等复合，可提高受力性能，不易因折叠而在折缝产生孔洞甚至破裂。一般铝箔要求塑性好，容易成型，但对于药片等采用泡罩包装所用的铝箔，因服药时要将铝箔压破推出药片，此时退火铝箔，它的韧性好不易破。表 4-2 为包装用复合铝箔大致分类和用途。

表 4-2 铝箔主要用途

行业	厚度/mm	处理工艺	用途及适装品种类
食品	0.007~0.020	印刷、涂布、复合	茶叶、咖啡、奶粉、冷冻食品、蒸煮食品
饮料	0.007~0.008	复合	不充气饮料
乳品	0.013~0.12	印刷、涂布	黄油、人造黄油、干奶酪、加工奶酪
酿酒	0.02~0.05	染色、印刷	盖封、标签
糖果	0.007~0.05	贴纸、染色、印刷	巧克力、口香糖、牛奶糖、水果糖
焙烤食品	0.007~0.009	复合、印刷	饼干、曲奇、休闲食品
烟草	0.007~0.008	贴纸、涂蜡、涂布 PE	香烟及烟草产品
制药	0.007~0.02	印刷、涂布、复合	片剂、粉剂

4.3 包装金属废物污染与危害

4.3.1 包装金属废物的危害

根据国家统计局数据显示，2021 年，我国十种有色金属产量 6454 万吨，同比增长 4.6%。近年来我国因环境污染和生态破坏造成的经济损失，每年高达 2×10^{11} 元，其中生态破坏 1×10^{11} 元，因污染粮食减产 1.28×10^{11} kg，受农药严重污染的粮食约为 3×8^{12} kg。鉴于我国的经济能力，环保投资占国内生产总值的 0.7%，已达到国家对科研开发投入的资金水平，占国内生产总值的 0.7%~0.8%。重金属污染防控依然任重道远，一些地区重金属污染问题突出，威胁生态环境和群众健康。要以防控重金属环境风险为目标，以重金属污染物减排为抓手，坚持精准、科学、依法治污，注重减污降碳协同增效，深入开展重点行业重金属污染综合治理，有效管控重金属污染，切实维护人民身体健康。重金属都是有毒的吗？对身体的危害有多大？

（1）对土壤危害。包装材料在使用过后对环境都会造成一定影响。以废弃金属包装为例，单一金属包装是行不通的，因为其性质因素往往会与其他物质发生反应，因此一般的金属包装材料需要与涂料或是其他材料进行复合，从而达到防锈、安全等要求。而我们往往忽略了金属包装中残损的涂料对环境的危害。这些材料的分子与分子之间结合相当牢固，在自然条件下分解速度极为缓慢。在土壤中300~400年才能降解完全，它们滞留在土壤里就破坏了土壤的透气性能，降低了土壤的蓄水能力，影响了农作物生长，使耕地劣化。

（2）对生物的危害。废弃金属包装中的涂料等，和一些复合材料无法进行回收利用。其中不乏含有有毒的添加剂，如抗氧化三丁基锡，由于生物富集，会使动物降低食欲，降低类固醇激素水平，导致繁殖率降低，甚至死亡。现在对垃圾的处理方式一般作填埋处理，而不能作焚烧处理，因为涂料的焚烧还会产生有害气体，如聚氯乙烯产生氯化氢（HCl），聚氨酯燃烧能产生氰化物，聚碳酸酯燃烧产生光气等有害物质。其中，氯化物燃烧产生的HCl等有毒气体能够使兽类和鸟类胚胎发育畸形，对生态系统的破坏极大。它们对人体的危害性极为严重，表现为肝功能紊乱和神经受损使得癌症的发病率上升等，还有些伤害是潜在的。

（3）对水资源的危害。自然界中，未被回收的金属包装废物被随意丢弃，增大了金属废物污染水资源的可能性，其中“汞、铅、砷、镉、铬”，在环保界被称为“五毒”。它们是无色无臭的“隐形污染”，在水环境中极难被发现，但对环境及人体健康危害极大，即使在饮用水中存在一亿分之一甚至十亿分之一。这部分重金属废水经过两种途径进入人体：一是蔬菜和农作物，重金属进入植物体内，人长期食用被重金属污染的食物有可能引发重金属中毒；二是渗入土中的重金属进入地表水和地下水，这样如果河流湖泊里的鱼虾被重金属污染了，人吃了鱼虾或喝了这样的水，重金属就进入人的身体，重金属易与水中的其他毒素结合生成毒性更大的有机物，在身体的某些器官累积，造成慢性中毒。同时，由于重金属污染具有微量剧毒、长期积累、终身有害、不可逆转、难以提防等根本特点，对我国的饮水安全构成巨大的危害，尤其对发育期的儿童健康构成严重威胁。因此，除了在国家和政府层面需要加强治理外，个人在生活中更需注意，以确保饮水安全。

4.3.2　废弃金属容器的印刷及涂覆产生的污染及危害

（1）金属包装涂料应用及危害。涂料又称油漆，它是一种有机高分子胶体的混合物，大多数呈溶液或粉末状，涂布于物体表面上，能形成完整而坚韧的保护膜，所形成的保护膜称为涂膜，又称漆膜，如酚醛涂料、醇酸树脂涂料，涂料在包装工业中主要是起防腐蚀、装饰与色标的作用。因此，作为与金属包装材料具有相互依存的关系，涂料在金属包装中地位可谓重中之重。涂料在金属包装表面涂布后，其挥发组分逐渐挥发离去，留下不挥发组分而干结成膜。

（2）涂料在制作过程中对环境的污染。涂料有水系涂料、溶剂涂料、粉末涂料等。在制作过程中，需要漂洗、筛选、研磨和搅拌，必然产生粉尘、废水和噪声，若车间条件及设备不良，则会对周围环境造成污染。

（3）金属包装前处理过程对环境的影响。由于金属包装工件在生产、存放过程中，表面有油污和锈蚀，涂装前必须先经过前处理以消除。工件喷前处理的方式有干式法和湿式法两大类。在干式法中，三氯乙烯由于挥发气体有毒，有异味，且有着火危险，捕集和处理十分困难，因此此种含氯的前处理有机溶剂已被禁用。抛物、喷砂工艺，产生大量粉尘，处理不当会污染大气。在湿式法中，工件表面处理有脱脂、除锈、中和或表面调整、化学成膜等工艺过程。脱脂有碱性的或酸性的；除锈一般采用酸性，附加适量化学添加剂；表面化学成膜的处理剂一般含有铁离子、锌离子、铬离子等离子；表面调整及中和液也含有一定的化学物质。每道前处理工序通常要进行清洗，排出的废水中含有一定数量的化学物质，若不及时处理或处理不当，废水将会超过排放标准，通过下水道流入江河湖海，污染环境。

（4）金属包装喷漆工艺对环境的影响。由于漆基有机溶剂、颜料和固化剂等在喷涂时会大量扩散和挥发，如果涂装现场通风不良或设备条件差，扩散和挥发的有毒物质就会使现场的浓度超过允许范围。人们长期在这样的环境中劳动，有毒物质可以通过口、鼻进入人体的消化系统和呼吸系统，也可以通过皮肤进入人体，对人的身体产生严重损害。

（5）金属包装件粉末喷涂工艺对环境的影响。粉末涂料没有溶剂和漆雾，是一种低公害涂料，它具有许多比溶剂涂料的优越之处。但由于粉末颗粒度小，通常在 30μm 左右。如果设备回收粉末效果不佳，车间通风条件差，这些微小颗粒便易随气流扩散到空间，通过人的呼吸系统和皮肤而伤害人体。

（6）金属包装件在干燥时对环境的影响。工件干燥形式有电动加热、燃气加热和燃油加热等。在工件加热干燥过程中，表面会产生废气；燃油、燃气加热设备也会产生油烟和废气。这些废气、油烟中含有大量的有害物质，必须加以处理后才能排放，否则会对周围环境造成污染。

（7）内涂层的限定要求。食品罐头的内涂料对耐腐蚀性提出了更高的要求。例如，肉类罐头包装的内涂料要有耐脂肪、蛋白质的作用；装鱼蟹类产品的包装内涂料要能耐硫化氢的侵蚀；装饮料的要耐溶剂、碳酸气等；装水果的要耐水果酸，如果盛装食品的金属包装容器由于其内壁涂料卫生质量达不到食品安全卫生要求，将会造成二次污染，从而影响食品的内在质量。我国允许使用在钢桶内壁上的食品涂料有：聚酰胺环氧树脂涂料、过氧乙烯涂料、有机氟涂料等。在内壁涂料中主要的污染物包括游离酚、游离甲醛、双酚 A 及其衍生物。国际上对罐头用内壁涂料经过多年研究和毒理学评价，对食品内壁涂料质量提出新要求。涂料的树脂被认为可能会产生残留 BADGE（双酚 A 缩水甘油醚）和 BFDGE（双酚 F 缩水甘油醚），虽然这些物质的量可能只有十亿分之几，但是这些物质被认为会对人的遗传造成影响。日本已经要求这些物质应小于 5×10^{-9}，而欧盟今后会要求完全不可检出。

（8）金属离子溶出量的限定要求。直接接触食品的金属容器主要是食具，材料为不锈钢、铝合金等，在使用金属包装容器的过程中，如果使用不当就会使内装物中含有一些微量金属元素，这些元素会在人体中慢慢累积，当达到某一限度时，就会危害人体健康。我国对铝制品、不锈钢等的食品包装容器金属离子溶出量都有相应的限定要求，比如，不锈钢食具容器卫生标准 GB 9684—88 以及铝制食具容器卫生标准 GB 11333—89 中，设置了重金属溶出量限定要求，见表 4-3。

表 4-3 金属溶出限定要求 （mg/dm^2）

标准号	金属名称	限定要求
GB 9684—88	铅溶出量	≤1.0
	铬溶出量	≤0.5
	镍溶出量	≤3.0
	镉溶出量	≤0.02
	砷溶出量	≤0.04

续表 4-3

标准号	金属名称	限定要求
GB 11333—89	铅溶出量	≤0.2
	镉溶出量	≤0.02
	砷溶出量	≤0.04
	锌溶出量	≤1.0

4.4　包装金属废物高值利用

4.4.1　包装金属废物的回收

4.4.1.1　利用重力进行分选

利用物质的不同比重、密度，通过空气分离设备，粗略地将它们分离开。分离的原理是：在风力作用下，密度小的材料上升，密度较高的材料滞留在容器的底部，然后将高密度、质量重的材料从容器底部除去，进行单独处理或再进一步分选。分离玻璃和金属常使用振动筛，振动筛利用筛子的振动频率可分开比重不同的物质。这种分选方法是在一个斜筛面上进行的，斜筛使同种物质留在筛子上而将其余物质清除，采用惯性分选也是利用它们的密度差。所采用的机械可以是弹道分选机，反弹滚筒分选机和斜板运输分选机等，如图 4-4~图 4-6 所示。离心分选法用在从大量质轻的物质中除去较重的物质。可使用环形筛或滚圈，依靠旋转离心作用使重物质移向外面，轻物质移向里面。

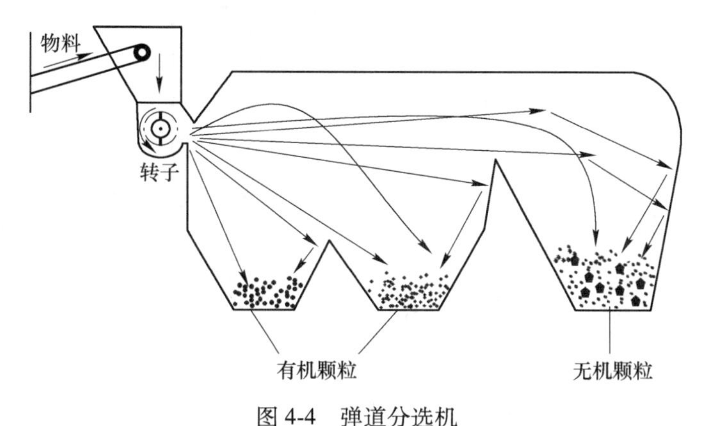

图 4-4　弹道分选机

采用不同的分离介质，通过浮选法也能有效地分离玻璃和金属。各种分选机都是专门为某一种分选对象而设计的，目的是为下一步的处理操作提供较纯净的供料。有的设备分选出金属，特别是钢铁，能分选得相当干净，甚至可直接入炉冶炼。

4.4.1.2　回转熔化分选

将金属混合废料投入形状如回转窑的回转炉内，利用金属熔点不同分离分选金属。因需要严格控制温度，故采用外部间接加热的方式。控制炉温使低熔点的金属熔液从靠近窑炉底处流出回收，而铁等高熔点金属则从端部排出，该方法可将熔点差异较大的金属分

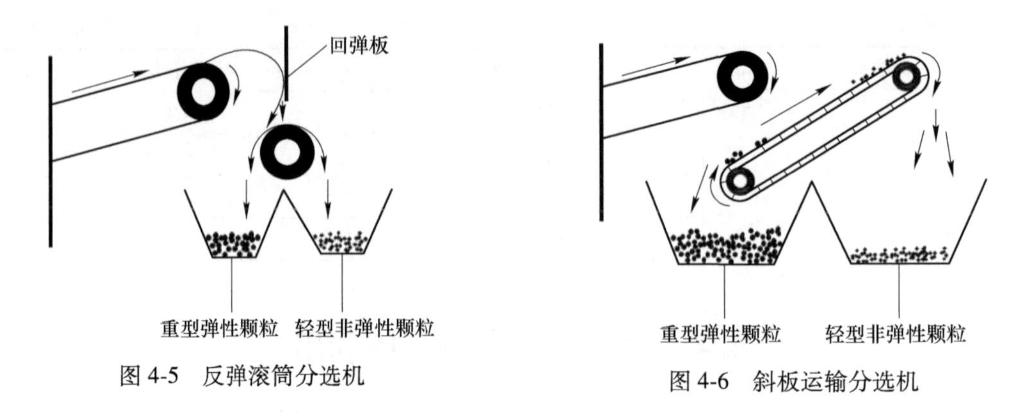

图 4-5 反弹滚筒分选机

图 4-6 斜板运输分选机

开。旋转炉主要用于有色金属熔化。

4.4.1.3 黑色金属的分选

在金属废物中，黑色金属主要指铁和钢，有色金属主要是指其中的重金属（如铜、铅、锌、镍等）和轻金属（如铝、镁、钛等）、贵金属（如金、银、铂等）和稀有金属（如钨、钼和稀土金属等）。一般在包装废物中除铝以外，其他有色金属含量较少。磁选法是很容易将黑色金属与其他物品分离，大规模地从垃圾中选出黑色金属的方法，回收系统如图 4-7 所示。

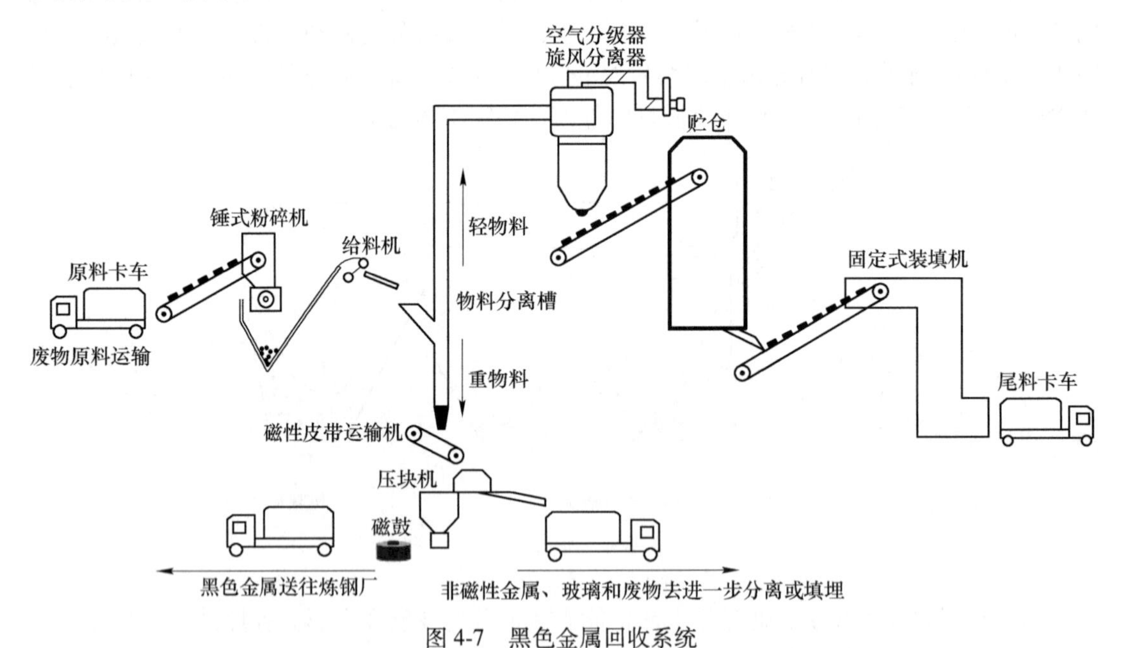

图 4-7 黑色金属回收系统

为了更好地分离黑色金属，首先要将物料破碎，一般先把物料在颚式破碎机中使物料减小外形尺寸，形成均匀的颗粒。若物料中有大块的韧性金属须在送进颚式破碎机前挑出，先经冲击式破碎机破碎，再送进颚式破碎机。经颚式破碎机破碎后再送入磨碎机，磨碎至规定尺寸并清除其他非金属废物。磨碎机可采用一般的球磨机，球磨后的物料通过螺旋筛选机过筛分级，过筛可控制在 0.48～0.46cm 的范围内。螺旋筛选机可直接连在球磨机上，与球磨机一起旋转。若经过螺旋筛选机处理后物料仍不干净，需在跳汰机上进一步清除杂质。金属产品从跳汰机侧面排出，废物从上端排出。跳汰操作是一种湿式分级方法，跳汰的目的是回收筛选和分级操作中没有回收的粗粒产品。跳汰系统如图 4-8 所示。

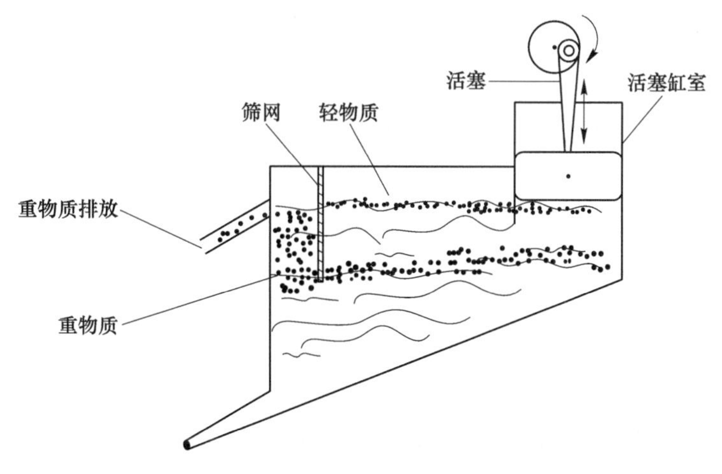

图 4-8　跳汰系统

由跳汰机排出的细料再用一台或几台摇床进行处理，如果尺寸较大，可送回原料堆重新处理。在最终处理前有时需要回收水和原料，这一操作放在浓缩机中进行。包装用的黑金属材料多为废钢铁，经磁选后一般能挑选处理，然后将这些轻薄料用液压打包机减小体积后送入冶炼炉进行回炉，重新冶炼。

4.4.1.4　有色金属的分选

有色金属的分选主要是铝及其合金从废物中选出，因为铝是非磁性材料，从混合物废物中回收铝比回收黑色金属更加困难。铝包装废物的分离与分选方法，主要概括为化学热分离，电分离或磁分离以及其他，表 4-4 为固体废物中回收铝的主要技术。

表 4-4　从固化废物中分离铝的技术

类型	方法	原理	分离步骤	重金属的去除
重力分离	沉浮分离	比重比液体大的颗粒下沉，轻的颗粒上升	液体上表面分离出	容器底部作为污泥排出口
	摇床法	使用浆料流过带有格条的倾斜（2°~5°）摇床，流向垂直于格条（每分钟振动 150~175 次）	轻颗粒被水浮起，流过格条，由摇床底端排走	沿格条向摇床端迁移
	跳汰法	液体通过粉碎物料床产生泳动	物料分层	重层由挡板或下排泄口排出
电分离或磁分离	铝磁铁	磁场产生旋涡	颗粒被推到侧面而与其他物质分离	
	静电分离	电荷产生静电作用	带有相反电荷的转鼓	导体（铝）脱离，而非导体被吸住

续表 4-4

类型	方法	原理	分离步骤	重金属的去除
化学分离或热分离	熔化法	利用金属不同的熔化温度分离	金属由炉子的不同温度排除	
	泡沫浮选法	通过使一种固体形成泡沫浮于液体表面而使两种以上的固体分离	利用表面特性而不是相对质量对物质进行分离	由容器底部排出
	低温分离	将混合物放入一种低温介质，如液氮	铝保持韧性而其他金属变脆并破碎	随后过筛或浮选，重金属通过筛子或沉淀在槽的底部

4.4.2　包装金属废物的处理

4.4.2.1　分类收集

为了处理与利用的方便，应按不同材质分类收集，如不同种类的铸铁或铸钢、不同牌号的各类钢材、不同种类的有色金属或合金等，均应分门别类进行收集和存放，然后按不同性质加以回收和处理利用。

4.4.2.2　回炉熔炼

回炉熔炼是处理包装金属废物最简便和最常用的方法，无论哪一种废金属均可通过回炉熔炼加以回收利用。但应本着“先利用，后回炉”和物尽其用的原则。例如，各种不同型号的二片罐、三片罐等，可分别返回化铁炉重新熔炼铁水，以浇注不同品种的铸铁件，也可作炼钢的原料。各种废旧或残次钢材制品，可返回炼钢炉熔炼不同品种的钢水，用于铸钢或轧钢。各种有色金属及其合金也可返回相应的有色冶金炉重新熔炼，重新生产有色金属或合金材料。火法回收操作较简单，技术也较成熟，缺点是金属烧损率较大，并产生有害烟雾。

4.4.2.3　修旧利废

修旧利废是指直接利用包装金属废物材料制成新产品，或者是将废旧制品（包括各种铁盖和罐身）加以修复或改制，再度用于生产。实践证明，这是一种有效的、经济合理的方法。例如，金属的边角余料或残次制品，可直接用来加工制作瓶盖的零部件和三片罐的罐底等。对于报废的包装金属材料，应尽可能将全部零部件分开拆卸下来，并按用途详细分类，以便重新用于生产。其中一些完好的通用部件可直接用于生产，较差的可经加工处理后再用。对于表面有金属镀层的零件，通常表面已部分损伤而不能直接应用，此时可采用电化学退镀法进行处理，回收各种贵重的有色金属，其金属基体还可重新利用。

4.4.2.4　在生产金属包装时产生的粉末和切屑的利用

（1）金属粉末的利用。在生产金属包装时常会产生损耗如粉末，粉末是在机械切割、研磨和刃磨等工序中产生的。在大批量生产中，一般用固定设备加工单一零部件，可以做到分类收集。对于钢铁粉来，通常可以利用磁力分选器将其与磨料、润滑冷却液分开。分类收集的钢铁粉末的化学成分单一，可作为粉末冶金的原始混料成分用于批量生产。在小批量生产中，由于一台机床要加工不同合金零件，难以将金属粉末分类处理，一般只能将它们集中起来回炉炼钢。

（2）铁屑压块用于炼钢。在金属包装生产中，各种钢桶零件在切削加工时，产生大量碎屑。这些碎屑包括钢屑和铁屑，人们习惯统称为铁屑。铁屑一般用于填坑、垫路或堆放在场地上，没有很好地利用。铁屑炼钢，是利用铁屑代替生铁进行熔炼，一般是在电炉内进行。电炉炼钢只允许加入5%～10%的铁屑，但有的炼钢厂打破了这个常规，采用大部分或全部铁屑进行冶炼，同样炼出了合格的钢。当利用大部分铁屑进行熔炼时，其装料由碎铁屑、铁屑块和生铁组成。加入生铁的数量，是每吨铁屑配生铁200～250kg。为便于沉铁，生铁一般加在铁屑的上面，铁屑根据入炉的数量，可分2～3次加入。在这种条件下熔炼的钢，含碳量一般在0.40%～0.50%，符合35号铸钢和36号硅锰合金铸钢的要求。

（3）铁屑制硫酸亚铁。硫酸亚铁是化工原材料，利用废铁屑生产硫酸亚铁，也是利用途径之一。其生产过程是将铁屑加入浓度为25%～30%的稀硫酸中，在适当加热和有搅拌的条件下进行反应，使之生成硫酸亚铁溶液。生产过程中必须严格控制温度在100℃以下，以防止硫酸亚铁分解为硫酸铁。反应完全后，将溶液滤去残渣，然后冷却结晶，将结晶与母液分离，得到纯度为95%左右的硫酸亚铁产品。如果进一步用重结晶的方法处理，可得到98.5%以上的优质硫酸亚铁。

（4）铁屑利用的新方法。目前国外已出现利用铁屑的新方法，一种是将切屑直接进行热冲压制成新的零件。因为在1000～1200℃的高温下，金属所具有的塑性足以利用模锻机的压力克服，可将不成形的切屑堆块直接锻成整体零件，而且所得锻件不需另行加工。热冲压的优点是操作温度较低、金属无烧损、废物利用率可达100%。另一种方法是将切屑直接加工成钢粉而不经熔炼铸造。先用汽油或煤油洗去切屑上的油污，然后装入球磨机或振动式磨机内，添加酒精磨碎，至粒度符合要求。制得的钢粉用合成橡胶煤油溶液拌匀，再用500t压力机压成毛坯。由于这种半成品的气孔率达25%～30%，应将其放在保护气或真空中进行烧结。为使坯料具有规定的形状和尺寸，还需进行热锻或热轧。这种材料的钢粉颗粒度比铸钢中的颗粒度小得多，而且还能加入任何合金添加剂，并保证分布均匀。用这种工艺制造的金属包装，寿命及稳定性比标准金属包装高2倍，如果预先加入少量的钛，可以提高金属包装的硬度。

（5）有色包装废弃金属切屑的回收。对于各种有色金属切屑（包括纯金属和合金，如铝、铜等），目前普遍采用的回收方法是分类收集后回炉熔炼，以获得相应的再生有色金属锭，也可作为熔炼某种合金的配料。火法回收的工艺简单，但金属烧损较大，金属品位不高，而且在生产中产生有害烟雾，污染工作环境。因此，有色金属尾料如能避开火法回收工艺，将是一种重大革新。

（6）处理黄铜包装废料的新工艺。铜是金属包装生产中应用较少的有色金属之一。黄铜废料主要是金属加工过程中产生的大量切屑和粉末，另外还有其他废旧铜材，如铜金粉在包装印刷中的应用等。它们除可以回炉熔炼外，还可以直接加工成铜粉。一方面由于铜粉具有广泛的用途而稀缺；另一方面由于传统的铜粉制备方法需要消耗昂贵的纯铜在经济效益方面较低。因此，利用廉价的废旧黄铜制备铜粉具有极为重要的意义，它的处理对象是不含硅而含锡、镍均小于5%的铜锌合金，包括工业青铜、红铜（低锌黄铜）、黄铜、铜焊料、锰青铜和首饰铜等。制备的基本过程与原理是：在无氧和至少70℃的条件下，让黄铜（块度小于6.5mm）与盐酸作用足够的时间，使非铜杂质溶解而铜不溶解。将得到的铜用水冲洗、烘干，然后在氧化气氛中加热至450～500℃，使至少10%（质量分数）的铜生成氧化铜。将铜与氧化铜混合物研磨到所要求的细度，然后在400~500℃的温度下将还原气体（H_2或CO）与之充分接触，使其中的氧化铜还原为铜，这样就得到了纯铜粉，合金中的锌元素则制成氯化锌加以回收。此法的优点是：避免了火法回收时的金属烧损和有害气体污染，而且充分利用了廉价的铜合金废料，制得贵重的纯铜粉和副产品氯化锌，经济效益较高。

4.4.3 包装金属废物的高值化

4.4.3.1 铁皮空桶的回收、整理和再利用的价值

以中国每年新钢桶产量1.2亿只计算，废钢桶的再利用数量只有2160万只，远远低于日本和美国。这是一个巨大的市场。对于回收的铁皮空桶（实际上是钢桶）首先要分门别类，整理、归纳，只要污染不太严重，经清洗后即可重新使用。对于收集来的废铁桶，如果已存有少量锈斑，可采用少量的稀酸液（硝酸、盐酸或硫酸）擦除，但注意锈斑擦除后应立即用碱水及清水洗净。有条件的，可采用“磷酸缓蚀除锈剂”来除锈。其配方为每升含磷酸（密度1.66）110~180g，烷基苯磺酸钠20~40g，硝酸锌150~170g，氯化镁15~30g，酒石酸5~10g，重铬酸钾0.2~0.4g，钼酸铵0.8~1.2g，配制的溶液pH值为2~3。如果锈蚀严重，即使铁桶尚未泄漏也必须淘汰回炉冶炼，因为这种桶极易损坏，一旦泄漏其损失远大于桶本身的价值。

4.4.3.2 废钢桶、罐冶炼的优势

对于无法修复利用的废钢桶、罐，只能回炉冶炼，用矿石炼1t钢需要矿石3~4t，剥岩9~12t，其他材料30~40t，如还原剂焦炭1t，成渣剂石灰石500~700kg，脱氧剂硅铁、锰铁以及耐火材料等。当冶炼温度达到1400~1500℃时形成钢水铸成钢锭。我国人均拥有矿物资源量只有美国人均资源的1/10而且多数矿种为贫矿，我国95%以上的铁矿为贫矿，采选冶炼都十分困难。而利用废钢铁可节约原材料90%，减少能源消耗74%，少用工业水40%。总之利用废钢铁炼钢经济简便、时间短、见效快，减少采矿、选矿、炼铁等环节，还可以节约大量的设备投资，节省时间，降低成本33%。世界每年产生废钢铁总量为$(3\sim4)\times10^8$t，约占当年钢铁总产量45%~50%，其中85%~90%用于重新炼钢，10%~15%用于铸造、炼钢和再生钢材。例如美国废钢铁的用量为当年总产量的58%，英国为76%。相当多的国家对用于包装的废金属罐回收甚少，将其称为“垃圾废钢”，这是个尚未充分开发的重要钢铁资源。

4.4.3.3 废弃钢铁包装资源化利用处理

废物管理技术可分为3类：（1）通过工艺改造减少来源；（2）废物回收或再循环利用；（3）废物处理。这些选择中最有前途和吸引力的是废物的回收和再利用，因为此技术可能生产出可用于其他工艺的材料。例如在食品工业废物中，有学者通过利用柠檬汁（橙汁、酸橙、柑橘汁等）生产一种新的附加值产品——绿色零价铁纳米颗粒，其应用广泛，如环境修复。结果表明，水果废物（果皮和果肉部分）的提取物可用于制备零价铁纳米颗粒。这表明包装金属废物在纳米材料方面作为增值产品具有可能性，直接利用废弃金属包装来制备零价铁纳米颗粒，有效利用起因循环次数过多而无法利用的金属废物，实现对金属废物百分百利用的可能性。

新的资源化利用思路：相关的研究显示出废塑料中含有大量的碳和氢，一些研究人员和钢铁公司通过几种成熟的技术途径，在一定程度上将铁矿石作为供热和还原剂使用，以取代煤炭和焦炭，而作为废弃金属，可替代铁矿石履行这样的职责，减少原始资源消耗的同时，提高包装金属废物利用率和高值化转化，这种方式与热化学转化机制类似。可将无法利用的包装金属废物大批量回收，污染风险减小的同时减少二氧化碳排放，降低生产成本；将加热后的废塑料材料磨碎，以获得合适的粒度，与废弃金属粒混合造粒。获得的含碳球团，在还原装置中加热，废弃金属粒被粉碎的加热混合物还原，从而获得主要由金属铁和富含 CO 和 H_2 的烟气组成的金属化球团。金属化球团可用作炼钢原料，烟气经过滤后可用于加热或化学合成原材料，所提出技术的流程图如图 4-9 所示。

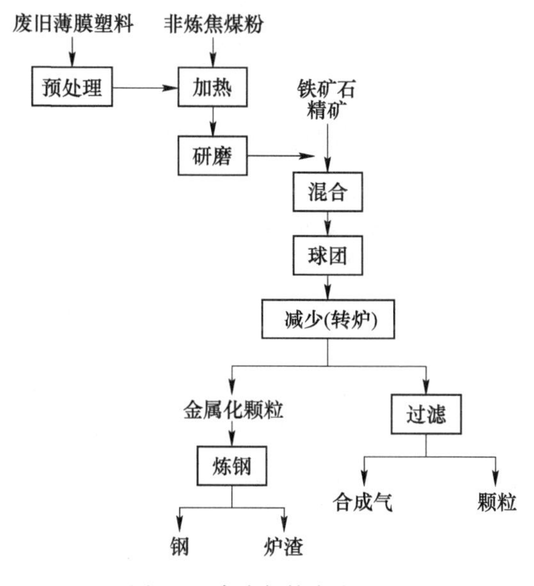

图 4-9 合成气技术流程图

4.4.3.4 铝包装废物的高值化

A 铝包装废物的利用价值

铝包装具有较高的经济价值，每回收 1t 废铝可炼电解铝 900kg，节约铝矾土 4200kg，纯碱 800kg，电极材料 600kg，电 2×10^4kW · h。所消耗的能量只相当于矿石提取 1t 铝所需能量的 3%～10%，节约 90%～97%的能源，减少 90%～97%的空气污染和 90%～97%的水污染。我国铝包装材料因没有押金制度，回收量很低，每年仅牙膏皮就有 1×10^4t 铝作为包装废物被丢弃。我国有色金属矿品相较差，生产 1t 铜或锡需剥离的石头高达 1000t，能耗巨大，目前已有 2/3 有色金属矿进入中晚期。到下个世纪初铜、锌、铅的生产能力将减少 30%～40%。因此，回收这些金属所体现的资源价值和环境价值远高于这些金属自身的市场价值。

B 铝的高值化处理

废弃铝制取聚合物氯化铝：废烟盒中的防潮镀铝、覆铝纸、废牙膏皮以及电容器中的铝片等都可用作生产铝粉的原料，利用这些废弃金属铝制备聚合物氯化铝，又名碱式氯化铝，也叫作羟基氯化铝，其分子结构和聚合状态目前尚未测出。它是介于 $AlCl_3$ 和

$Al(OH)_3$之间的产物，结晶氯化铝经过一定温度加热后，依靠羟基架桥聚合而成。其分子中带有数量不等的羟基，经验分子式可表示为$[Al(OH)_nCl_{6-n} \cdot xH_2O]_m$，其中：$1 \leqslant n \leqslant 5$，$m \leqslant 10$，$X<12$。纯净的聚合氯化铝为无色的树脂状物，一般市售商品因含有杂质，呈灰褐色片状或粉状，密度随聚合度经常变化。易潮解、易溶于水、酸或碱，溶于水后，水解生成胶体溶液。碱化度是其重要指标，直接影响使用效果。聚合氯化铝的主要用途是生活用水和工业用水的净水剂，也可用于净化工业废水，如在印染工业中用于除浊、除色。聚合氯化铝用于净水时，与一般的净水剂相比具有效率高、用量少、使用方便、适应性强等优点，并且还能有效地去除原水中的氟及各种重金属杂质，对各种细菌亦能起沉降和抑制作用。聚合氯化铝的净水能力比硫酸铝高 8~10 倍，净化后水的 pH 值下降也较稳定，凝聚时形成絮状物的速度快且颗粒大，是目前最好的净水剂之一。

将收集到的各种废铝材，如包装香烟的铝箔纸，各种易拉罐、饮料罐，各种药品铝包装盒，日光灯启辉器，各种鞋油管、牙膏管及其他铝材，放入水池中，浸泡 2~3 天，然后用人工等方法将一切可溶物清除，再将晾干的废铝材放入坩埚内，用炉火熔化，熔化温度 710℃左右，废铝上的油漆、纸、油墨、油脂等可燃物已烧尽。在已熔化的铝液内加入少许氟硼酸钠或硼铝合金块，不断搅拌使渣浮出，加氟硼酸钠或硼铝合金的目的是除去废铝材中残存的钠、钾、钙、锰、钛、铬、钒、铅、锌等离子。这些杂质离子与硼结合生成比铝轻的熔渣浮于铝液表面，清除这些熔渣，将铝铸成条状或块状，加工成铝屑后，再制取聚合氯化铝，其生产工序如下。

（1）酸溶：在耐酸容器或耐酸池中配成比重为 1.07~1.10 的盐酸溶液，然后加入相当于盐酸体积量 1/4~1/3 的废铝。用蒸汽加热，待发生反应后，即停止加热，若反应剧烈发生“溢缸”时可用少量冷水进行降温“压缸”，当反应缓和后再升温，如此不断反复。当溶液的 pH 值为 4.5，比重为 1.2 时继续搅拌 1h 使该段反应结束。其中，Fe_2O_3 仅部分与盐酸反应。其反应式为

$$2Al + 6HCl = 2AlCl_3 + 3H_2\uparrow$$

$$Al_2O_3 + 6HCl = 2AlCl_3 + 3H_2O$$

$$Fe_2O_3 + 6HCl = 2FeCl_3 + 3H_2O$$

（2）水解：将上述酸溶液放置 2~3 天，其间每天加温至蒸煮、搅拌一次，以加速溶解，最后一天加温，搅拌后就不能再搅动溶液，让其静置至完全沉淀。其反应方程式为

$$AlCl_3 + 3H_2O = Al(OH)_3 + 3HCl$$

$$FeCl_3 + 3H_2O = Fe(OH)_3 + 3HCl$$

$$mAl_2(OH)_nCl_{6-n} + mxH_2O = [Al_2(OH)_nCl_{6-n}xH_2O]_m$$

（3）过滤：将沉淀后的上层清液抽至板框压滤机压滤，滤液呈灰黑色。滤饼可返回浸出槽或浸出罐循环利用。若以液态产品出售，可将滤液浓缩至密度为 $1.25 \sim 1.30kg/m^3$。

（4）聚合：将过滤液送至圆筒干燥机进行聚合干燥，控制转速 5~8r/min，蒸汽压力应不小于 $8.24 \times 10^5 Pa$。不断调整刮刀与圆筒的距离，使其相切。若产品不太干燥，应放慢转速，以保持产品干燥为原则。热解时产生的氯化氢气体可收集到浸出槽或浸出罐，或收集到水中，生成稀盐酸，用来调配盐酸。

C 废弃铝包装资源化利用

在废弃铝的相关资源化的研究中，利用铝制造天然气，也是作为包装废弃铝资源化的

研究途径之一。氢作为一种能源正受到关注，但通过使用化石燃料进行生产并不环保。更加可持续的来源是涉及铝和水反应的水热反应，相关研究分析了铝水热反应，并包括对 H_2 燃料生产的环境评估，其中具有极低 pH（约 1）和沸点（约 373K）的酸性温泉代替水源，其独特的特点是通过攻击氧化层激活铝表面，从而产生氢气。另外，最近有研究显示出废玻璃和铝屑转化为沸石材料的可行性。在水热处理之前，原材料在 60℃下使用碱进行水热反应。最终产物是具有高阳离子交换容量的硅铝酸盐材料，含有 Na-FAU 和 Na-P1 沸石。上述结果表明，利用废玻璃和铝废料获得 Na-FAU 和 NaP1 沸石是可能的，并且可以成为传统合成方法的可持续替代方案，如图 4-10 所示。

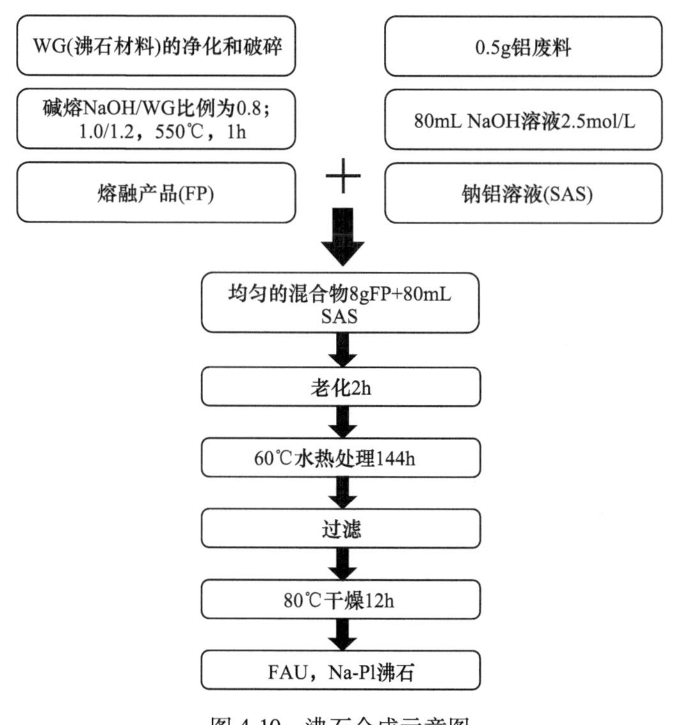

图 4-10 沸石合成示意图

4.4.3.5 锡包装废物高值化

125t 罐头盒或马口铁饮料罐可提取 1t 锡（相当于 400t 锡精矿熔炼的锡量），因此马口铁上的锡回收是有价值的。由于它具有磁性，比铝罐易于回收。但至今这项工作还未大规模进行，使得锡资源白白浪费。锡的回收有两种方法：一种是在有氧化剂存在的条件下先将废料用热的苛性碱液进行化学处理，锡参加反应而铁未参加，其方程式为

$$Sn + 2NaOH = Na_2SnO_2 + H_2\uparrow$$

再用电解法从所生成的锡盐溶液中回收锡。锡盐液的苛性碱溶液可返回使用。这样可获得高质量的锡和钢。

另一方法是把废马口铁罐头盒用干燥的氯气处理。锡变成 $SnCl_4$ 而钢未被侵蚀，以此将钢与锡分开。在回收废锡的冶炼时，要特别注意铝的含量不能超过 4%，因为铝会在脱锡的过程中发生化学反应，使熔液沸腾起泡并产生危险的氢气。此外纸和其他有机物的混入量若超过 5%时，也会对脱锡溶液的化学反应产生有害的影响，引起多种故障。电镀锡

板上的镀锡层因铜钢基发生合金化彼此结合得是相当牢固，因此，这种材料不适合进行脱锡，目前只能作为低品质废铁销售。在铸造中材料所含锡是有利的，因为低含量锡（不高于0.1%）能改善铸铁的性能；另一个潜在应用粉末冶金法制造小型铁质零件时作原料使用。

思考题

4-1 包装金属废物回收中有哪些属于重点环节？

4-2 金属包装废物的潜在危害主要有哪些？

4-3 钢铁类包装废物有哪些高值化的利用，请举例说明。

4-4 铝类包装废物有哪些高值化利用，请举例说明。

4-5 对于包装金属废物高值化利用有何建议？

5 包装废弃玻璃与陶瓷的处理与高值化

玻璃与陶瓷属于硅酸盐类材料。玻璃与陶瓷包装是指以普通或特种玻璃与陶瓷制成的包装容器。

5.1 陶瓷材料

5.1.1 陶瓷材料的化学组成

陶瓷是人类历史上创造的第一种人造材料，是划时代的伟大发明，陶瓷的发现和广泛使用无疑是社会生产力发展的一次飞跃。20 世纪四五十年代从传统陶瓷到现代先进陶瓷的跨越是第二次飞跃，从日常生活用品发展到工业材料，陶瓷所具有的力学强度、硬度、耐磨、耐腐蚀、耐热能力都是金属和高分子材料难以比拟的。先进陶瓷改变了传统陶瓷的缺陷，如易碎、缺乏韧性和塑性，特别是功能陶瓷的发展，使陶瓷具有了各种特殊功能，在空间技术、电子信息技术、生物工程等高科技领域显示出独特的作用，是其他材料难以取代的。纳米技术的发展将使陶瓷的性能发生第三次飞跃，进入纳米陶瓷的时代，使陶瓷材料从工艺到理论，性能到应用都提高到一个崭新的阶段。陶瓷包装造型如图 5-1 所示。

(a)

(b)

(c)

(d)

图 5-1　陶瓷包装造型

(a) 缸类陶瓷；(b) 罐类陶瓷；(c) 瓶类陶瓷；(d) 盒类陶瓷

扫一扫
查看彩图

现今制造陶瓷的原料主要有黏土（高岭土）、燧石或石英、长石，其中黏土是主要原料。黏土的主要成分为 $Al_2O_3 \cdot 2SiO_2 \cdot 2H_2O$，并含有 Ba^{2+}、Ca^{2+}、K^+及有机杂质。黏土的作用有两个：(1) 加入水可以变成有可塑性的黏性物质，因而可以加工成各种形状；(2) 黏土的熔融温度具有一定范围，在某个温度下，它不能完全熔化，因此在焙烧中能保持一定形状。焙烧后，黏土成为多孔性材料。燧石和石英的熔点非常高，它是陶瓷成型过程中的非可塑成分（也称非黏性成分）。黏土在干燥、烧制过程中因失水而收缩很容易产生龟裂，加入非黏性成分以后，可使其黏性适度减少，这不但减少了收缩，而且能与其他成分高温化合，增加陶瓷强度。长石类物质是助熔剂，它的主要成分是铝硅酸盐，其中含有 Na^+、K^+、Ca^{2+}等离子。由于助熔剂可以降低非黏性成分的熔点，在焙烧过程中，它们可以形成玻璃状的流体，并流入多孔性材料的孔隙中，成为无孔性材料。

除上述3类主要原料外，有时还加入一些其他添加剂，如烧制骨瓷时要加入动物的骨灰，主要成分为 $Ca_3(PO_4)_2$，它可以增加半透明性和强度。陶瓷是一种多晶、多相（晶相、玻璃相和气相）的硅酸盐材料。陶瓷大部分为共价键和离子键，键合牢固，并有方向性，同金属相比，其晶体结构复杂而表面能小。因此，它的强度、硬度、弹性模量、耐磨性、耐蚀性及耐热性比金属优越，但塑性、韧性、可加工性、抗热震性及使用可靠性却不如金属。

5.1.2　陶瓷材料在包装中的分类及应用

5.1.2.1　陶瓷在包装中的分类

包装用陶瓷制品主要有粗陶器、精陶器、瓷器、炻器和特种陶瓷等。

（1）粗陶器。粗陶器较为粗糙，带有颜色，不透明，并有较大的吸水率和透气性。

（2）精陶器。精陶器又分为硬质精陶（长石质精陶）和普通精陶（石灰质、熟料质等）。精陶器比粗陶器精细，为灰白色，气孔率和吸水率均小于粗陶器，石灰质陶器吸水率为18%~22%，长石陶器吸水率为9%~12%。

（3）瓷器。瓷器比陶器结构紧密均匀，为白色，表面光滑，吸水率低（0~0.5%）；极薄的瓷器还具有半透明的特性。瓷器主要作包装容器和家用器皿，也有少数瓷罐。按原料不同，瓷器又分为长石瓷、绢云母质瓷、滑石瓷和骨灰瓷等。

（4）炻器。炻器是介于瓷器与陶器之间的一种陶瓷制品，有粗炻器和细炻器两种。

（5）特种陶瓷。特种陶瓷有金属陶瓷与泡沫陶瓷等。金属陶瓷是在陶瓷原料中加入金属微粒，如镁、镍、铬、钛等，使制出的陶瓷兼有金属的韧而不脆的特性和陶瓷的耐高温、硬度大、耐腐蚀、耐氧化性等特点；泡沫陶瓷是一种质轻而多孔的陶瓷，其孔隙是通过加入发泡剂而形成的，具有机械强度高、绝缘性好、耐高温的性能。

5.1.2.2　陶瓷制品在包装中的应用

包装用陶瓷制品根据容器的造型特征可分为缸、坛、罐、瓶、盒等，图5-1为各陶瓷制品示例图。

（1）陶缸大多为炻质容器，下小上大，敞口，内外施釉，缸盖是木制的，封口常用纸裱糊。在出口包装中，陶缸是皮蛋、咸蛋、咸菜等的专用包装。

（2）坛和罐是可封口的容器，坛较大，罐较小，有平口和小口之分；有的坛两侧或一侧有耳环，便于搬运，坛外围多套有较稀疏但质地较坚实的竹筐或柳条、荆条筐。这类容器主要用于盛装酒、酱油、酱腌菜、腐乳等商品，陶瓷的坛、罐一般都用纸胶封口或胶泥封口。

（3）陶瓷瓶是盛装酒类和其他饮料的销售包装，其结构、造型、瓶口等与玻璃瓶相似，材料既有陶质也有瓷质，构型有腰鼓形、壶形、葫芦形等艺术形象，陶瓷瓶古朴典雅，施釉和装潢比较美观，主要用于高级名酒包装。

5.2　玻璃材料

5.2.1　玻璃材料的化学组成

玻璃由无机材料熔融冷却而成。我国关于玻璃的定义为：玻璃是介于晶态和液态之间的一种特殊状态，由熔融体过冷而得，其内能和构形熵高于相应的晶态，其结构为短程有序和长程无序，性脆透明。作为包装材料，玻璃具有一系列非常可贵的特性：透明、坚硬耐压、良好的阻隔性、耐蚀性、耐热性和光学性质；能够用多种成型和加工方法制成各种形状和大小的包装容器；玻璃的原料丰富，价格低廉，并且具有回收再利用性能。玻璃材料的不足主要是较低的耐冲击性和较高的密度，以及熔制玻璃时较高的能耗。玻璃一直是食品、化学、文教用品、医药卫生等行业的常用包装材料。近年来，玻璃包装受到来自纸、塑料、金属等材料的冲击，在包装中所占的比例有所减少，但由于玻璃具备许多其他材料无法替代的优异性能，它仍在包装领域中占有重要的地位。

玻璃是一种硅酸盐类非金属材料，熔融时由较为透明的高温液体物质形成连续网络结构，冷却过程中黏度逐渐增大而硬化变成不结晶的固体。普通玻璃（$Na_2O \cdot CaO \cdot 6SiO_2$）主要成分是二氧化硅。在玻璃包装容器最常见的原料组成为钠钙玻璃，其次是硼硅酸盐玻璃。现在使用的玻璃是由石英砂、纯碱、长石及石灰石经高温制成的。根据它们的作用和用量可以分为主料和辅料两大类。主料决定着玻璃的物理化学性质，包括硅砂，长石、瓷土、蜡石，纯碱、芒硝，石灰石，硼酸、硼砂及含硼矿物质，碳酸钡、硫酸钡，含铅化合物，碎玻璃。辅料则是为了改善玻璃某一方面的性能或为了加快熔化而加入的物料，包括澄清液、助熔剂、脱色剂、着色剂、乳浊剂。

5.2.1.1 钠钙玻璃

钠钙玻璃是钠钙硅酸盐玻璃的简称。它的主要成分为 SiO_2、CaO 和 Na_2O。钠钙玻璃是用途和用量最多的玻璃品种。由于含 Na^+较多，玻璃表面的 Na^+易与瓶中溶液里的 H^+交换，于玻璃表面生成 NaOH。NaOH 又与玻璃反应，生成 SiO_2 并且逐渐向溶液中移动，污染瓶中溶液。所以，钠钙玻璃只能用于粉状药品的包装。不过，经表面处理后，钠钙玻璃的耐腐蚀性能会大大提高，可用于中性、酸性以及化学稳定性比较好的药液的包装，如注射剂的包装。表 5-1 为几种钠钙玻璃瓶的化学成分。

表 5-1 钠钙玻璃瓶成分

<table>
<tr><th rowspan="2">用途</th><th colspan="11">成　分</th></tr>
<tr><th>SiO_2</th><th>Al_2O_3</th><th>CaO</th><th>Fe_2O_3</th><th>MgO</th><th>BaO</th><th>ZnO</th><th>Na_2O</th><th>K_2O</th><th>Cr_2O_3</th><th>MnO_2</th></tr>
<tr><td>绿色啤酒瓶</td><td>68.0</td><td>3.6</td><td>8.5</td><td>0.51</td><td>2.3</td><td>1.0</td><td>—</td><td colspan="2">15.7</td><td>0.07</td><td>0.09</td></tr>
<tr><td>棕色啤酒瓶</td><td>66.3</td><td>5.8</td><td>6.6</td><td>0.7</td><td>2.2</td><td>—</td><td>—</td><td>15.7</td><td>—</td><td>—</td><td>2.7</td></tr>
<tr><td>一般酒瓶</td><td>71.5</td><td>3.0</td><td>7.5</td><td>0.06</td><td>—</td><td>2.0</td><td>—</td><td>15.0</td><td>—</td><td>—</td><td>—</td></tr>
<tr><td>罐头瓶</td><td>69.0</td><td>4.5</td><td>9.0</td><td>0.27</td><td>2.5</td><td>0.6</td><td>—</td><td colspan="2">15.0</td><td>—</td><td>—</td></tr>
<tr><td>汽水瓶</td><td>65.0</td><td>8.0</td><td>11.0</td><td>0.50</td><td>4.5</td><td>0.3</td><td>—</td><td colspan="2">11.0</td><td>—</td><td>—</td></tr>
<tr><td>药用瓶（茶色）</td><td>71.0</td><td>4.0</td><td>7.5</td><td>0.30</td><td>2.0</td><td>0.1</td><td>—</td><td colspan="2">15.2</td><td>—</td><td>—</td></tr>
<tr><td>化妆品瓶</td><td>75.0</td><td>2.5</td><td>5.5</td><td>—</td><td>0.5</td><td>0.5</td><td>1.5</td><td colspan="2">14.5</td><td>—</td><td>—</td></tr>
<tr><td>雪花膏瓶</td><td>64.0</td><td>5.0</td><td>8.2</td><td>—</td><td>—</td><td>—</td><td>9.4</td><td colspan="2">13.4</td><td>—</td><td>—</td></tr>
<tr><td>文教用瓶</td><td>72.0</td><td>6.0</td><td>5.5</td><td>—</td><td>0.5</td><td>0.5</td><td>—</td><td>15.5</td><td>—</td><td>—</td><td>—</td></tr>
</table>

5.2.1.2 硼硅酸盐玻璃

硼硅酸盐玻璃的主要成分是二氧化硅（SiO_2）、氧化硼（B_2O_3）和氧化铝（Al_2O_3），化学组成（质量分数）一般为：SiO_2 81%，B_2O_3 12%～13%，Na_2O 3.5%～4%，Al_2O_3 1%～3%。由于含有氧化硼，因此化学稳定性非常好，能耐大多数化学药品的腐蚀，特别适用于易被污染的中性、酸性和碱性药液的包装，如注射液、盐水等，也适于高级化妆品的包装。硼硅酸盐玻璃的耐热性和耐冲击性都很好，常用作烤箱容器。

玻璃包装不受大气影响，不被不同化学组成的固体或液体物质所分解。通过改变玻璃的化学组成就能够调整玻璃的化学性质和耐辐射性质，而且玻璃具有透明、美观、价格低廉、可回收等性质。

5.2.2　玻璃材料在包装中的分类及应用

玻璃瓶罐的种类繁多，形状和大小都很不相同，分类方法有多种。玻璃瓶罐按照用途分为食品包装瓶（如酒瓶、饮料瓶、牛奶瓶、果酱瓶等）；药品包装瓶（如药剂瓶、化学试剂瓶等）；化妆品包装瓶（如香水瓶、发油瓶等）以及文教用品瓶等。按照使用情况分为回收瓶和非回收瓶（一次用瓶）。按照制造方法分为模制瓶（用模具成型的瓶罐）和管制瓶（由玻璃管制成的瓶子）。按照瓶颈内径的大小又可分为细颈瓶（小口瓶）和粗颈瓶（大口瓶）两大类。细颈瓶的内径小于30mm，它们主要用来盛装各种液体物质；粗颈瓶的内径大于30mm，用以盛装各种粉末状或块状物品以及半流动膏状物质。

5.3　包装废弃陶瓷/玻璃来源及对环境的影响

5.3.1　包装废弃陶瓷来源

废陶瓷主要包括陶瓷产业中产生的烧结废品和在储存、搬运以及日常生活中损坏的陶瓷。陶瓷在生产过程中需消耗大量的天然矿物原料和化工原料，消耗大量的水燃料，以及大量的辅助材料。其所使用的原材料多、生产工序多、产品缺陷多，而产品缺陷只有在烧成后才能体现出来，具体缺陷如下。

（1）坯体废料：主要是指陶瓷制品焙烧之前所形成的废料，包括上釉坯体废料及无釉坯体废料。不同性能的陶瓷，其坯料组成会各不相同，其化学组成主要包括 SiO_2、Al_2O_3、Fe_2O_3、CaO、MgO、K_2O、Na_2O、TiO_2 等。

（2）废釉料：在陶瓷制品的生产过程中（抛光砖的研磨、抛光及磨边倒角等深加工工序除外）所形成的污水，经净化处理后形成的固体废料。釉料主要含有以下几类物质：1）玻璃形成剂，常见的玻璃形成剂有 SiO_2、B_2O_3、P_2O_5等；2）助熔剂，常用的助熔剂化合物为 Li_2O、Na_2O、K_2O、PbO、CaO、MgO 等；3）乳浊剂，配釉时常用的乳浊剂有悬浮乳浊剂（SnO_2、CeO_2、ZrO_2、Sb_2O_3）；析出式乳浊剂（ZrO_2、SiO_2、TiO_2、ZnO）；胶体乳浊剂（碳、硫、磷）；4）3种着色剂，有色离子着色剂如过渡元素及稀土元素的有色离子化合物，如 Cr^{3+}、Mn^{3+}、Mn^{4+}、Fe^{2+}、Fe^{3+}、Co^{2+}、Co^{3+}、Ni^{2+}、Ni^{3+}、La、Nd、Rh 等的化合物；胶体粒子着色剂，呈色的金属、非金属元素与化合物，如 Cu、Au、Ag、$CuCl_2$、$AuCl_3$；晶体着色剂指的是经高温合成的尖晶石型，钙钛矿型氧化物及柘石榴型、锆英石型硅酸盐。

（3）烧成废料：陶瓷制品经焙烧后生成的废料，主要是烧成废品及在储存和搬运等过程中的损坏而形成的。

（4）匣钵废渣：日用陶瓷制品通常采用隔焰加热的方式进行焙烧，而获得隔焰加热方式最经济的方法是采用匣钵焙烧。由于匣钵多次承受室温—高温—室温过程的热应力作用及装钵过程中的搬运、碰撞等，易于损坏而成为匣钵废渣。

5.3.2　包装废弃玻璃来源

玻璃不但广泛应用于房屋建设和人民的日常生活之中，而且发展成为科研生产以及尖端技术所不可缺少的新材料。同时不可避免地要产生许多玻璃废物、形成大量的废玻璃。废玻璃根据其来源可分为日用废玻璃（器皿玻璃、灯泡玻璃等）和工业废玻璃（平板玻璃、玻璃纤维等）。据统计，我国每年产生的废玻璃约320万吨，约占城市生活垃圾总量的2%，随着综合国力的增强，人们生活水平的提高，废玻璃的总量也随之增加。

（1）玻璃制造产生的废玻璃。废玻璃是玻璃生产的必然产物。在玻璃生产过程中，碎玻璃主要来自以下4个环节：一是生产过程中的不合格品：二是边部切除的下料；三是冷修放料时获得的玻璃碎块；四是本厂仓库储存或剪裁时产生的碎玻璃。在玻璃纤维工业生产过程中则必然会产生玻璃废丝，其产生量一般占玻璃纤维产量的15%左右。在正常生产情况下，从平板玻璃原片上切下来的边角玻璃占玻璃生产总量的15%~25%，还有相当一部分废玻璃是定期停产产生的废玻璃，占玻璃生产总量的5%~10%。生产非正常情况下，由于熔窑作业温度偶尔波动或原料质量和配合料均匀度突然变化及操作失误等造成的生产不稳定也会生成废玻璃。还有玻璃制品在运输和使用过程中的损耗，其数量则难以估计。

（2）生活垃圾中的废玻璃。人们日常生活中丢弃的玻璃包装瓶罐及打碎的玻璃窗碎片等是废玻璃的重要来源之一。这些玻璃的主要类型有保温容器、玻璃容器（食品、化工、医药、酒饮料瓶罐等）、玻璃器（包括压制、吹制及各类艺术玻璃制品），属于日用玻璃。此类玻璃的产量较大，根据国家统计局对日用玻璃工业规模以上工业法人企业月度统计，2012年日用玻璃制品及玻璃包装容器产量21887万吨，玻璃保温容器产量77123万个。因此，我国每年都有大量的日用玻璃进入消费领域，并最终成为废物而被丢弃。

5.3.3　废陶瓷/玻璃对环境的影响

固体废物露天存放或处置不当，固体废物中的有害成分和化学物质可通过环境介质——大气、土壤、地表或地下水体等对环境造成危害，并侵害人们的健康。对环境的影响主要有以下几点。

（1）污染水体环境。将固体废物倾倒于河流、湖泊或海洋，甚至将这些水域作为处理固体废物的固定场所，尽管这违反国际公约，但仍经常发生。固体废物倾弃于水体，将使水质受到污染，严重危害水生生物的生存条件和水资源的利用。

（2）污染土壤环境。废物堆放或没有适当的防渗措施的垃圾填埋，其中的有害成分很容易经过风化雨淋、地表径流的侵蚀渗入土壤之中。土壤是许多细菌、真菌等微生物聚居的场所。这些微生物形成了一个生态系统，在大自然的物质循环中，担负着碳循环和氮循环的一部分重要任务。有害成分进入土壤，能杀灭土壤中的微生物，使土壤丧失腐解能力，导致草木不生。例如，20世纪80年代，我国内蒙古包头市的某尾矿堆积如山，造成坝下游的大片土地被污染，使一个乡的居民被迫搬迁。

（3）污染大气环境。固体废物一般通过如下途径污染大气：一些有机固体废物在适宜的温度和湿度下被微生物分解释放出有毒气体；以细粒状存在的废渣和垃圾，在大风吹动下会随风飘逸，扩散到很远的地方，造成大气的粉尘污染；固体废物在运输和处理过程中，产生有害气体和粉尘。

（4）侵占土地。目前，我国工业固体废物的每年产生量已经达到8亿吨，累计堆存量超过67亿吨，占地面积667km^2（约100万亩），其中农田约66.7km^2（约10万亩），致使污染事故不断发生，已成为我国重要环境问题之一，影响和制约我国经济社会的发展。城市垃圾历年堆存量约50亿吨，大量垃圾在城郊裸露堆放，全国近2/3城市陷入城市垃圾的包围之中。

（5）影响环境卫生。我国工业固体废物资源化利用率很低。据全国300个城市的统计，城市垃圾的清运量仅占产生量的40%~50%，无害化处理只有百分之几，50%以上的垃圾堆存在城市的一些死角，严重影响人们的居住环境和卫生状况。已清运的城市垃圾因未进行无害化处理，继续危害和污染环境。还可造成燃烧爆炸、接触中毒、严重腐蚀等危害。面对固体垃圾对生态环境的影响问题，2022年1月国家发展改革委等部门关于“加快废旧物资循环利用体系建设的指导意见”提出以技术创新、模式创新和管理创新，发挥创新对建立健全废旧物资循环利用体系的驱动作用，加强废旧物资分类回收，分品类探索创新回收模式，提升再生资源精细化加工利用水平。至2025年，废旧物资循环利用政策体系进一步完善，资源循环利用水平进一步提升；废旧物资回收网络体系基本建立，建成绿色分拣中心1000个以上；再生资源加工利用行业“散乱污”状况明显改观，集聚化、规模化、规范化、信息化水平大幅提升；废钢铁、废铜、废铝、废铅、废锌、废纸、废塑料、废橡胶、废玻璃等9种主要再生资源循环利用量达到4.5亿吨；二手商品流通秩序和交易行为更加规范，交易规模明显提升；60个左右大中城市率先建成基本完善的废旧物资循环利用体系的目标。

5.4　陶瓷材料回收与高值化利用

5.4.1　废陶瓷回收现状

近年来，陶瓷工业快速发展，其废料也日益增多。大部分陶瓷包装为日用陶瓷容器，如水杯、餐具、饮品器具等，日常生活中没有专门的部门对此类容器进行回收，只有极少数的针对高级酒瓶的回收。所以对于材料的回收几乎只存在于生产过程产生的废料和经过使用的破损的容器。为了提升废物的回收率，改善包括废弃玻璃、陶瓷在内的废物的回收现状，解决日用品废物的无部门回收的尴尬局面。2020年厦门市探索出一条将废旧玻璃、陶瓷制成建材产品的新路径，并要求各区各街道配齐玻璃陶瓷专用投放桶，实行更精细化的垃圾分类，要实现生活垃圾100%公交化直运，即有固定的行驶线路，有固定的“到站”时间，垃圾运输车像“公交车”一样，挨个点去运输“乘客”——垃圾。垃圾直运后，既减少转运环节的二次污染，又可以按照“不分类不收运”的原则，杜绝“混装混运”现象发生。值得一提的是，垃圾分类直运后，分布在市区内的近百座清洁楼，将完成历史使命，进而转型升级，以进一步提升城市环境，减少对周边居民的影响。这一举措是进一步完善可回收物体系、促进垃圾源头减量、从回收源头上高值化利用陶瓷玻璃的措施。

5.4.2 废陶瓷预处理

陶瓷废料的预处理，是指为了便于运输，进一步处理或处置，而对陶瓷废料采取的简单处理。对陶瓷废料的处理一般采取破碎的方法。

5.4.2.1 破碎的原理和目的

陶瓷废料的破碎是指利用外力克服固体废料质点间的内聚力而使大块的废料碎裂成小块的过程。破碎是固体废物处理技术中最常用的预处理工艺，但是它不是最终处理的作业，而是运输、再利用等的预处理作业，破碎的目的是使上述操作能够或者容易进行，或者更加经济有效。

5.4.2.2 破碎的优点

破碎之所以成为几乎所有固体废物处理方法的必不可少的预处理工序，主要基于以下几项优点。

（1）对于填埋处理而言，破碎后的陶瓷废物置于填埋场并实行压缩，其有效密度要比未破碎废物高 25%~60%，减少填埋场工作人员用土覆盖的频率，加快实现废陶瓷干燥覆土还原。

（2）陶瓷废物容重的增加，使得储存与远距离运输更加经济有效，易于进行。

（3）为陶瓷废料的分选提供要求的入选粒度，使原来的联生矿物或联结在一起的异种材料单体分离，从而更有利于分离或提取其中的有用物质与材料。

（4）防止不可预料的大块、锋利的陶瓷固体废物损坏运行中的处理机械如分选机、球磨机等。

（5）尺寸减小后的陶瓷废物颗粒进行包装，不易被风吹走。

5.4.2.3 破碎的方法

根据破碎固体废物所用的外力，即消耗能量的形式，可分为机械能破碎和非机械能破碎两种方法。机械能破碎是利用破碎工具对固体废物施力而将其破碎。非机械能破碎是利用电能、热能等对固体废物进行破碎的新方法。而对陶瓷废料的破碎主要是用颚式破碎机破碎或是轮碾机碾碎，也可以通过人工砸碎后，再经过球磨机粉碎以利于陶瓷废料再利用。近年来，日本许多建筑陶瓷企业都配备了带式回转磨机装置，专门对企业内产生的废料进行再加工与回收利用，取得明显的经济效益与社会效益。国际上许多国家已将绿色陶瓷制品定位为在生产线上不形成污染的产品。让陶瓷企业真正形成无废料排放、实现良性循环的生产体制，已成为许多建筑陶瓷企业追逐的目标。

5.4.3 废陶瓷高值化利用

随着陶瓷废料应用研究的深入，人们充分利用陶瓷废料的特性，开发研究出各种各样的有用制品。为节能降耗、陶瓷行业的可持续发展做出更大贡献，本小节主要介绍陶瓷废料高值化利用。

5.4.3.1 生产陶瓷砖

A 制备陶瓷砖坯料

由于优质陶瓷原料储量锐减及工业废料日益影响人类生存条件，基于保护资源环境、发展绿色陶瓷制品的需求，各地陶瓷企业探索利用工业废料，生产环保型陶瓷砖的工作取得不少成就。目前，我国可用于陶瓷墙地砖坯料的工业废料种类已达到数十种。如煤矿开采的煤矸石、采金尾矿石、硫黄废渣、粉煤灰、废玻璃纤维，包括高炉渣、镍矿渣、铜矿渣、锌矿渣、铝废渣、钛矿渣等在内的各种矿渣、电石渣、工业废石膏等，已被成功掺入坯料制成新型环保型建筑陶瓷制品。其中部分化学成分稳定的工业废料，如粉煤灰、煤矸石等，还可以部分加入卫生陶瓷制品的坯料配方内，既减轻废料对环境的污染，又节省优质原料降低产品的生产成本。此外，在陶瓷厂内形成的工业废料，如废匣钵、洗刷水中沉淀的污泥、不合格的残次分配等，由于其中含有较高的 Al_2O_3、SiO_2 等化学成分，经过淘洗、筛选及重新粉碎等工艺后，仍然可以进行回收利用，用于建筑陶瓷产品的坯料中。当前，对陶瓷厂自身产生的工业废料的回收利用的研究已取得突破性进展。废弃的泥水经回收、拣去杂物、除铁外，又可以加入瓷砖的配料中作为瓷砖坯料。对于废品、废匣钵与废窑具之类经过高温烧成的房料，也可采用重新粉碎加工方法，将其磨碎成粒径在 5mm 以下，然后按 3%的比例添加到瓷砖或西式瓦的配料中用作瓷砖坯料，这样既可增强坯体的强度，又可减少烧成过程中的变形和开裂的缺陷。

B 制备仿古砖

仿古砖是从彩色釉面砖演化而来的产品（见图 5-2），属于有釉砖，其坯体的发展趋势以瓷质为主（吸水率≤0.5%），也有炻瓷质的（吸水率 0.5%～3%）、细炻质的（吸水率 3%～6%），炻质的（吸水率 6%～10%），可分别参照 GB PT4100—1999 陶瓷砖标准中的 4100.1 瓷质砖、4100.2 炻瓷砖、4100.3 细炻砖和 4100.4 炻质砖。仿古指的是砖的表面效果，也可以称为具有仿古效果的瓷砖。它与普通瓷砖不同的是在烧制过程中，使用模具压印在砖坯体上，铸成凹凸的纹理，再经过施釉烧制。仿古砖颜色古朴，多为石面状、毛边，对吸水率和尺寸的稳定性要求不高。经研究和工业化生产发现废坯和废泥均可用作仿古砖坯料的配方。将废坯、废泥通过干燥、破碎过筛加工后可用作仿古砖的坯料。结合废坯、废泥的化学成分及特性，还可开发、生产风格不同的艺术砖，既环保又降低陶瓷产品成本。其主要工艺如下。

图 5-2 仿古砖

扫一扫
查看彩图

（1）将污水处理后的废泥干燥至含水率为 7%～10%，在干燥过程中剔除废泥中的杂物（如纸屑、石块等）。再将干燥好的废泥进行集中均化，检验各批次废泥的成分及色度。

（2）对废坯进行均化，控制含水率为 6%～8%并检查成色。

（3）根据仿古砖坯体颜色的需要及废坯库存的比例，将已均化的废泥和废坯按 5∶(1～3)的比例再进行均化。

（4）废泥和废坯均化完成后，用一般锤式破碎机破碎，过 1700μm 振动筛并除铁，筛上粗颗粒料循环再破碎；筛下料存放、陈腐 24h 以上，备用。

（5）坯料控制参数，粉料含水率(75±1.0)%。仿古砖粉料颗粒分布控制标准见表 5-2。

表 5-2 仿古砖粉料颗粒分布控制标准

颗粒大小/μm	1700 以上	830~1700	270~830	180~270	180 以下
比例/%	小于 0.5	<3.0	50~70	25~35	<15

（6）坯体形成、加工及干燥，仿古砖采用两次施釉，底釉采用部分化工料、废泥及颜料制备；面釉采用化工料和颜料制备，施釉时采用喷釉（底釉）和手工刷釉（面釉）。

（7）烧成，周期为 50~70min。经检验，经过如上工序所制仿古砖，可大大节省原料及其材料费用，且粉料制造费用极低。

制备出的仿古砖可以用于面积较大的门厅、大堂、庭院、广场等空间的地面铺装，还可以在具有特殊设计风格的西餐厅、厨房、卫生间地面铺装。也可同时用于墙、地面铺装，可使视觉效果更统一，并提高装修品质。

C 生产劈开砖

劈开砖又称为劈离砖或劈裂砖（见图 5-3），具有强度高，吸水率≤6%，表面硬度大，防潮防滑，耐磨耐压，耐腐抗冻，急冷急热性能稳定的优点。劈离砖坯体密实，背面凹纹与黏结砂浆形成完美结合，能保证铺装时黏结牢固。劈开砖一般采用天然陶瓷原料为主要原料，不用球磨料，即原料不需要球磨，生产工艺简单，成本较低，如果能把陶瓷废料作为生产劈开砖的原料使用就能大大降低原料成本，使其有了更大的市场竞争力。现在劈开砖的生产过程中，通常把陶瓷废料磨细到一定粒度后作为生产劈开砖的原料，较粗颗粒（550~2360μm）用于生产劈开砖的原料，可增加劈开砖表面装饰效果，含量可在 15% 左右，筛下物（550μm）可以作为生产劈开砖的一种原料直接掺入，然后经与别的原料混料、练泥、挤压成形、干燥、烧成等工序制成劈开砖。具体要求如下。

图 5-3 劈开砖

扫一扫
查看彩图

a 泥料性能要求

劈开砖成形是采用挤压成形。挤压成形一般分为硬挤压成形和软挤压成形两类。硬挤压成形的坯料含水率为 12%~18%，软挤压成形的坯料含水率为 15%~20%。硬挤压成形速度快，干燥周期短，但挤压动力需要很大，机械损耗大；软挤压成形动力要求小，适于多种型号劈开砖的生产，但坯料含水率大，干燥周期需要较长。

黏土的可塑性是挤压成形的主要工艺参数。塑性太低不利于挤压成形；塑性太高的黏土含水率大，结合力也强，但干燥收缩大，虽有利于挤压成形并提高生坯强度，但坯体干燥收缩大，容易引起变形或开裂。因此，合适的黏土可塑性是对劈开砖泥料性能的基本要求。但是，在劈开砖生产中，用可塑性难以确定泥料的最佳成形状态，因为塑性很高、颗粒很细时，泥料反而与机头内壁产生很大的摩擦力而引起分层、开裂等缺陷，甚至不能成形。而稠度可以反映出泥料的成形状态。它是指外部机械力作用于泥料时，泥料的可动性程度。在一定的成形条件下，通过改变坯料的水分、颗粒组成和塑性等，可保持最佳稠度。稠度用稠度系数 K 来表示：

$$K = \frac{W - W_P}{M_P}$$

式中　W——泥料的含水率；

W_P——泥料的塑限；

M_P——泥料的塑性指数。

当 $K=0\sim0.25$ 时，为硬塑泥料；$K=0.25\sim0.50$ 时，为软塑泥料；$K=0.50\sim0.75$ 时，为高软塑泥料；$K=0.75\sim1.00$ 时，为流塑泥料。根据劈开砖的生产工艺要求，既要求坯体具有一定的硬度，又要求坯体成形时处于最佳成形工作状态，即泥料处于软塑范围或硬塑范围，K 值应选在 0.25 左右。

b　主要原材料

生产劈开砖的坯用原料主要有塑性原料、瘠性原料、熔剂性原料和辅助性原料。

(1) 塑性原料要求，使用黏土，劈开砖采用真空挤出成形方法，其原料必须具有挤出性能，好干燥和烧成收缩小的特点，黏土性质稍差的可以在配方和生产工艺上加以调整。

(2) 瘠性原料要求，主要是石英和熟料。熟料是指生产过程中的废次品陶瓷砖。其废陶瓷经过破碎后加入配方中，颗粒细度控制在 0.1mm 以下。废次品砖加入配方的目的是减少坯体的收缩、变形、开裂等缺陷。

(3) 熔剂性原料，可使用长石、滑石等。

(4) 辅助性原料，辅助性原料是电解质等添加剂、水玻璃、三聚磷酸钠、复合减水剂等。

c　工艺流程

目前，劈开砖制备有湿法和干法两种工艺。

(1) 湿法工艺流程：生料熟料粗碎→配料→球磨→料浆池→压滤脱水→练泥→陈腐→双轴搅拌→真空挤出成形→切割→干燥→烧成→劈离分拣→包装入库。

(2) 干法工艺流程：原料配料→破碎（雷蒙磨轮碾机或对辊机）→过筛→干混（双轴搅拌机或涡轮混粉机）→湿混（双轴搅拌机加水）→真空练泥→陈腐→破碎（筛式破碎机）真空挤出成形→定尺切坯→干燥→清灰→施釉（通常不需施釉）后阴干烧成→劈裂分离→拣选→包装入库。

劈开砖生产中添加废陶瓷，废物利用，保护环境，是我国政府倡导的建材新产品发展方向。作为国内外新兴的建筑装饰材料，被广泛应用于建筑物内、外墙装饰面和耐酸、碱的化学腐蚀等工业场所，装饰的市场前景十分广阔。

5.4.3.2　生产多孔陶瓷

多孔陶瓷（见图 5-4）具有吸附性、透气性、耐腐蚀性、环境相容性、生物相容性等，广泛应用于各种液体和气体的过滤，在工业用水、生活用水处理和污水净化等方面有着广泛的应用前景。作为过滤材料，多孔陶瓷具备很多优点：(1) 化学稳定性好，耐酸碱及有机溶剂；(2) 极好的耐急冷急热性能，一般工作温度可达 1000~1100℃，特殊材料的多孔陶瓷，最高时工作温度可达 1600℃；(3) 抗菌性能好，不易被细菌降解，不易堵塞而且易生；(4) 无毒，尤其适用于食品行业和药物的处理。

扫一扫
查看彩图

图 5-4 多孔陶瓷

国外采用陶瓷废料为基料成功研发了一种多孔陶瓷板，拓宽了陶瓷废料的利用渠道。其工艺过程是以炼铜产出的铜熔渣为基料，配合适量粉煤灰、黏土和陶瓷废料等，加入碳酸盐或碱性金属氧化物和玻璃钢废材。将其置于搅拌机内，边搅拌边加入水、分散剂和黏结剂，同时除泡，制备泥浆、注模、干燥，于 700~1000℃下烧结而成。

配料中以土粉作填充料，瓷粉作骨料，粉煤灰和釉粉作发泡基础料，另有发泡剂煤粉和助泡剂硼酸、硝酸钠等。配料时，先将发泡基础料、发泡剂和助泡剂混合均匀，并过 150μm 筛 3 遍，然后加入填充剂和骨料混匀后平摊于不锈钢模内，置于电炉内烧制。

该方法所研制的多孔陶瓷容重低，强度高，适合于新型墙体材料，也可用于制造广场透水砖。利于建陶厂利用固体废物生产多孔陶瓷，不需增添设备，废料利用率高，经济效益高，社会效益好。

5.4.3.3 生产陶瓷釉料

大部分的陶瓷制品都在坯体表面施上一层釉。釉是根据坯体的性能要求，利用陶瓷原料及化工原料制成，在高温作用下熔融覆盖在陶瓷表面上的玻璃质薄层，是一种复杂的硅酸盐混合物。一般说来釉就是玻璃，它具有玻璃所固有的一切性质。釉与玻璃相似的是：它们都在相当高的温度下熔融，没有一定的熔点，只有熔融范围，光学性质上都具有各向同性。但实际上釉和一般玻璃还是有区别的，玻璃组分均匀，而釉的组分是不均匀的。釉层除玻璃相外，还有许多微小的晶体和气泡，因此釉是不均质的玻璃体。在陶瓷坯体表面上施敷一层玻璃态釉层时，可使制品获得有光泽、坚硬、不吸水的表面。不仅可以改善陶瓷制品的光学、力学、电学、化学等性能，而且对提高实用性和艺术性也起着重要作用。陶瓷废料可用于釉料的生产，通过对原材料配方和生产工艺的研究，成功地将陶瓷废料用于多种釉料的生产中，达到了较为理想的效果。

A 生产高光泽度日用釉

高档日用陶瓷釉面在还原焰烧成过程中（尤其当燃料为重油时）很易产生釉面针孔、光泽度变差等问题，特别是平面产品，此种情况更为突出。经反复试验，发现高长石、低钙釉，高长石、中钙釉，高长石、高钙釉在重油还原气氛烧成中易产生吸“黄烟”现象，而低长石、高钙釉则烧成温度范围较窄，不太适宜隧道窑、梭式窑烧成。然而，当在釉料中引入一定量的废瓷片粉后，成功研制出 1350~1430℃重油高温还原气氛烧成的釉料配方。所用的废瓷片粉中含有较多的氧化钙，釉料中引入一定量的废瓷片粉，经反复试验，均未发现有吸“黄烟”现象。因为釉料中含有一定量的氧化钙，釉的高温流动性好，因此，产品釉面平滑、光亮、滋润，针孔和釉泡减少，同时解决了返流釉、手迹或釉料熔融不良而造成釉面不平的问题。

生产实践证明，在釉料配方中引入一定量的废陶瓷粉，可成功试制出高钙长石釉料配方，生产出釉面光滑、光泽度高、针孔极少的产品。

a 釉用原料及其化学组成

釉用原料及其化学组成见表 5-3。

表 5-3 釉用原料及其化学组成（质量分数） （%）

原料	SiO_2	Al_2O_3	Fe_2O_3	CaO	MgO	K_2O	Na_2O	烧失量
废瓷片粉	55~71	23~31	0.09~0.2	1.5~6.5	0.9~1.2	2.3~4.6	0.9~1.4	—
长石	63~70	17~19	0.1~0.3	0.9~3.5	0.2~0.8	0.6~12	0.6~10	0.4~1
贵州土	44~48	36~37	0.05~0.7	0.6~1.5	0.2~0.5	0.3~0.5	0.2~0.3	12~15
烧滑石	62~65	0.4~0.5	0.1~0.2	0.2~4.5	30~34	0.05~0.1	0.08~0.09	—
石英	99.1~99.2	0.4~0.6	—	—	—	0.1~0.15	0.1~0.15	0.15~0.6

注：—表示微量。

b 釉料制备工艺

废瓷片可直接配料或经轮碾机碾碎再配料球磨，若将其粉碎并通过 106μm 或 75μm 筛制成瓷粉再配料球磨效果更佳。釉浆出磨细度为方孔筛筛余量 0.01%~0.03%，釉浆分别过 106μm、65μm、58μm 筛，3 次除铁。

c 釉料配方

釉料最佳配方组成见表 5-4，其化学组成见表 5-5。

表 5-4 釉料配方组成（质量分数） （%）

成分	长石	废瓷粉	石英	烧滑石	贵州土
含量	30	22	34	10	4

表 5-5 釉料配方化学组成 （%）

成分	SiO_2	Al_2O_3	Fe_2O_3	CaO	MgO	K_2O	Na_2O	ZnO	P_2O_5	烧失量	合计
含量	74.10	13.57	0.13	2.01	3.46	4.00	1.47	0.04	0.32	0.90	100

d 烧成

制品在 81m 长隧道窑中还原气氛烧成，烧成周期为 22h，烧成温度为 1360~1390℃，而易变形产品的烧成温度在 1350℃左右，厚胎产品的烧成温度在 1400℃左右，有时因操作、电压变化等原因，温度高达 1430℃以上（温度均为三角锥温度）。烧成后釉面几乎无针孔，光泽度高，尤其温度为 1380~1430℃时光泽度极佳。

e 产品性能

烧结产品性能见表 5-6。

表 5-6 烧结产品性能

光泽度/%	白度/%	热稳定性	釉面硬度	吸水率/%
108	83	20~200℃热交换不炸裂	金属刀、叉刻画无痕	0.03

注：原生产的产品光泽度为97%，白度为81%，热稳定性测试不能超过200℃，温度范围只能用20~180℃。

由表5-6可见，加入废瓷粉后所制备的产品比原生产的产品光泽度有大幅度提高，白度和热稳定性也有所提高。

f 机理分析

由于釉料或坯体中的有机物及气体较多，釉的高温黏度大，有机物高温产生的气体很难逸出，加上釉的始熔温度低等原因，使釉面特别容易形成针孔和釉泡，这对釉面光泽度有一定的影响。所以要提高产品的一级品率，关键在于提高陶瓷产品的釉面质量，特别是减少釉面针孔、釉泡、橘釉等缺陷。另外，产品的釉面光泽度还与釉的折射率有关，釉的折射率高，产品的釉面光泽度就高。为此，常在釉料中加入一些折射率较高的氧化物来提高釉面光泽度。

废瓷片经过高温煅烧，各组分的物化反应基本完成，气体含量极少，故釉中引入适量的废瓷粉后，则釉中的气体含量大为减少，从而减少了釉面针孔和釉泡等缺陷。这样就可有效地防止釉在低温阶段和重还原阶段吸附更多的游离碳素。反之，如果游离碳素在高温阶段重新氧化成气体，将会使釉面产生更多的针孔和釉泡，故釉中引入适量的废瓷粉，釉层中的气孔率大为减小，能防止游离碳素的吸附，从而减少釉面针孔和釉泡等缺陷的产生。相应也提高釉层密度和釉面的反射率，对提高釉面光泽度有积极作用。废瓷粉中各组分间的反应较彻底，其活性较差，故废瓷粉与其他物料反应较为迟缓，因而提高了釉料的始熔温度，有利于坯、釉料中物化反应所产生的气体顺利排除，从而减少釉面针孔和釉泡等缺陷，拓宽釉料的烧成温度范围。从废瓷粉中引入氧化钙，不但可以防止高长石、低钙釉在重油还原气氛烧成中吸“黄烟”的现象，而且可以解决低长石、高钙釉烧成温度范围窄而不适应隧道窑或梭式窑烧成的问题；另外，在配方的废瓷粉中引入的氧化钙相当于22份方解石或4份白云石或2.5份硅灰石，如果这些氧化钙不是从废瓷粉中引入，而是从方解石、白云石或硅灰石中引入，生产实践证明，在重油还原气氛中烧成时肯定吸“黄烟”。其中主要原因便是白云石等高温分解有CO，析出引起吸“黄烟”现象。所以，釉中引入含有一定量氧化钙的废瓷粉，易形成光滑、明亮、几乎无针孔的釉面，对提高釉面光泽度有重要作用。

釉料中引入大量废瓷粉，相应减少长石等熔剂的量，因此减少釉中氧化钾和氧化钠等熔剂对釉层网络结构体的破坏，降低釉的膨胀系数，废瓷粉也有助于形成较厚的坯釉中间层，提高坯釉的适应性，从而提高产品的热稳定性，对提高产品的釉面硬度也十分有效。另外。废瓷粉可取代部分长石、煅烧黏土或氧化铝的用量，不仅能变废为宝，降低釉料成本，而且还能增加釉的流动性，提高产品的白度。废瓷粉的加入最应根据其氧化铝的含量而定，废瓷粉中氧化铝含量多则少加，而氧化铝含量少则多加，具体引入量多少应根据试验配方要求而定，这里废瓷粉的最佳加入量为20%~30%。

B 制备透明釉料

鱼盘类产品釉面质量差是我国日用瓷器行业普遍存在的问题，造成鱼盘釉面质量差的主要缺陷有釉面针孔、釉泡、橘釉、釉面不干（釉缕、凹坑、水波纹）等，特别是针孔、橘釉出现得无规律，生产质量难以控制。研究着重从釉料配方及其制备工艺、施釉、烧成等方面进行详细分析，确定了造成上述产品釉面缺陷的主要原因为釉料高温黏度大、始熔温度偏低、烧成温度范围较窄、坯釉相互结合欠佳等。在产品的原料中加入一些废瓷粉料，成功地研制出了比较令人满意的透明釉料配方组成，产品釉面光亮、平滑，大件产品的显见釉面和非显见釉面缺陷明显降低，取得了较为成功的效果。

在这种釉料的研制过程中，废瓷粉对釉面质量的影响很重要，配方中引入40%左右的废瓷粉，以扩大釉的熔融范围，提高釉的适应性能和釉面硬度、光泽度及产品的机械强度。废瓷粉除含有大量玻璃相外，还有莫来石、残余石英等晶相。由于废瓷粉已经过高温成瓷，其化学活性显著降低，以致与釉料中基础组分的化学作用必然缓慢得多，从而可显著提高釉的始熔温度，有利于坯、釉料中物化反应新产生气体的快速排除，从而减少釉面针孔和釉泡缺陷，对提高产品的釉面质量十分有效。轻质碳酸钙对釉面质量的影响也很敏感，轻质碳酸钙是釉料中 CaO 的主要引入源。由于 CaO 在高温时有使釉料黏度快速降低的作用，有利于烧成过程中坯釉物化反应新产生气体的快速排除，对减少产品的釉面不平等缺陷具有十分明显的作用，同时由于 CaO 具有较高的折射率，可以有效地提高产品的釉面光泽度。在这种釉的研制过程中用轻质碳酸钙代替天然石灰石原料，一方面，由于轻质碳酸钙纯度高，质量稳定，对保证釉面质量有利；另一方面，轻质碳酸钙细度大，活性大，可以促进烧成过程中釉料的熔化，使釉面光泽度增强。

C 制备钛奶黄瓷釉

日用搪瓷行业目前的生产厂家无论规模大小，其生产工艺基本相同。素品生产采用浸搪法，饰花生产采用喷搪法（用贴花纸除外）。工艺中都有瓷釉流失的问题，也都在一定程度上存在废瓷釉（流失到地面或下水道）如何使用的问题。国内对废瓷釉的利用有过不少报道，各企业有着各自的利用方法。在底釉中引入70%（原料质量分数）的废陶瓷粉生产“再生底釉”，在底釉的球磨配比中，“再生底釉”占10%，这样，废陶瓷粉在底釉中实际用量在8%左右。为了提高废陶瓷粉的利用率，降低瓷釉配方成本。这里把废陶瓷粉直接引入钛奶黄瓷釉配方中进行熔块的熔制，生产出的钛奶黄瓷釉比原钛奶黄瓷釉熔块降低了原料成本。

如果废陶瓷粉中钴、镍、铜离子含量过多，尤其是钴、镍离子总含量超过0.3%时，会使钛釉着色呈深灰、深绿，导致钛奶黄颜色偏黄绿且色彩暗淡。即使增加红矾钾的用量，钛奶黄颜色虽变黄，但色泽不正。由于废陶瓷粉的组成具有不确定性，因此，为保证搪瓷产品质量的稳定，将回收的废陶瓷粉（搅拌均匀）按一定数量分批存放，以确保废陶瓷粉组成的相对稳定，使废陶瓷粉钛奶黄瓷釉颜色基本一致。废陶瓷粉中含有瓷球、耐火土、耐火砖等耐火物质杂质粉末，因此，在废陶瓷粉钛奶黄瓷釉配方中耐火原料（石英、长石、废陶瓷粉等）的引入量应依据废陶瓷粉的烧成温度而定。

5.5 玻璃材料回收与高值化利用

5.5.1 废玻璃回收意义

废玻璃的回收无论是从环境保护的角度还是促进经济效益的角度来说都具有深远的意

义。从环保的角度来看，玻璃废物回收，不仅是社会全体成员需要参与的一项工作，也是国家层面为实现可持续发展的政策要求。从经济效益的促进来看，回收废弃玻璃再进行利用有以下两大益处：（1）降低配合料成本。使用废玻璃作为原料与配合料一起投入使用，可降低粉料的消耗量。（2）降低能耗。使用废玻璃增大配合料中的生熟料比例，这样不但可以废物利用、减轻污染、改善环境，在工艺上可以降低玻璃的熔化温度，节约能源。

5.5.2 废玻璃回收现状

我国在废玻璃回收方面起步较晚，主要是由玻璃工厂自行回收边角废料，酒厂回收酒瓶。各大、中、小城镇废品收购站回收的废玻璃数量较小。中国废玻璃每年产生 3600 万吨，大部分是从城市垃圾中产生，我国 2011 年城市生活垃圾排放量约为 3.75 亿吨，经统计估算其中的废玻璃含量为 6%~8%，2700 万吨左右。另外，中国各个玻璃厂、玻璃深加工厂在生产制造、加工玻璃的过程中会产生大约 900 万吨的生产废料。这些废玻璃体积大、占地广、质量多、价值低、回收成本高的特点给社会带来无穷的苦恼。将大量的废玻璃弃之不用，既占地又污染环境，还造成大量的资源和能源的浪费。为了解决废玻璃回收问题，国家不仅出台了废旧物资循环利用政策，还发布了相关税收政策帮助企业减少支出，强化企业担当可持续发展责任。再生资源行业的主要税种为增值税和所得税，对该行业发展影响大的是增值税政策。对于守法经营的废旧物资加工企业、废旧物资回收企业，严格落实再生资源税收优惠政策和增值税优惠政策，应征尽征、应免尽免、应退尽退，为利废企业健康有序发展保驾护航。

5.5.3 废玻璃回收预处理

处理回收废玻璃的预处理主要是将被污染的废玻璃收集起来后集中进行处理得到合格的可以用于玻璃生产的碎玻璃。工艺流程如图 5-5 所示。

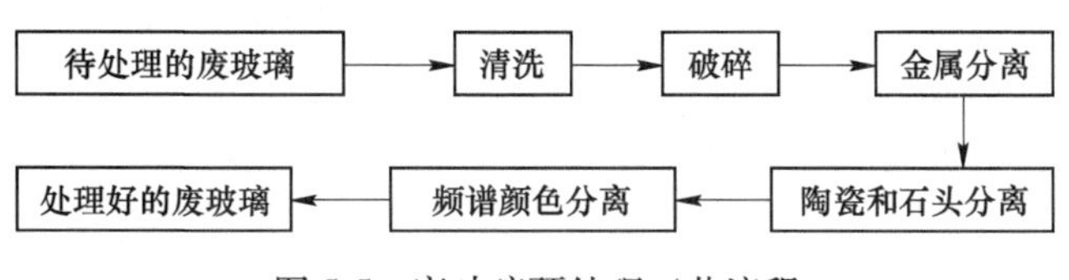

图 5-5 废玻璃预处理工艺流程

5.5.3.1 废玻璃的粉碎

废玻璃的破碎是指通过人力或机械等外力的作用，破坏废玻璃内部的凝聚力和分子间作用力而使废玻璃破裂变碎的操作过程。破碎是固体废物处理技术中最常用的预处理方法。破碎作用分为冲击破碎、剪切破碎、挤压破碎、摩擦破碎等。根据固体废物的性质、粒度的大小、要求的破碎比和破碎机的类型，每段破碎流程可以有不同的组合方式，其基本的工艺流程如图 5-6 所示。废玻璃经过破碎之后，尺寸减小，粒度均匀，这对于废玻璃的运输、热分解、熔化等处理均有明显的好处。

5.5.3.2 废玻璃的人工选出

A 废玻璃的分类

玻璃可以不经粉碎采用人工挑选的方法分类，在我国一般常把废玻璃分为 4 类。

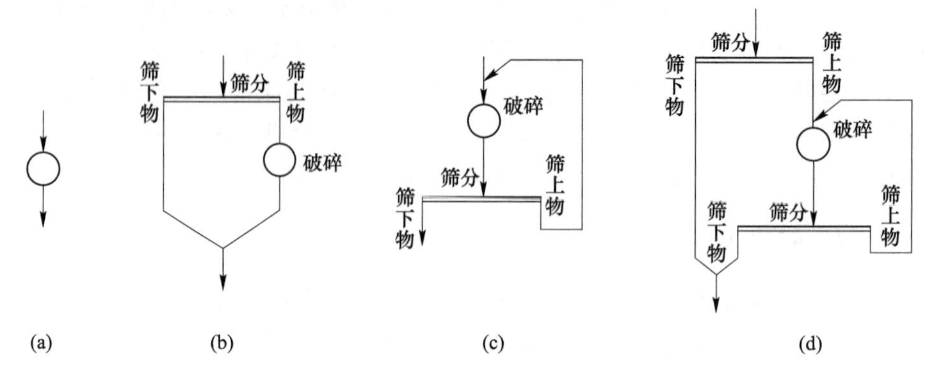

图 5-6 破碎的基本工艺流程

（a）单纯破碎；（b）带预先筛分破碎；（c）带检查筛分破碎；（d）带预筛分和检查筛分破碎

（1）白料：指无色透明的瓶子碎料及无色粉末料。包括破碎盐水瓶、高级无色酒瓶、精致的日用品和文教用品等。

（2）绿料（青料）：指绿色和深色玻璃，包括碎酒瓶、化妆品瓶等。因深绿料含有较多的铁质，熔炼时易损坏坩埚，其产品透明度较差，回炉时须搭配淡绿料或改配为黄黑料使用。

（3）黄黑料：指黄、黑色玻璃，包括破碎的各种黄色药瓶、试剂瓶等。

（4）白磁料（硝料）：主要指不透明的玻璃色料，包括各种雪花青瓶、白磁灯罩和其他各种颜色化妆品瓶等。

B 必须清除的废玻璃

在回炉使用的玻璃中，以下玻璃应清除。

（1）硬质玻璃，硬质玻璃的化学成分与普通玻璃不同，若混合使用，玻璃溶液就不能混合，在产品中会出现条纹。

（2）油漆玻璃（盛过油漆、青漆和油墨的玻璃），因用水不能洗净，投料后，油与玻璃不能融为一体，使玻璃产品出现雾状，不透明。

（3）铁丝玻璃，平板玻璃中嵌有铁丝或钢丝的玻璃。在高温中，铁熔成铁水，混在玻璃中变成青绿色；钢熔成钢水，混在玻璃中变成蓝色。钢铁液体会影响玻璃产品的质量，还会沉淀在炉底，破坏窑炉，严重影响玻璃生产。

（4）火烧玻璃，经过烈火燃烧过的玻璃。这种玻璃多夹有石子或杂质，如投进玻璃炉中。经过高温，可与玻璃融为一体，这种玻璃产品应力分布极不平均，受震动或遇风遇雨会自动爆裂。

废物的分选对于废玻璃的循环利用是十分重要的。废玻璃如不进行挑选和加工，玻璃厂就无法使用，因此必须要经过过筛、除杂，凡对投炉有害的铁制瓶盖、废铁、碎砖、渣、土等杂质都要清除干净。

5.5.3.3 废玻璃的机械分选方法

A 气流分选

该法是利用物质相对的质量差异将破碎到一定粒度的垃圾或包装废物用空气吹扬，比重小的随气流向上漂浮，比重大则降落到底部，从而相互分离，把玻璃挑选出来。目前，国外常用曲折分离机或旋流式分离器进行分选，其原理如图 5-7 所示。

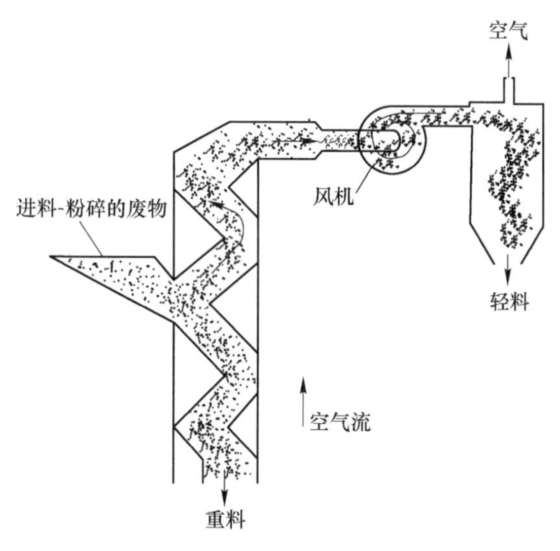

图 5-7 曲折分离器

B 光学分选

为了提高回收玻璃的商品价值，须将无色和有色的玻璃分开。可利用电子颜色挑选器将其区分。把玻璃粉碎成 6~16mm 的碎片，放到皮带机上，布成一条线，送到设有光电管和特殊的背景台上，在降落的途中通过光学方法进行检测，带色的玻璃或其他杂物借助喷气嘴被吹开。其准确性、稳定性都很好，先进的设备处理能力可达 1t/h。

C 重介质分选

利用比重与玻璃相近的分选介质使比重小于玻璃的物质浮升，比重大的沉淀，这就是重介质分离法，如图 5-8 所示。重介质可以反复使用，常用细的磁铁矿或硅铁合金配成水的悬浮液作为重介质。

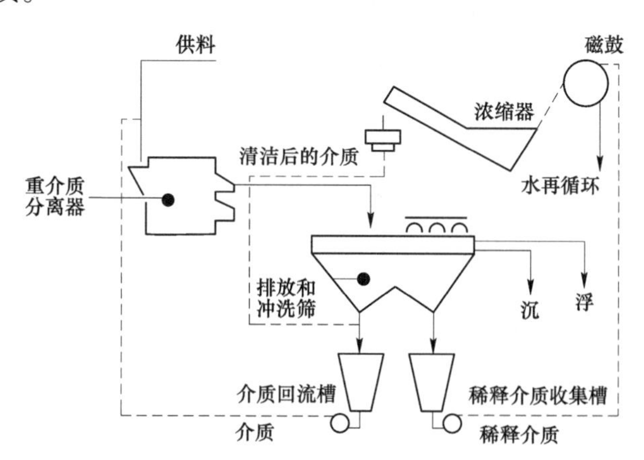

图 5-8 重介质分离流程

5.5.4 废玻璃的高值化利用

回收的废玻璃经分类、清洗后，一部分废玻璃经挑选后可以直接应用。如制镜和玻璃饰面材料等；另一部分废玻璃经加工、粉碎后将其掺入配合料中用来熔化玻璃。

5.5.4.1　废玻璃直接再利用

A　用废玻璃生产棕色试剂瓶和药瓶

棕色试剂瓶由于不要求很高的透明度，因此可采用100%的废玻璃生产，使成本得以大幅度降低。具体生产可采用以下配方：碎玻璃100kg，纯碱3.5kg，萤石粉0.5kg，硫酸钠1.0kg，长石粉2.5kg，白云石粉1.0kg，食盐2.5kg，无烟煤粉1.7kg。硫酸钠加入有助于玻璃澄清和均化，因硫酸钠在高温分解时会产生大量气泡，气体自玻璃逸出时会加速玻璃的澄清和均化。硫酸钠不但起澄清作用还有着色作用。为降低熔点也可用1.3份的硫酸铵代替硫酸钠，并能进一步降低成本。硫酸钠的分解反应如下：

$$Na_2SO_4 + 2C \xlongequal{} Na_2S + 2CO_2\uparrow$$

$$Na_2S + FeO \xlongequal{} FeS + Na_2O$$

B　生产平板玻璃

平板玻璃又称为白片玻璃或净片玻璃，是最传统的透明固体玻璃（见图5-9）。它是未经过进一步加工，表面平整而光滑，具有良好的透视、透光性能，其可见光线反射率在7%左右，透光率为82%～90%。它的规格一般不低于1000mm×1200mm，厚度通常为2～20mm。利用废玻璃来生产不同厚度的平板玻璃。常见的简易平拉生产线用半煤气为燃料，用双弦换热式池窑及自然退火窑进行生产。废玻璃先由人工将杂质清除，然后用水冲净、晾干。小型玻璃厂一般采用的是人工投料，窑内温度控制在1420℃左右，在900℃左右开始成型，日熔化量有的可达20t。由于采用的原料是100%废旧玻璃，因此价格低廉，广泛用于民用建材和低层楼房的建筑中。

图5-9　平板玻璃

扫一扫
查看彩图

5.5.4.2　废玻璃间接再利用

A　制造建筑材料

用废玻璃生产建筑材料一般要求不十分严格，其用量也大，所以是玻璃包装废物最大的去向。

a　生产玻璃纤维

玻璃纤维（见图5-10）具有不燃烧、耐热、电绝缘性、化学稳定性及高强度等特点，由于纤维化后具有可挠曲性、绝热性、易加工和处理的特点，从而广泛用于化工的贮槽管道以及其他耐酸碱的容器，建筑构件上的玻璃纱，一切防火、防腐蚀的内衬和外衬部位，以及玻璃钢和玻璃纤维瓦的制造上，用途广泛、涉及面广，当前需求量日趋上升。废玻璃原料来源丰富、处处皆有，利用这一有利条件、投入比较简单的设备，少量的资金，生产玻璃纤维，可获得较好的效益。

扫一扫

查看彩图

图 5-10 玻璃纤维制品

许多玻璃钢制品要求玻璃纤维并不严格，如聚酯玻璃钢瓦和硅镁水泥瓦所用的玻璃纤维，完全可以用废玻璃生产。一般玻璃纤维的化学组成（质量分数）为氧化硅（SiO_2）60.9%，氧化铝（Al_2O_3）17.5%，氧化钙（CaO）15.4%，氧化镁（MgO）4.2%，氧化钠（Na_2O）2%，若废玻璃与上述组成不同可进行适当调配，在熔炉中熔化后通过自动制球机制成玻璃球，再将玻璃球放入拉丝坩埚熔化，通过喷丝孔和拉丝机就可拉制出玻璃纤维。利用废玻璃生产玻璃纤维能使废玻璃获得较大的增值。

b 生产泡沫玻璃

泡沫玻璃又称多孔玻璃（见图 5-11），是一种内部充满无数均匀气孔的多孔材料。与其他无机隔热、隔音材料相比较，它具有隔热、隔音性能好、不吸湿、耐腐蚀、抗冻、不燃、可钉、可锯、易黏结加工成各种所需形状的优点，可以用作轻质隔墙、框架结构填充墙、保温材料、剧院的吸声材料、防火材料等，也可作为装饰材料，如墙面贴面材料，其装饰性能具有多色性和透光性。

图 5-11 泡沫玻璃

扫一扫

查看彩图

随着科学技术的发展，泡沫玻璃制造方法通常是将一定量的发泡剂加入玻璃原料粉末中，均匀混合后装入成型模具内，在回热炉中使之受热发泡成形，然后慢慢退火冷却即可得到气孔率在90%以上，由独立气孔组成的玻璃发泡体。该产品的原料是玻璃制品包装废物中软化点较低的钠钙硅玻璃。生产方法有粉熔烧法，另一种是浮法，其工艺流程是：将废玻璃洗净、烘干与发泡剂等辅助原料按精确的配比混合后送入球磨机研磨。当物料达到规定粒度后，从球磨机中取出，倒入模框中，送入隧道窑，先在 350～400℃ 预热 0.5h，再加热至 850℃ 使之熔化、膨胀、发泡、烧成；送入退火炉退火，冷却后按要求规格裁切成产品。泡沫玻璃常用配方为：废玻璃 75%～80%，水淬渣 10%～15%，发泡剂（石墨）1.0%～1.5%，促熔改性剂（$Na_2B_4O_7$）2%～4%，发泡促进剂（Sb_2O_3）1%～3%。

c 生产微晶玻璃

微晶玻璃又称微晶玉石或陶瓷玻璃。微晶玻璃和常见的玻璃看起来大不相同。它具有玻璃和陶瓷的双重特性，普通玻璃内部的原子排列是没有规则的，这也是玻璃易碎的原因之一。而微晶玻璃像陶瓷一样，由晶体组成，也就是说，它的原子排列是有规律的，所以微晶玻璃比陶瓷的亮度高，比玻璃韧性强。从整体上看，微晶玻璃具有结构致密、机械强度高、耐磨、耐腐蚀、抗热震、抗冻、抗风化等许多优良性质。随着微晶玻璃的普及推广，它有可能在建筑材料上取代传统的大理石、花岗石、陶瓷地面、墙面装饰材料和铸铁管道。目前日本约有1/3的墙面使用微晶玻璃材料，并正在进一步开发微晶玻璃的建材新产品。用发展的眼光看，该材料将有可能成为常见的通用材料。

生产微晶玻璃的主要原料是电厂粉煤灰、废有色金属矿砂、高炉矿渣、铝厂赤泥和废玻璃等，再配以少量硫化物、氟化物或氧化铬等晶核剂，经粉碎和搅匀后再投入熔窑。在1400~1500℃熔化，稳定1~2h再出炉，将玻璃液迅速投入水中淬火，捞出碎玻璃、烘干、球磨、筛分；然后在800~950℃间核化、烧结0.5~1h，升温到1000~1150℃晶化、摊平，经0.5~1h后取出；最后自然冷却、退火、脱核、研磨、抛光制成微晶玻璃制品。烧结法生成的微晶玻璃能呈现闪闪发光的美丽花纹，这是因为玻璃水淬成颗粒进行热处理时，颗粒表面结晶程度高，内部结晶程度低，结晶程度高的部分和结晶程度低的部分颜色及对光线的反射不同，因而使微晶玻璃在研磨后呈现花纹。要想获得清晰的花纹，需将玻璃颗粒过筛分级，按一定的粒级配比逐层铺在模具里，注意表层的颗粒不能过细，否则表面花纹将不明显。微晶玻璃颜色极为重要，要增加制品的白度，可在基础玻璃中加入适量的氧化锌。由于微晶玻璃色泽好、无脆性，且具备高强度，对人体无影响，因此得到了大范围推广。

d 生产建筑面砖

利用废玻璃生产建筑面砖不仅能降低建筑饰面材料成本，从而降低工程造价，也能降低施工中工人的劳动强度，加快施工进度，而且能改善建筑饰面材料易脱落和面层易被磨损的自身缺陷，以及对天然矿物材料化学成分及含量严格选配的局限性，具有广阔的应用前景。

e 生产人造大理石

人造大理石可以用废玻璃烧结而成，其强度比天然大理石高。其配方是：废玻璃50~60份，碎石100份，黏土20~50份。粒度150~180μm，搅拌均匀后倒入模具中，压制成型置于窑内，在1200℃左右煅烧8~10h，然后取出冷却。用烧结法生产仿大理石饰面板的技术关键在于适当控制好玻璃的颗粒级，制定合理的烧结温度曲线，并在析晶温度区进行适当保温，而后注意缓慢降温，进行退火。着色剂可采用搪瓷色料，可以制得具有结晶状花纹的各种彩色玻璃大理石面板。大理石的纹理和颜色的深浅，可用石灰石与滑石粉调配。

f 制造玻璃马赛克

玻璃马赛克又称为玻璃锦砖，因有一定的孔隙而且表面光滑，是具有防滑作用的装饰建筑材料，广泛用于建筑物室内外装修以及厕所浴室的美化及防滑地面上。玻璃马赛克的生产工艺主要有压制成型低温烧结法和熔融压延法两种。烧结法制造玻璃马赛克以废玻璃为主，也可因地制宜适当利用当地的废渣或尾矿。废玻璃经预处理后加入黏结剂、水、着色剂等，混合均匀，半干压成型，送入电热窑，在800~900℃烧结，在500℃左右退火。冷却后，拣出废品，正品贴在纸上晾干、包装入库。熔融压延法的主要流程是：将硅砂、废玻璃、白云石、石灰石、纯碱等主要原料及乳浊剂、着色剂和助熔剂等辅助原料粉碎，按配方准确称量混合，用对辊式或链板式压延机成型，送入玻璃窑中熔化，熔化温度为1250~1400℃，成型后退火冷却，贴纸、晾干、包装入库。

废玻璃纤维也可用来生产玻璃马赛克。如在废玻璃粉 100 份中加入氧化锌和缩合磷酸盐各 1.5 份，加填充剂高岭土 3 份及适量无机颜料，再加入成形助剂硅酸钠水溶液 8 份，水适量，混合均匀，在常温下用 $250kg/cm^2$ 的压力机，加压成坯料。将坯料放入青石系的陶瓷托盘并置于网带输送机上，送入炉内，在 730℃烧结 2h，便得到光洁的马赛克。

g 生产混凝土

由于废玻璃是一种无定形的高 SiO_2 材料，可将其用作矿物掺合料。将其作为混凝土中的辅助胶凝材料是可能的，对于降低再生混凝土的水泥掺量、提高再生混凝土性能有着一定的意义。国内有研究表明，将废玻璃用作混凝土的矿物掺合料不会使混凝土产生碱硅酸破坏。废玻璃的粒径越小，混凝土的抗压强度越高。将废玻璃应用于混凝土中主要有两种方法：一是将废玻璃用作混凝土集料；二是将废玻璃磨细用作辅助胶凝材料。

由于玻璃中含有 70%左右的无定形二氧化硅。通常被认为不适合用作混凝土集料，因为玻璃中的二氧化硅与混凝土中的碱金属离子有产生碱集料反应的潜在可能。早在 20 世纪六七十年代，就有人研究将废玻璃用作混凝土粗集料，但由于当时对碱集料反应的机理和抑制措施的研究还处于刚起步的阶段，因此有关废玻璃在混凝土中的应用研究没有取得什么实质性的进展。到了 90 年代，由于环境保护压力的逐步增大，美国哥伦比亚大学得到纽约州政府的财政资助，系统地开展了将废玻璃集料应用于预制混凝土制品的专题研究，并批量生产了相应的抛光预制玻璃混凝土墙面砖。

废玻璃微粉也可作为辅助胶凝材料。将玻璃破碎，筛分到 3 种粒径大小，150~75μm、75~38μm 和 38μm 以下，把这 3 种粒径的玻璃微粉作为火山灰组分按 30%掺量掺加进混凝土中，结果显示，掺有 38μm 以下玻璃微粉的试样抗压强度满足 7d 测试的最低要求，当达到 90d 养护期时抗压强度已超过基准混凝土；150μm 的则远低于 7d 测试的最低要求，原因在于其粒径太大达不到火山灰材料的要求；75μm 的在 7d 的抗压强度没有达到要求，但后期到 28d 时就达到了测试要求。在与粉煤灰的对比中，掺有玻璃微粉的试样在早期强度和远期强度均比掺粉煤灰的高。

h 生产花岗岩

花岗岩为典型的火成岩（深成岩），具有结构致密、抗压强度高、吸水率低和化学稳定性好等优点。可用于室内外墙面、地面、柱面等的装饰，以及用作旱冰场地面、纪念碑、奠基碑、铭牌等。我国各大城市的大型建筑，广泛采用花岗岩作为建筑物立面的主要材料。

人造花岗岩生产的一般配方为不饱和聚酯 10~20 份、白凡石、石英砂、废玻璃颗粒 80~100 份以及固化剂 2~4 份。在进行制备时，填料表面处理剂、促进剂、固化剂、树脂混合；模具经上脱模剂，上胶衣后将混合料倒入，浇注经固化脱模后处理最后制得成品。按上述工艺制得的花岗岩制品与真花岗岩十分逼真，因生产原料来源广泛，价格低，加工简便，可做装饰板材、地砖、洁具及雕塑，对一些要求不高的农舍建筑十分适用。

B 生产玻璃肥料

玻璃肥料是以废玻璃为主体，经过化学加工，掺些植物所需要的微量元素以及稀土元素，用于农田，促进农作物生长并获丰收的一种肥料。这种肥料的特点是：见效较慢，持续时间长，有的使用 1 次，2~3 年不再使用化肥，仍能显出肥料的效力。利用废玻璃炼制微量元素玻璃肥料，其生产方法如下：将预处理后的废玻璃 70 份与 15 份硼砂、5.05 份氧化铁、4.05 份氧化锌、5.05 份氧化铜以及 0.85 份二氧化锰，共计 100 份混合均匀磨细，放入石墨锅内置耐火炉中加热炼制。待温度达到 900～1200℃时，全部原料熔化后，再用特制的金属棒进行搅拌，直到炼制成像铁水一样明亮时，放出水淬，晾干、研磨成细粉，即得长效微量元素玻璃肥料。

C　生产轻质多孔颗粒材料

生产环保轻质多孔颗粒的废玻璃再生资源化生产线能使各种废弃玻璃都可以再生利用，其产品环保轻质多孔颗粒广泛应用于：隔热防火、吸声防噪；桥梁、高层建筑轻量建材；高速、高层建筑地基加固；地下管道、光缆保护建材；护岸、护堤、护坡的轻质建材；畜牧场排污处理、水质净化；室内园艺、城市绿化、地下贮水；屋顶花园、屋顶菜园的屋顶绿化：荒山荒地、旱涝地、黏土等土壤改良。轻质多孔颗粒制造装置由原料仓斗、原料输送装置、玻璃粉碎机、碎片研磨制粉机、粉末输送装置、振动筛选机、混合搅拌机、烧成炉 8 个机械装备组成。生产过程分为如下几个阶段。

（1）预处理阶段（破碎、研磨）：原料仓斗能够储存 4.5m^3 的废玻璃，经过玻璃粉碎机，粉碎成 6mm 以下的碎片，然后，通过碎片研磨制粉机，制造成粒径约 3.5μm 的玻璃粉末。

（2）振动筛分、混料阶段：经过振动筛选机把异物和不符合规格的颗粒筛选排出后，由粉末输送装置送进混合搅拌机，把玻璃粉和添加剂混合搅拌，形成混合粉末体。

（3）加热、发泡、成型阶段：经过烧成炉连续以 700～920℃的高温条件下加热、软化、烧成、发泡。投入烧成炉时只有 15mm 厚度的玻璃粉末体，最终会被制造成厚度为 60mm 的多孔质轻量发泡材料。

思　考　题

5-1　玻璃包装材料和陶瓷包装材料与其他包装材料相比，主要的优缺点有哪些？

5-2　常用的玻璃和陶瓷包装材料有哪些？说明其组成、结构和性能。

5-3　简述废玻璃和废陶瓷主要来源及废料特性。

5-4　简述废玻璃和废陶瓷预处理的异同点。

5-5　废玻璃、废陶瓷高值化再利用制造出的产物与普通产物有何区别？

6 其他包装废物处理与高值化

6.1 天然及纤维制品包装材料

6.1.1 天然包装材料

天然包装材料是指天然的植物和动物的叶、皮、纤维等，可直接使用或经简单加工成板、片，再作为包装材料，主要有竹类、野生藤类、树枝类和草类等。这些天然包装材料具有生物降解性和再生性，绿色环保，本身不存在污染，这类材料最终或自然堆肥，或焚烧发电或回收热能。

（1）竹类。竹材在包装上的用途可用作竹制板材，如竹编胶合板。竹编胶合板在我国很多地方已逐步采用。制成各类大、中、小型包装箱，用于机械设备包装、出口机电产品包装，代替大量木材，又节省资金。竹材除了制成竹胶板代替木材制作包装箱外，还可编织成竹筐，包装蔬菜、水果以及一般的小型机电产品；还可以作为菱镁砼包装材料中的筋材，用于制作各种机电产品的包装箱等。

（2）藤类。主要有柳条、桑条、槐条、荆条及其他野生植物藤类，用于编织各种筐、篓、箱、篮等。

（3）草类。主要有水草、蒲草、稻草等，用于编织席、包草袋等，是价格便宜的一次性使用的包装材料。其他天然包装材料还有棕榈、贝壳、椰壳、麦秆、高粱秆、玉米秆等，用于制作各种特殊形式的销售包装。

6.1.2 纤维制品包装材料

6.1.2.1 纤维的种类

纤维织品包装材料主要有天然纤维与化学纤维两大类。其中，天然纤维包括植物纤维（棉、麻）、动物纤维（羊毛、蚕丝、柞蚕丝等）、矿物纤维（石棉、玻璃纤维等）。化学纤维又分为人造纤维（如黏纤、富纤、酪酸纤维等）和合成纤维（纤纶、锦纶、腈纶、维纶等）。纤维的各种用途，大致可分为衣料用、家庭用、工业用。据统计，日本工业用纤维消费中，包装材料用纤维约占20%，其中麻占30%，60%是薄膜纤维，而麻的消费量正在逐年减少。薄膜纤维主要用于肥料、米、麦包装和其他袋类或捆包布等。

6.1.2.2 棉麻织品包装

棉、麻纤维织品用于包装主要是布袋和麻袋。

A　布袋

布袋是用棉布制成的袋，而棉布主要是白市布和白粗布。布面较粗糙，手感较硬，但耐摩擦，断裂强度高。制作的袋一般为长方形，有两个纵边，一边无缝，接缝后两头敞口的桶状袋料，再将一端缝纫封口，另一头在边敞口。白市布袋主要用于装面粉等粮食制品和粉状物品；为了防止布袋受潮渗漏和污染，可在袋内衬纸袋或塑料袋。白粗布袋用于化工产品、矿产品、纺织品、畜产品、轻工产品等的包装。

B 麻袋

用于包装袋的麻有黄麻、洋麻、大麻、青麻、罗布麻等，野生麻用于包装材料的种类也很多。麻纤维经纺织而成麻布是制麻袋的唯一原料。麻袋按照所装物品的颗粒大小，分为大颗粒袋、中颗粒袋和小颗粒袋等；按麻袋载荷质量分为 100kg、75kg、50kg 等，按所装物品可分为粮食袋、糖盐袋、畜产品袋、农副产品袋、化肥袋、化工原料袋和中药材袋等。以各种野生麻棉秆皮为原料织成的包皮布，可代替麻布。

旧麻袋的用途基本上分为 3 类：第一类是修补后再利用，主要是提供给粮库用来储存粮食；第二类是改小尺寸，用来装五金件、标准件等；第三类是将其粉碎，用来做麻刀和麻绒。麻刀用来粉刷墙壁或者其他工业用途，麻绒用作汽车内饰。

C 人造纤维、合成纤维织品

人造纤维用作包装袋和包皮布的是黏纤和富纤。黏纤织品称人造棉布，强度比棉布差，特别是缩水率大。富纤是在黏纤基础上，经合成树脂处理的人造棉布，强度高于黏纤。合成纤维与塑料一样，均属高分子聚合材料，具有强度高耐磨弹性好、耐化学腐蚀性强和抗虫蛀霉变等优点，作为包装材料还有结构紧密不透气不吸水的特点。主要用作包装布、袋帆布、绳索以及复合包装材料等。缺点是耐光性、耐热性差，易发生静电等。

6.1.3 废弃纤维制品的回收处理

6.1.3.1 植物纤维制品

A 植物纤维作造纸原料

废弃的植物纤维包装材料，纤维素含量高、长径比大，是制造高级耐久纸的优质原料，但由于缺乏半纤维素、树脂等胶黏成分，基本上没有结合力，因此，一般需采用机械研磨制浆。工艺流程为：废纤维织物—撕裂—漂白—研磨—制浆—抄纸—整理。

对于有色纤维废料，可使用强氧化剂进行漂白。常用的强氧化剂有氯气、二氧化氯、次氯酸钠等。具体工艺过程见有关造纸方面的专业书籍。

B 植物纤维制造纤维素衍生物

植物纤维含有丰富的纤维素，通过化学加工可以获得许多纤维素衍生产品，如纤维素酯、纤维素醚等。

6.1.3.2 纺织废料

由于纺织废料量大面广，且来源复杂、品种繁多，因此，拣选分类工作对纺织废料的合理利用至关重要。回收时可按棉、毛、丝、麻、化纤等纯纺或混纺制品进行初步分类。对硬质纺织废料而言，加工处理的方法主要有化学与机械两种途径。

化学处理方法是将天然纤维或化学纤维类的废料，用化学处理方法分解和重新聚合抽丝。

机械处理方法是将纺织废料用角钉、钩齿、针布等开松设备予以撕裂，开松成散纤维。此法虽有缺陷，但由于成本较低而应用比较广泛。机械处理又分为干法和湿法两种工艺。

（1）干法。干法加工是通过机械切割、撕裂、开松，将纤维无捻化。由于干法加工开松剧烈，极易拉断织物中的纤维，因此再加工纤维长度短，质量较差，且加工中极易产生高含尘空气和粉尘，对工作环境会造成一定影响。但因其投资小、工艺流程短、能耗小，所以应用很广。

（2）湿法。湿法加工对废料有洗涤作用，不仅能减少飞花，改善环境，而且在湿态下开松不易损伤纤维，加工的再加工纤维长度长，适用于紧密织物及回丝，但因其工艺流程长、能耗高、投资大而较少采用。

回收利用的再加工纤维被广泛应用于家具装饰、服装、家纺、玩具和汽车工业等各个行业领域。如再加工纤维中一些长度较短的纤维不能纺纱，可用来制作工业用非织造布，用于汽车的隔热保温和沙发坐垫等；如再加工后的棉纤维可用于室内装饰材料和非织造纺织品，亦可与新棉或其他纤维通过不同配比混合生产纱线。再加工纤维经处理后还可以用作复合材料的骨架材料。如再生胶生产过程中所使用的废轮胎、废运输带和三角带等制品都含有相当数量作为骨架材料的纤维，过去多为天然纤维，现已逐步为合成纤维所替代。含有纤维的硫化胶制品的橡胶含量占20%~60%。将这类废橡胶制品进行粉碎分离时，废短纤维不可避免地要吸附一些细胶粉。将其加入增黏剂、硫化剂、软化剂等配合剂，经混炼、模压、统化，可制得废纤维胶板。这种胶板具有较高的硬度、较强的抗弯、抗压性能和较低的吸湿性。这类纤维胶板可用作包装箱、贮存箱、活动房墙板，并可代替部分木质纤维胶板。

6.2 木质包装材料

木材作为包装材料具有悠久的历史，现在虽然出现了许多优质的包装材料，但由于木材具有许多优点，如分布广，可就地取材，质轻且强度高，有一定的弹性，能承受冲击和吸收震动，易加工，具有高耐久性且价格低廉等，因此在现在的包装工业中仍然占据重要地位。木制包装是指以木材制品和人造木材板材（如胶合板、纤维板）制成的包装的统称。木制容器主要有木箱、木桶、木匣、木夹板、纤维板箱、胶合板箱以及木制托盘等。木制包装一般适用于大型或较笨重的机械、五金机电、自行车，以及怕压、怕摔的仪器、仪表等商品的外包装。

6.2.1 包装用人造板材与容器

6.2.1.1 人造板材

为了节约和综合利用木材，人造板材是一条重要途径。人造板材除胶合板外，所使用的原料均系木材采伐过程中的剩余物，使枝杈、截头、板皮、碎片、刨花、锯木等废料都得到利用。而且人造板材强度高、性能好。1m^3 的人造板材可抵数立方米木材使用。3mm 厚的纤维板、胶合板相当于 12mm 厚的板材。2.2m^3 原木制成的 1m^3 胶合板相当于 5.7m^3 原木制成的木板。3.3m^3 废木材可制成 1t 纤维板，相当于 6m^3 原木所制的板材。1.3m^3 废木材制成 1m^3 刨花板，相当于 2m^3 板材。此外，4~5m^3 木材废料可制成 1t 厚纸板，用它做包装材料可抵 14~16m^3 原木。因而世界各国为了充分利用木材，都竞相发展人造板材。人造板材的种类很多，主要有胶合板、纤维板、刨花板等。

6.2.1.2 木制容器

使用木制容器的目的在于使产品运输及储存过程中得到适当的防护。木制容器主要是木箱、木桶。

A 钉板箱

一般作小型运输容器用，能运载多种性质不同产品。与其他外包装容器比较，优点是强度大，抗冲击、耐压，制作容易；缺点是笨重，无防水性。钉板箱的结构如图6-1所示。钉板箱结构可分为：箱端内、外有无加强板（分横、竖两种形式）。用于食品包装的钉板箱一般箱端无加强板或只有两侧有加强板，用于金属装罐头和瓶装产品外包装。

B 条板箱

条板箱是由骨架结构所组成，如图6-2所示。用以保护并支持箱装载品，需要时，在骨架外面加以覆盖。是通风透气的木制包装箱，可运输蔬菜。其优点是结构坚固，强度高，且具极佳之防震及抗扭力；有较大的堆积负荷，装载能力大；通风透气，并能看到内装物。缺点是设计及制作均较复杂；空箱质量大，运搬困难。

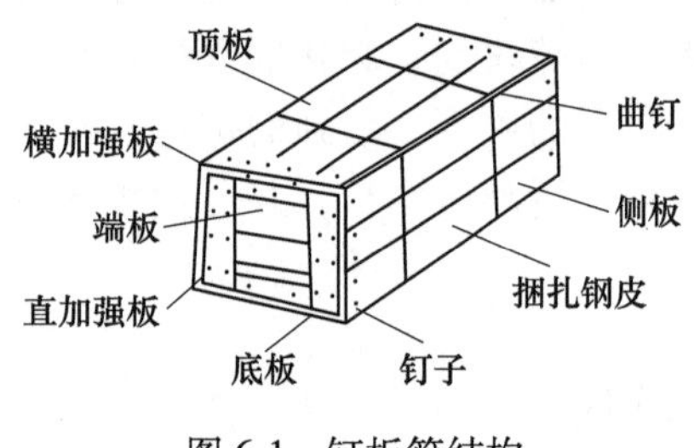

图6-1 钉板箱结构

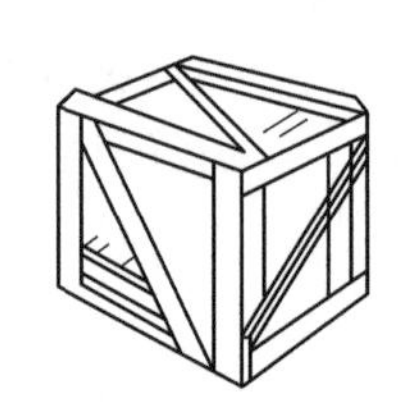

图6-2 条板箱结构

C 木撑合板箱

木撑合板箱先用木条制成箱框，再在6个面钉上胶合板，如图6-3所示。优点是空箱质量轻；有良好的耐堆积强度；具有防尘作用；胶合板面平坦光滑，便于印刷标记，美观。缺点是箱面为胶合板，耐冲穿性差；箱内设置木撑，堆积体积较小。

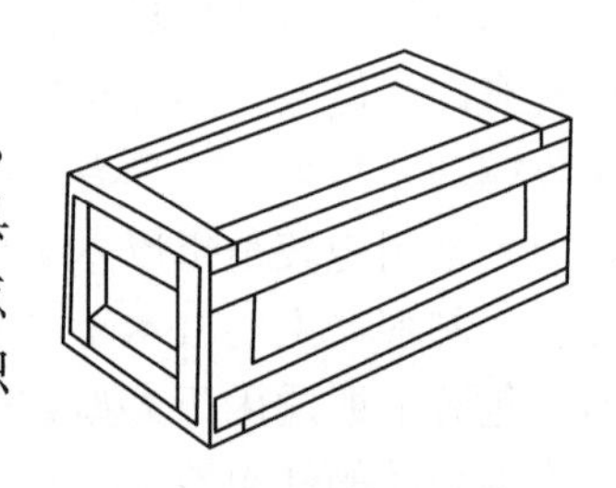

图6-3 木撑合板箱结构

D 捆板箱

捆板箱顶用U字形钉及钢线捆钉，底盖及侧面板两边钉以楔木，两端板用钉子或U形钉固定于楔端。箱的6面折合时，每根捆线的末端牢固接连形成六面体，如图6-4所示。捆板箱的特性如下：

（1）捆板箱薄质柔韧，且具弹性作用，可减少搬运时货物的损坏；

（2）捆板能折叠，空箱存放不占空间；

（3）捆板箱易破裂，但质轻有良好的抗穿刺抵抗力。

E 木桶

用一定规格木板条，经过加工拱合形成，桶的上、中、下部用铁皮牢牢箍住。可以盛装酒、酱、醋、酱菜等。主要有肠衣专用桶和杉木桶两类。肠衣专用桶通常用色木、柞木经加工制成，桶型是腰鼓状，桶内涂有白石蜡，内衬一层白布，防寒、结构严谨不渗漏、隔热、坚固、外形整齐等特点，适应于装猪、羊肠衣。杉木桶多用来装冰鲜、海鲜、腊味及咸菜等。

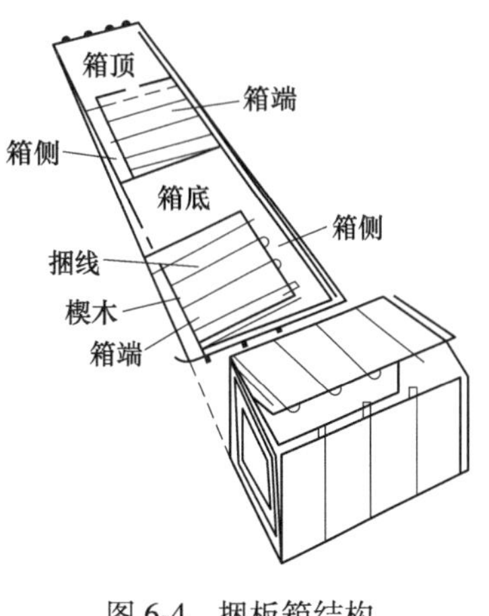

图 6-4 捆板箱结构

6.2.2 木质包装废物的回收与利用

木质包装废物通常采用回收复用、机械或化学处理等方法实现回收和高值化。

6.2.2.1 木质包装的回收复用

木质包装的回收复用是木质包装废物回收与利用的首选途径。该过程是将废弃的木质包装集中回收，再返回生产厂家用于原产品包装的方法。这种回收复用有定点长期供货、定点定时回收及出口地双边协议3种方式。定点长期供货适用于长期向其他地区提供产品的厂家。定点定时回收适用于货物流通量大、流通距离短的产品包装。出口地双边协议适用于包装出口产品通过建立某种包装回收双边协议，使使用过的木包装能在跨国流通中回收利用。

6.2.2.2 木包装的机械或化学处理

利用机械或化学处理的方法，可将废弃的木质包装用来制造地板、纤维板、自行润滑材料、氨基木材等产品。

（1）制造木质纤维板。木质纤维板是利用木质碎料作为主要原材料生产的一种人造板。其制造过程主要包括备料、纤维分离、纤维干燥、纤维分级、拌胶、板坯铺装、板坯热压、后期处理、表面加工等工序。

（2）生产自行润滑材料。利用木质纤维素的惰性，可将回收的木包装用于制造重载荷自行润滑部件的零件及其组成材料。制作时，先将木碎料放入高压釜内，进行常温真空处理，以除去易挥发成分和水分，然后将含有聚合物的稠化机油或聚合悬浮液打入高压釜内，再将浸渍过的坯料送往压制室，加热压制，使聚合物重新排列组合。活性物质沉落在颗粒的表面上，与木质素结合，从而形成整体材料，获得所需要的性能。木质组合材料在电气绝缘工业生产中得到了广泛应用。另外，木材经防腐剂浸渍处理后，还是优良的抗生化腐蚀性材料。

（3）生产氨基木材。利用木材中所含化学组分的化学活性，对回收的木质包装进行化学改性，可制取氨基木材。在常温和低压下，使木材与氨溶液或加热的气体氨相互作用，并在 $100 \sim 300 kg/cm^2$ 的压力条件下进行压制，即可制得氨基木材。这是一种优良的新型材料，生产成本低，耐生化腐蚀能力强，强度不仅优于所有木材，而且高于青铜，而价格仅为青铜的1/10。另外，氨基木材还具有优良的铣、锯、刨、切等加工性能，不仅可用来制造拼花地板和家具，而且还可用于生产乐器、体育器材、衬套、轴瓦、齿轮等。

（4）制作仿古书简条幅。将回收的木质包装去除铁钉、铁皮等杂物，并制成40cm的小规格胶合板，然后加工成1cm宽胶合板边条，粘贴在布上，与木制品的卷帘门产品相同，以水曲柳、柞木、榆木等颜色较深的胶合板条加工的条幅与古代书简相似。

（5）制取模压制品及改性聚乙烯醇塑木。将回收的木包装去除铁钉等杂物，并制成锯末，然后将干燥的锯末拌上一定量的脲醛树脂及少量辅助剂氯化铁、石蜡等，预压、热压后，填装在预制的坯具中一次热压成型，成品表面光洁平整，可直接喷漆，用于生产钟表壳、家具及某些工艺品等。

6.3 托　　盘

6.3.1　木质托盘

托盘是一种垫板状的集装器具。托盘的使用范围和使用数量，在集装器具中当属首位。托盘实际上是一种集合包装的底盘，可用来集装诸如箱装货物（木箱、纸箱、铁箱等集装的各类产品），袋装货物（草袋、麻袋、纸袋、塑料袋等集装的各类产品），筐装货物（竹筐、藤筐等集装的各类产品），卷捆货物（钢带、缆索、线材等）和无包装的货物（金属锭、金属空罐、砌瓦、管、板材等）。据我国铁路部门统计，近些年来国内一些企业在运输保温瓶、石棉瓦、挂钟、高压瓷瓶、炭黑、油漆、三通管、阀门、电焊条、轴承、钢锹时采用了托盘集装，取得了显著的经济效益。托盘的基本形式为垫板状，它可依据以下 3 个方面进行分类。

（1）按托盘结构分类。

1）通用托盘。按结构形式不同有平托盘、箱式托盘、柱式托盘、轮式托盘和滑板。

2）专用托盘。它是专门为集装运输某种产品或包装件而设计加工的托盘，俗称集装架。

（2）按托盘的材料分类。有木托盘、胶合板托盘、钢托盘、铝托盘、纸托盘、塑料托盘。

（3）按托盘的载重分类。有轻载托盘（载重等于或小于 0.5t）、中载托盘（载重等于或小于 1t）和重载托盘（载重 2t）。

6.3.2　其他材质的托盘

由于木材来源有限，各国都在研究采用钢材、塑料、纸或其他材料来制作托盘。因为前面所述的木制平托盘设计方法具有普遍性意义，所以这里仅概要介绍其他材质平托盘的结构。

（1）其他木制托盘。

1）胶合板托盘。胶合板托盘是一种轻型托盘，其自重仅为木托盘的 20%～50%。胶合板的厚度可依照托盘大小和承载能力来确定。

2）木纤维模压托盘。用木纤维模压成型，空托盘可叠套，可多次使用，其载重可达 2t。

3）纤维板托盘。两只套管和两根木质铺板条组装成的托盘，所占空间为木托盘的 1/6。按照实际需要可增加铺板条的数量，且均为可拆卸的结构。套管是以焊接钢丝作为骨架，外层为纤维板。

（2）钢制托盘。钢制托盘使用也很广泛，其数量仅次于木托盘，其结构与木托盘相比有很大差异。

（3）塑料平托盘。塑料平托盘多用于冷库、肉食加工厂、饮料厂和制药厂等，多为高密度聚乙烯，也可用聚酯、聚苯乙烯。热塑性塑料托盘的制造以注射成型为主，特殊结构的托盘也可采用中空成型、热压成型或低发泡成型。

（4）纸质平托盘。用纸制作托盘具有价廉、质轻的特点，但纸强度低、易燃、且防潮性能差，故纸质托盘多为一次性使用。其承载能力也可达 1~1.5t。

6.3.3 托盘管理

6.3.3.1 传统托盘租购方式

托盘，作为生产、运输、仓储和流通中广泛运用的集装设备，从本质上看，托盘是储存单位、搬运单位、识别单位及计量单位，如同毛细血管一般贯穿物流所有作业环节的始终，是物流机械化、自动化作业的基础工具。传统的托盘采购和其他的商品一样，直接在托盘提供商那里采购或租赁，将托盘的所有权/使用权变成自己企业的。相比较直接购买，托盘租赁因其实惠被许多托盘使用方青睐，在托盘租赁业务越来越繁忙的市场上，也出现了许多经营托盘租赁业务的公司。

6.3.3.2 托盘循环共用

以普拉托托盘共享为例，托盘循环共用在一定程度上和托盘租赁有交集，但两者有着概念性的区别。托盘循环共用和物流标准化相辅相成、互相成就，它要求循环共用系统里的托盘标准化，托盘在产业物流链中随着货物流动，在不同企业的货物交接中不需要反复倒板，以托盘为点，带托运输为线，货物运输整个过程呈现高效性。在托盘到达终点时进行统一回收，经过检验维修后再进入共用系统中进行循环使用。传统租购方式和循环共用最大的差别便是后者概念中包含的“共享”理念，共享是一种资源分配的使用方式，也是经济发展的归宿，将共享理念放进相关行业中，可以减少社会资源的浪费。托盘循环共用便是将托盘放进共享池中，让托盘在平台、客户或者任何身份的参与者之间流动。根据物流运作经验，托盘循环共用，有利于显著提升物流效率、降低物流成本，从而大规模推动物流业的现代化改革。

6.4 复合包装材料

复合包装材料是由层合、挤出贴面、共挤塑等技术将几种不同性能的基材结合在一起形成的一个多层结构，以满足运输、贮存销售等对包装功能的要求及某些产品的特殊要求。许多现代包装技术，例如，真空包装、气体置换包装、封入脱氧剂包装、干燥食品包装、无菌充填包装、蒸煮包装、液体热充填包装等都与复合包装材料的开发应用密切相关。研制新型的多功能复合材料及其包装技术是近代包装工程学科发展的一个重要方向。现在已经开发的多层复合包装材料有纸/塑、纸/铝箔/塑、塑/塑、塑/无机氧化物/塑等许多种，其中的塑料和其他组分可以是一层或多层；可以是相同品种或不同品种。根据多层复合结构中是否含有加热时不熔化的载体（铝箔、纸等），可以将复合材料分为层合软包装复合材料和塑料复合薄膜。当然，无载体的塑料复合薄膜也可以是层合的，所以这种区分并不严格。习惯上，把多层复合的包装材料统称为层合软包装材料。但这容易与单层软包装材料混淆。美国包装协会（Retail Packaging Association，RPA）对软包装的定义为

"使用柔软性材料（纸薄膜、铝箔和镀金属膜）的包装，这些材料通常是印刷或层合的卷筒材，它们能顺应内容物的形状"。显然，软包装的定义中也包括大量使用的单层材料。复合包装材料还应包括复合容器和多层塑料容器。复合容器一般是指罐体与罐盖（底）用不同材料制成的罐或容器，又称组合罐。这里只介绍多层复合材料。

6.4.1 复合包装材料的组成

通常，可将复合包装材料分为基材、层合黏合剂、封闭物及热封合材料、印刷与保护性涂料等组分。由于前述有关章节已详细地介绍了纸、铝箔、塑料薄膜和聚合物等材料，所以，本章节只就与多层复合包装有关的组分材料作简要介绍。

6.4.1.1 基材

在一个多层复合结构中，基材通常由纸张、玻璃纸、铝箔、双轴取向聚丙烯、双向拉伸聚酯、尼龙与取向尼龙、共挤塑材料、蒸镀金属膜等构成。

6.4.1.2 层合黏合剂

黏合剂的主要功能是将两种材料黏合在一起，但黏合剂常常还赋予层合材料其他的功能。为了使两种材料黏合在一起必须使材料表面具有可润湿性。黏合剂必须能在基材的表面均匀流动。黏合剂对表面的润湿程度取决于黏合剂的表面张力和基材的表面能。电晕处理可以使非极性的塑料薄膜表面改性，变为极性表面，从而改变材料的表面能。当用聚乙烯和聚丙烯作基材时，因为分子的非极性，它们的表面不会被极性的黏合剂润湿，在层合和印刷时，要经过电晕处理。

6.4.1.3 封闭物与热封合材料

封闭包装的方法有热封合、冷封合和黏合剂封合。热封合是利用多层结构中的热塑性内层组分，加热时软化封合，移掉热源就固化。蜡和热封合塑料薄膜是常用的热封合材料。在热封合薄膜中，以聚乙烯膜用得最多。由于有多种分子量、分子量分布、密度、熔融指数，所以聚乙烯膜有多个品种。随着密度增加，封合温度、耐热性、强度、挺度增加，但封合范围、透明度却降低了。多品种的聚乙烯膜为不同结构的产品包装需要提供了广阔的选择余地。乙烯共聚物的性能与聚乙烯不同，由于共聚物中可以含有一系列不同比例的共聚单体，共聚单体的含量变化，可以使透明度、封合温度、封合范围等发生变化。这些乙烯共聚物可以作为层合膜、挤出涂料或共挤塑组分用于多层结构。它们的价格比聚乙烯贵，所以只有在值得使用的多层材料中才使用。

除了上述的热封合材料外，热封合涂料和热熔融体也是常用的热封合材料。热封合涂料是以溶液或水乳液状态涂布的涂料。常用的热封合涂料有醋酸乙烯-氯乙烯共聚物、硝酸纤维素、丙烯酸系塑料或聚偏二氯乙烯。热熔融体是由各种热塑性树脂、蜡和改性剂组成的。它们作为涂料在熔融状态下涂在整个材料的表面。乙基纤维素、硝酸纤维素、乙烯-醋酸乙烯共聚物、聚酰胺是热熔融体的主要组分。如果用改性橡胶基物质作封合材料则不用加热只要加压就能封合，这些封合材料称为冷封合涂料或压敏胶。冷封合涂料只能自身封合而不能与其他材料封合。最常见的冷封合涂料是涂在包装袋边的边缘涂料。黏合剂封合在多层包装中应用并不广泛，只用于含纸的包装材料。

6.4.1.4 印刷和保护性涂料

多层软包装的保护性涂料可以提供下列功能：保护印刷表面、防止卷筒粘连、光泽、控制摩擦系数、热封合性、阻隔性等。涂在油墨层上的涂料可由许多不同的树脂或树脂混合物配制，并可加入添加剂。硝酸纤维素、乙基纤维素、丙烯酸系塑料、聚酰胺等树脂都可用作保护性涂料。在高度反光的铝箔或蒸镀铝上使用透明色印刷，可以使软包装具有引人注目的外观。如果透明薄膜是层合材料的外层，在膜的反面印刷，可以提供高光泽和极好的耐擦性，这是单层结构很难得到的。在透明薄膜上进行全版印刷，能够提供遮光性能，如果使用不透明色，则可以使透明的薄膜成为不透明的材料。

6.4.2 复合包装材料制造技术

将上述各类包装材料复合在一起形成一个多层复合结构的方法有层合（包括湿法、干法和热熔层合）、挤出贴面和共挤塑等方法。新型的挤出贴面层合技术，使以往用黏合剂形成层合材料再用热封合涂料使材料形成包装的两种完全不同的工艺过程统一起来，因为在挤出贴面和挤出层合工艺中，同一种材料既可以作黏合剂又可以作热封涂料。这种新技术改变了传统包装概念，导致各种新型包装不断出现。

6.4.2.1 层合

A 湿法黏结层合

湿法黏结是指将任何液体状黏合剂加到基材上，然后立即与第二层材料复合在一起，从而制得层合材料的工艺。最早应用的黏合剂是干酪素和硅酸钠，将铝箔和薄纸层合。而采用水基黏合剂的层合则叫作湿法层合，因为在层合以后要进行干燥。湿法黏结层合机一般包含一对不加热的低压压辊，如果黏合剂是溶剂型的，薄材中必须有一层是渗透性的，以便能蒸发掉溶剂。如果用水基黏合剂，则至少要有一种吸水材料。纸是常用的基材，缺点是耐水性差。

B 干法黏结层合

干法黏结层合通常使用溶剂型黏合剂，如聚醋酸乙烯、丙烯酸酯聚合物等热塑型树脂。干法黏结层合与湿法黏结层合的基本区别是在干法复合中，在涂布黏合剂于基材上之后，必须先蒸发掉溶剂，然后再将这一基材在一对加热的压辊间与第二层基材复合。加热温度一般在50~90℃，压力一般是0.98~4.9MPa。

C 热熔或压力层合

利用热熔黏合剂将两种或多种基材在加热加压下形成多层复合材料的方法叫热熔或压力层合。热熔黏合剂或热熔胶可以定义为以热塑性聚合物为主的100%固体含量的黏合剂。它以熔融态施用，冷却固化后即完成黏合，最广泛应用的热熔黏合剂是乙烯-醋酸乙烯共聚物，它可以用多种添加剂改性以适应不同的需要。

热熔黏结层合与干法黏结层合有时很难区分，一个容易判断的参数是在热熔黏结层合中需要较高的压力和温度。

蜡是最早用作热熔层合的黏合剂。为了增加黏合强度，有时向微晶石蜡中添加一些丁腈胶乳，或邻苯二甲酸酯作为增塑剂以增加柔软性。近年来，蜡已被其他高分子黏合剂所代替，如乙烯-醋酸乙烯共聚物、乙烯-丙烯酸共聚物、聚异丁烯、聚丁烯、石油树脂等。

在层合复合技术中，发展了各种各样的将黏合剂转移到基材上去的方法和各种涂布机械，例如刮刀式涂布、辊轴涂布、槽辊涂布、帘流式涂布、辊压涂布、挤出涂布、流延涂布、辊隙涂布、喷枪涂布等。

6.4.2.2　挤出贴面层合技术

挤出贴面或挤出涂布是一种把挤出机挤出的熔融的热塑性塑料贴合到一个移动的基材上去的工艺方法。贴合层的厚度可由基材的移动速度控制。以单层或多层挤出的熔体流可以用作涂层，也可用作二层基材间的黏合层。在挤出层合中基材和挤出物上的压力和温度联合作用产生黏合。通常，基材提供多层结构的机械强度，而聚合物则提供对气体、水蒸气或油脂的阻隔性。随着越来越多的性能标准和新型结构的食品包装材料出现，挤出贴合机和制造工艺变得越来越复杂。计算机控制的自动化生产线已把产品质量和生产效率提到了非常高的水平。

在挤出贴面层合技术中，使用的聚合物材料有聚乙烯、聚丙烯、离子键聚合物、尼龙、乙烯-丙烯酸共聚物、乙烯-甲基丙烯酸共聚物、乙烯-醋酸乙烯共聚物等。

6.4.2.3　共挤塑层合技术

利用共挤塑制造多层复合包装材料是20世纪80年代出现的发展最快的包装技术领域之一，它已取代了很多老的包装技术，如溶剂涂布和层压复合等方法。共挤出薄膜的确切定义是：通过一个模头同时挤出形成有明显界面层的多层薄膜。由于共挤塑技术可以把不同包装功能的不同材料一步成型，因而大大降低了包装成本。例如，由高密度聚乙烯和乙烯-醋酸乙烯共聚物的共挤塑薄膜可以代替取向聚丙烯和低密度聚乙烯的层压复合膜。以前，这个层压膜需要4道工序：聚丙烯薄膜的制造，聚丙烯薄膜的取向，聚乙烯薄膜的制造，两种材料的黏结层压复合。显然，共挤塑层合技术是用最低的材料成本生产最佳性能包装材料的新技术，具有非常好的发展前景。

目前应用的共挤塑层合技术有5种：平挤薄膜共挤塑、吹塑薄膜共挤塑、共挤塑贴面、共挤塑层合、平挤片材共挤塑。平挤薄膜、贴面、层合3种共挤塑过程相似。在平膜共挤中，熔体是直接挤到冷辊上；在共挤贴面中是把熔体挤到纸、箔等基材上；在共挤层合中是把熔体挤到两个基材之间。与平挤薄膜相比，吹塑薄膜共挤塑具有更均衡的物理强度性能、较高的湿气阻隔性和较大的劲度。而光学性能，如透明度和光泽，却不如平挤薄膜，因为吹塑过程中材料的结晶速率较慢。

用于共挤塑薄膜的主要原料是聚烯烃（聚乙烯和聚丙烯）。为了获得多功能，经常使它们与尼龙、聚偏二氯乙烯（PVDC）、乙烯-乙烯醇共聚物（EVOH）等材料共挤塑。在共挤塑层合中，需要注意的是黏合问题，由于共聚物分子结构的本性差异，有些材料不能直接黏合。这时可以用乙烯-醋酸乙烯、乙烯-丙烯酸或乙烯-甲基丙烯酸等共聚物作为共挤塑的黏合层，这些材料也可作为低温热封合的表层材料。聚酯和聚碳酸酯是性能优异的表层材料，它们可提供优异的机械强度和机械作业的适应性。

6.4.3　复合包装材料的结构

与其他层合材料的结构相似，复合薄膜可以由外层（印刷）、黏合层、阻隔层、热封层等结构组成，如图6-5所示。但复合薄膜的构成与加工方法有关，所以有时不能严格区分各个层次。在用共挤塑方法制造复合薄膜时，经常把用来支撑阻隔层的材料叫作结构层。常用结构层的材料主要有聚苯乙烯、聚丙烯、高密度聚乙烯、低密度聚乙烯、热塑性聚酯（结晶）、聚碳酸酯等聚合物材料。

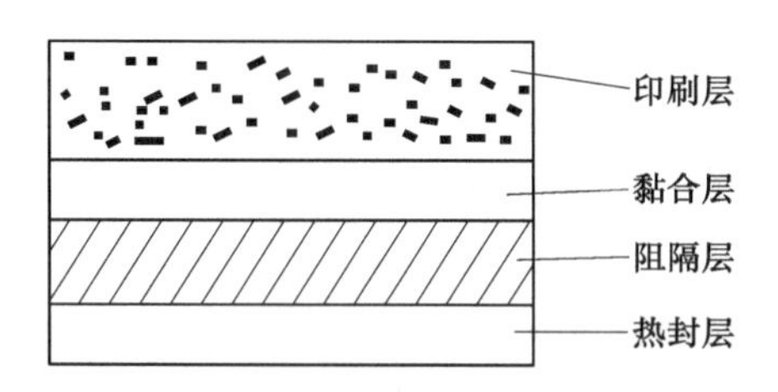

图 6-5 复合材料结构示意图

聚苯乙烯具有优良的共挤塑加工性和热成型性，但它的加工温度较低。从共挤塑的角度看聚丙烯也是一种优良的材料，它的耐热性好，但耐低温冲击性差，对它还需要考虑特殊的成型方法（固相成型）。与聚丙烯相比，高密度聚乙烯的低温性能有显著提高但对蒸煮过程的适应性不好。低密度聚乙烯可作为共挤塑结构中的热封合层，因为它的熔点较低。用结晶型聚酯和聚碳酸作结构层的包装材料目前尚未实现商业化，但它们的优良性能，使它们在这方面具有良好的应用前景。在复合薄膜中，共挤型薄膜最引人注目。因为它的成本低，比共挤型层合软包装和挤出贴面更受人欢迎。共挤薄膜可分为单一树脂膜、不对称多层结构薄膜和对称多层结构薄膜 3 类。由于性能和成本的原因，许多薄膜都是根据单一树脂的特性而共挤塑的。

6.4.4 复合包装材料的应用

6.4.4.1 食品包装

在食品工业上使用的复合包装材料最多。例如，铝箔/蜡/薄纸铝箔（用于口香糖包装）/薄纸/蜡（用于巧克力包装）、铝箔/防油胶黏剂/羊皮纸（用于牛油、奶酪包装）等。一般地，复合包装材料皆具有防水抗油、耐热等特性，其用途甚广。大体上可用以下几个方面。

（1）固体食品。如方便面、各种奶糖麦片、巧克力、紫菜、茶叶、各类干果（如葡萄干）、膨化食品的包装。

（2）液体食品。如牛奶、甜酒、果汁、酱油、醋等的包装。

（3）保鲜食品。用于生鱼鲜肉、禽蛋等的包装。

6.4.4.2 药品包装

西药分为片剂、粉剂、针剂等，过去它们的包装偏重于塑料和玻璃这两种材料。后来泡罩包装材料获得了较大的发展，使用这种包装的生产成本低、加工速度快、保护药品的性能好，对患者来说既经济又方便。据初步统计，现在每年以 8%的比例增长。泡罩包装实际上也属于复合包装材料应用之一。铝箔的细化结果是镀铝膜（VAM）用聚乙烯（PE）/VAM/纸/PE 来包装药品，其优点是：减小体积，阻隔性好，防止受潮变质，并能延长有效期。当前，在这方面使用的复合包装材料已有不少，如 PVDC/VAM/PP（聚丙烯），PET（聚酯薄膜）/VAM/纸/PE 等。而中药有丸、散、膏、丹等，传统包装已不能适应新形势，预计在此领域中复合包装材料将占据重要地位。

6.4.4.3 军品包装

对军品的防护包装，不能仅仅停留在防潮、防霉、防锈等基础功能上，需要加大力度在防磁、防爆、防生化、防微波等方面更上一层楼。研制并使用新的复合包装材料，现实意义十分重大。其中主要采取的方法是将功能性微纳米填料与聚合物基体复合制备多功能性复合材料，常用的纳米填料主要有蒙脱土、累托石、二氧化硅、二氧化钛、碳纳米管、石墨烯、二维片层 MXene 材料、其他磁性/导电微纳米材料等。

6.4.4.4 杂品包装

在杂品包装方面常用的复合包装材料典型实例之一，是一种粘贴在商品上的标签纸，或称不干胶标签，也有人叫作“即时贴”（JAC）。它在许多自选（超级）市场的货架上获得了广泛的采用。在这种复合商标纸上，可以印刷出各种精美的图案。使用时只需剥去面层（含胶黏层）的铜版纸，粘贴在商品上。复合商标纸的结构通常分为五层：第一层（面层）是铜版纸，面上印有彩色图案及相关文字价码等；第二层是胶黏层（不干胶），一般采用丙烯酸树脂胶；第三层是抗黏层（涂有硅橡胶和聚甲基乙氧基硅烷）；第四层是补强层（涂以高压聚乙烯石蜡和聚氯乙烯等）；第五层（底层）是彩黄牛皮纸或羊皮纸，供承载面层纸之用。表 6-1 为复合包装材料的构成、特性和用途。

表 6-1 复合包装材料的构成、特性和用途

名称（构成）	特 性	用 途
纸/PE	防潮、廉价	饮料、调味品、冰激凌
玻璃纸/PE	表面光泽性好、无静电、阻气、可热合	糖果、粉状饮料
BOPP/PE	防潮、阻气、可热合	饼干、方便面、糖果、冷冻食品
PET/PE	强度高、透明防潮、阻气	奶粉、化妆品
铝箔/PE	防潮、阻气、防异味透过	药品、巧克力
取向尼龙/PE	强度高、耐针刺性好、透明	含骨刺类冷冻品
OPP/CPP	透明、可热合	糖果、糕点
LLDPE/LDPE	易封口、强度好	牛奶
PET/镀铝/PE	金属光泽、抗紫外线	化妆品、装饰品
PET/铝箔/CPP	易封口、耐蒸煮、阻气	蒸煮袋
PET/黏合层/PVDC/黏合层/PP	阻气、易封口、防潮、耐水	肉类食品、奶酪
LDPE/HDPE/EV	易封口、刚性好	面包、食品
纸/PE/铝箔/PE	保音、防潮、抗紫外线	茶叶、药品、奶粉
PE/瑟林/铝箔/瑟林/PE	可作复合软管材料	牙膏、化妆品
取向尼龙/PE/EVA	封口强度高，耐穿刺、阻气	炸土豆、腌制品

6.4.5 其他多层复合塑料容器

6.4.5.1 多层塑料瓶

为了节省能源和资源，价格低廉的塑料容器与玻璃和金属容器展开了竞争。对于许多应用，单层的塑料瓶显然是不适用的，必须提高塑料容器的阻隔性能，因而开发了多层塑料瓶。在多层瓶中，使用强度好而且成本低的塑料以满足机械强度方面的要求，而用阻隔性能好价格贵的树脂作阻隔层，通常阻隔层很薄，因而可降低成本。例如，以 EVOH 为阻隔层的多层瓶广泛地用来包装农药和药品。另外，EVOH 对饮料中的香精油等物质吸附极少，所以也广泛地用作橘汁等饮料的包装。一个典型的多层结构为 HDPE/改性 PE/EVOH/改性 PE/HDPE 复合的小型橘汁瓶。为了增强气密性，最近已改为 7 层结构：HDPE/改性 PE/EVOH/改性 PE/HDPE/改性 PE/EVOH。虽然 PET 单层瓶已广泛用作汽水、矿泉水、茶等饮料的包装，但对于易氧化的葡萄酒、啤酒等对气密性要求较高的产品，尚不适用。所以，在使用 PVDC 涂覆单层 PET 瓶的同时，大量使用了 PET/MXD（尼龙）等多层复合材料瓶。此外，由 PET/EVOH/PET/EVOH/PET5 层复合的多层瓶已用来灌装番茄酱。这种瓶子在制作中不使用黏合剂，所以回收可如单层 PET 瓶一样，经粉碎后将 PET 与 EVOH 分离，再循环使用。

除了 PET 可用作多层复合瓶的基材外，近年来开发的另一种制瓶材料聚萘二甲酸乙二酯（PEN）越来越受到人们的关注。与 PET 相比，PEN 的气密性及耐热性均优，如 PEN 的透氧率为 PET 的 1/4；而二氧化碳透过率为 PET 的 1/5；水蒸气的透过率为 PET 的 1/4；玻璃化温度比 PET 高 43℃。虽然目前 PEN 树脂的价格偏高，但随着加工技术的改进，一旦价格有所下降，PEN 有望成为今后气密性耐热瓶的主要原料。除了作为层合材料外，PEN 还能与 PET 共混制作双向拉伸吹塑瓶，而且瓶的氧气透过率随加入 PEN 量的增加而下降，耐热性提高。

6.4.5.2 层合软管

层合软管是多层复合包装材料的一个新的应用领域。材料层数高达 10 层的软管材已经由挤出加工生产出来。这种层合材料先制成大卷片材，以利于制管时分切成适当宽度。分切的卷筒被送到制管厂制成管筒。由于层合材料中采用不渗透的铝箔作阻隔层，因此可能发生渗透的部位是搭接缝。

6.4.5.3 塑料-金属箔复合容器

由于金属压延技术的进步，最近，利用钢箔和塑料复合的容器应运而生。由于钢箔比铝箔刚性好不易变形，消除了铝箔形成容器时常见的褶皱现象，外形美观。一个典型的钢箔塑料复合结构为 PP(40pm)/钢箔(75pm)/PP(70μm)。外层聚丙烯使用了填充钛白粉的 CPP，以改善外观。这种金属箔-塑料复合材料的气密性是完全可靠的，但在充填后尚存在着一个预留容量，残留的空气会使产品氧化。用加热的蒸汽和氮气充入罐内以排除预留容量中氧气的封罐系统已被研制出来，解决了这个问题。这种方法可用于冷冻食品以及婴儿食品包装。虽然采用上述封装系统能使残留氧降到相当低水平，但某些产品对这样低的氧含量仍然敏感，如橘子、菠萝、桃子等水果及蘑菇、藕、土豆等蔬菜。因此，日本开发了防止上述氧化现象发生的钢箔类复合无菌容器。这种容器的基材为 75μm 厚的镀锡钢箔，外面复合聚丙烯；在制罐工艺中，于罐口突缘及侧壁处涂上专用涂料，底面的镀锡层裸露。利用锡极易氧化的原理，有效地消除内部残留的氧。实验证明，这种包装能确保内容产品于常温条件下在一年内完好无损，并保持食品的色、味及内在质量。

6.4.6　复合包装废物的回收再利用

6.4.6.1　热分解回收技术

复合软包装废物的热分解回收技术主要包括以下几个方面：（1）以产生热量、蒸汽、电力为目的的燃烧技术；（2）制造中低热值燃料气、燃料油和炭黑的热解技术；（3）制造中低热值燃料气或 NH_3、CH_3OH 等化学物质的气化热解技术；（4）制造重油、煤油、汽油的气化热解技术。

6.4.6.2　塑木和彩乐板技术

由于复合纸塑复合包装材料包含塑料、纤维等成分，因此可以用来生产塑木产品。室内的部分家具、室外防盗垃圾桶、室外园艺设施都属于塑木产品。目前市场上的利乐包废物主要采用该种回收技术，主要分3类：

（1）水力再生浆技术。在牛奶、软饮料业被大量采用的复合纸包装，出于无菌保鲜的需要，由纸、塑料、铝等多层材料复合而成。其中，利乐包含有70%以上的长纤维纸浆、20%的塑料、5%的铝。此前由于技术原因难以将其回收分离再造纸浆，因而只能当垃圾焚烧或填埋。目前已研发出新型的利乐包处理设备，能够有效地分离复合纸包装的各种材料，即将利乐包分解为优质的长纤维的再生纸浆和铝塑的混合物。同时，还可以将利乐包中的塑料和铝混合物直接进行分离，分离出铝和塑料，并可将塑料继续加工为塑料粒子。

（2）塑木技术。将废弃包装直接粉碎、挤塑成型为“塑木”。由于复合纸包材已经包含塑料、纤维等物质，用它生产塑木正是物尽其用。室内家具、室外防盗垃圾桶、室外园艺设施都是发挥“塑木”所长的产品。上海彩乐公司生产的工业托盘还因强度大、比重轻而成为航空运输的替代选择。

（3）彩乐板技术。通过直接粉碎、热压废弃利乐包，可以制成彩乐板。彩乐板可以制成多种产品，尤其是果皮箱，既美观、耐用又成本低廉。一把由十几万个废弃利乐包装直接再生的塑木制成的长椅甚至被摆进了鸟巢旁边的奥林匹克公园里。

6.4.6.3　化学分离技术

目前，废旧纸塑铝复合软包装的化学分离技术主要有两种方法：（1）利用酸溶液或碱溶液将纸塑铝复合软包装材料中的金属铝或氧化铝溶解，回收聚乙烯塑料膜和纸，然后再将含铝废液制成聚合氯化铝或硫酸铝；（2）利用水力法将3种材料分离为纸浆和铝塑两部分后进行分离，然后再分别进行利用。

巴西研制出一种回收纸复合包装材料的新技术。这项分离技术也解决了纸难以回收的问题。该学院采用一种特别的化学溶剂来回收3层不同材料（纸、铝箔、塑料）。其工艺是将强化包装材料袋浸入溶剂约2.5min，3层材料即分离，进行人工分选，再经高压去除溶剂。这项技术不仅适用于纸张、PVC、聚乙烯，也适用于回收牛奶、果汁包装袋和更薄的食盐、咖啡、鸡蛋等薄层纸复合材料包装物。

6.4.6.4　包装用多层薄膜的分离回收

包装用多层薄膜含有多种成分，如玻璃纸、PET、Nylon66、PE等，可用溶解分离法来提取分离聚烯烃塑料。用二甲苯分离出塑料中的聚烯烃溶液，在120~130℃混入石膏微粒，使其均匀分散。降到室温后，聚烯烃和石膏共沉淀。除去溶剂得到聚合物和填充剂的复合粉状物。这种粉状物的混炼性和成型性很好，制成的板材几乎看不到石膏填充剂有二次凝聚现象，这说明分散性是好的。这种方法能生产出附加价值高、性能好的复合材料。

6.5　塑料编织袋

近年来，随着国民经济持续稳定发展，各种塑料编织品的需求量也同步增加。编织袋较轻，采用经纬编织方法制成，比普通塑料袋结实得多，因此得到广泛使用。使用量的增加也给回收利用带来了难题，尤其是用过的肥料袋和水泥袋等编织袋表面脏污严重，如果直接丢弃会对环境产生污染。塑料编织袋的回收再利用方式如下。

（1）高温裂解回收再利用。通过高温裂解对废编织袋回收利用的方式，具有良好的经济效益和社会效益。废编织袋通过高温裂解后，可获得塑料油和炭黑。废编织袋可产出高达约90%的油。但大部分废编织袋都含有杂质和水分，因此废编织袋出油率一般为60%~70%，炭黑产率约为30%。

（2）再生颗粒回收再利用。废旧编织袋回收后可以通过造粒线重新造粒，达到变废为宝、保护环境的效果。利用一整套专用造粒设备，将含有各种杂质的废编织袋经过粉碎、清洗、挤干、造粒等工序，生产出市场畅销的再生颗粒。

思　考　题

6-1　木质包装废物的利用途径有哪些？

6-2　废弃复合层状包装塑料主要处理技术有哪些？

6-3　简述复合包装塑料材料的特点。

6-4　简述废弃纤维制品的高效再利用技术。

7 包装材料的生命周期评价

7.1 包装与生命周期评价

“不谋万世者，不足谋一时；不谋全局者，不足谋一域。”只有目光放长远，不局限于暂时的利益才能走得更远。自然环境是人类赖以生存、繁衍的物质基础；保护和改善自然环境，是人类维护自身生存和发展的前提。日益恶化的环境向人类提出：保护大自然，维持生态平衡。宇宙虽大，但不会有第二个地球。2020 年 9 月 22 日，习近平总书记在 75 届联合国大会一般性辩论上郑重宣示：“中国将提高国家自主贡献力度，采取更加有力的政策和措施，二氧化碳排放力争于 2030 年前达到峰值，努力争取 2060 年前实现碳中和。”

实现碳达峰、碳中和是以习近平同志为核心的党中央经过深思熟虑做出的重大战略决策，是事关中华民族永续发展和构建人类命运共同体的庄严承诺。“双碳”目标的达成离不开各行各业的努力，包装行业也当义不容辞。每种包装工程材料都有其生命周期。原材料是从矿石和原料中生产出来的，它们随后经过加工制造形成产品而被使用。产品如同人类，也具有有限的生命。当生命结束后，即成了废品。但产品中所包含的原材料仍然可以被回收再利用，从而进入材料的第二个生命周期。对产品进行生命周期评价，不仅仅能通过追踪材料的使用过程及全生命周期的能量变化，有效提升资源的利用率；而且能为产品选择适当的配套材料，降低企业生产成本；更能为最大限度地减少废气、废水、废渣的排放提供有效的参考。

生命周期评估（Life Cycle Assessment，LCA）作为一种产品环境特征分析和决策支持工具技术，其内容是跟踪材料的发展和演变（从生产到使用直到废料）、记录原材料生产的资源消耗以及材料在生命周期每一阶段上的耗能和废气排放量。LCA 类似于编写材料的传记，首先需要说明该材料如何产生，然后报道它的各种用途，最后还要显示它的使用对环境所造成的影响。编写材料传记可以采取不同的形式：它可以是一个完整的、全面的、对材料生命的每一个环节都进行仔细审视的过程。这一过程称为“完整 LCA”（它费时且昂贵），也可以是一个简化的特性素描。这一过程称为“简化 LCA”（它非常有实用性），还可以是介于两者之间的其他描述。本章介绍包装材料生命周期的描述及其评估，介绍 LCA 的各种方法及其评估精度，探讨实施 LCA 的各种困难以及如何绕过这些困难，巧妙地引领产品设计过程中的包装材料优选。本章首先简要介绍材料产品的设计过程，因为只有了解这一过程，才能很好地进行材料生命周期的评估和生态审计；随后，介绍包装材料领域 LCA 的执行过程；最终，为绿色包装材料产品的选择提供 LCA 框架下的最优方案。

7.1.1 包装及绿色包装的概念

包装业作为人类社会不可或缺的重要部分，正在以节能减排、减少污染为目标不断前行。在这样的大环境下“绿色包装”的概念被提了出来，它指的是具有对环境破坏性小、对人体无危害、可绿色处理等特性的包装。绿色包装核心功能与普通包装并无太大差别，仅在普通包装的基础上额外应具一定绿色效益。具体功能主要包含以下几点。

（1）产品包装绿色、环保：首先是选用的包装容器、材料、技术本身应是对产品、对消费者而言，安全、卫生；其次是采用的包装技法、材料容器等对环境而言，安全、绿色。在选择包装材料和制作上，要遵循可持续发展原则，节能、低耗、多功能、防污染，可以持续性回收利用等。

（2）标准化：产品包装须执行标准化，对产品包装的包装质量、规格尺寸、结构造型、包装材料、名词术语、印刷标志、封装方法等加以统一规定。

（3）适应流通条件：要确保产品在流通全过程中的安全，产品包装应具有一定的强度、刚度、牢固、坚实、耐用等特点。

（4）适应产品特性：一个产品的包装必须根据该产品的特性，分别采用相应的材料与技术，使包装满足产品理化性质的各项要求。

（5）包装适度：对销售包装而言，包装容器的大小与内装产品相适宜，包装消耗与内装产品实际需要相吻合。预留空间不应过大、包装费用占产品总价值比例应不超过30%，避免过度包装。

（6）易回收处理：包装产品废弃后，应易于回收处理、再利用，节省资源、能源，利于环保。作为绿色材料最为突出的性能，是在易回收处理和再生的基础上，还可降解回归自然。包装对环境的影响不仅与包装的设计、包装运输等有关，更为重要的是包装所使用的材料。绿色包装材料就是能够形成绿色包装，环境友好、对人体健康无危害、可再生、能促进可持续发展的材料。作为绿色包装材料，除了具备包装材料共性的基本性能，如保护性、易加工操作性、易装饰性、经济性、易回收处理性等之外，还应具备对人体健康及生态环境友好，易回收再利用，对环境影响更小的性能。

在进行绿色包装的开发过程中，面临着何种材料更为“绿色”，哪一种材料所制作的产品包装既符合要求又对环境影响更小，哪一种材料经济性、环境友好性更好等问题。对于这些问题，一个合适的评估方法体系是十分有必要的，而这些问题正是LCA法可解决的。

7.1.2 生命周期评价

图7-1为材料生命周期的概况。从地球表面开采的矿石、给料和能源首先被用来提取原材料。原材料经过进一步处理后被加工制造成产品，再经批发、销售而进入使用阶段，待产品的使用寿命结束后，其中的小部分（材料）可以被回收再利用，剩余部分则被焚烧后深埋或直接深埋。

7.1.2.1 生命周期评价的概念及发展历程

LCA研究的是产品的整个生命周期。从开始设计、原料的开采生产、产品的加工制造，到产品的使用、废弃及回收处理的全过程中，将各个生命阶段对环境产生的影响给予定性或定量的评价标准。同时通过分析比较这些影响效应的优劣，为产品的开发、生产改造提供信息支持。LCA最初是从20世纪60年代末由工业模式，主要针对能量模式发展起来的。其代表事件可追溯到1969年可口可乐公司对其饮料容器的评估。可口可乐公司在

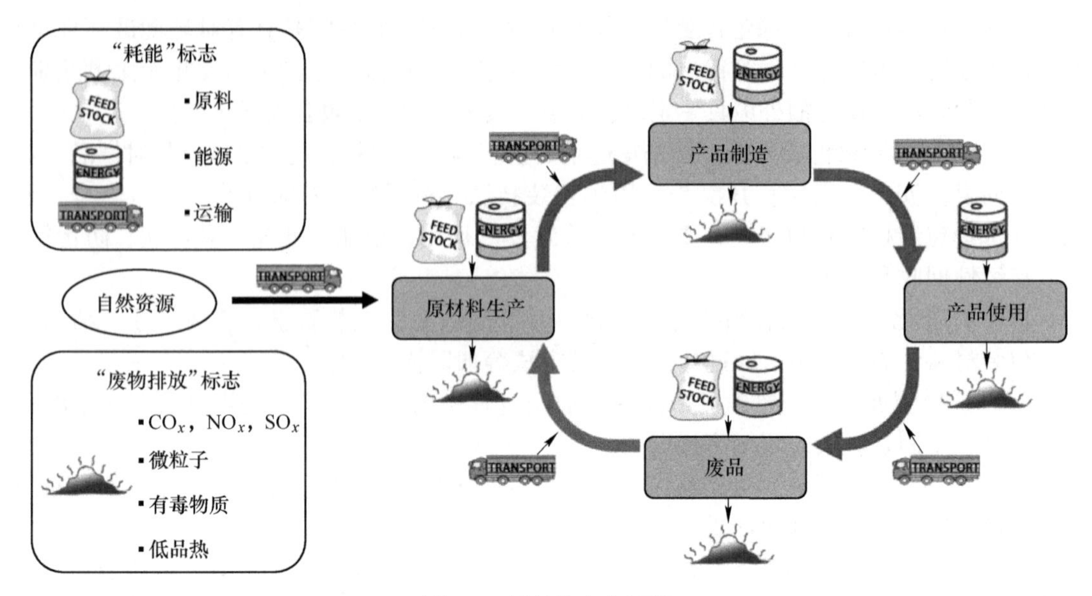

图 7-1　材料的生命周期

进行关于是否自行生产饮料容器以及制造容器使用材料的投资决策前，委托美国的中西研究所（MRI）进行研究。研究所在计划执行过程中采用了当时的资源及环保范围分析（REPA），在这个系统中考虑了各种经济和环境因素，并首次以"生命周期"的观念，对原料使用、能源消耗及污染物的排放情况做了详细、完整的计算。并在整个运行期间借助计算机进行数据处理，这可以说是生命周期评价技术最早的应用案例。

20 世纪 70 年代随着人们对资源利用、环境污染以及固体废物的日益关注，以及 1973 年、1979 年两次能源危机的爆发，更促使人们力求把这些因素纳入生命周期的评价分析中来，以完善发展中的方法论。80 年代，一些个人机构开始从事生命周期的分析评估工作，但一直未形成可供遵循的统一的方法论或框架。直到 90 年代，一些如美国环境毒物学及化学学会和国际标准化组织等著名的组织机构参与了此项工作，才使得此项工作得以更好地发展。ISO 于 1997 年 6 月颁布了 ISO 14000（环境管理—生命周期评价—原则和框架）标准，在原来的 SETAC 框架基础上做了一些改动，成为指导企业界进入 ISO 14000 环境管理的一个国际标准。SETAC 框架如图 7-2 所示。ISO 在开始制定 ISO 14000 系列标准时，

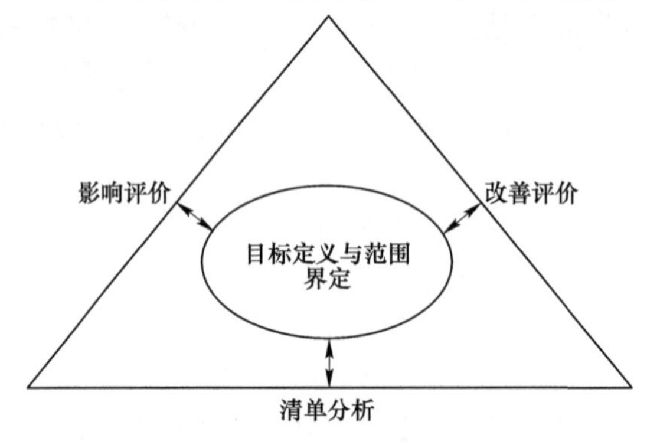

图 7-2　SETAC 框架

即成立国际标准化组织环境管理技术委员会第五分技术委员会（ISO/TC207/SC5）来负责完善与生命周期评价相关的国际标准，编号定为 ISO 14040~ISO 14043。它们分别是：ISO 14040 生命周期评价——原理和实践；ISO 14041 生命周期评价——清单分析；ISO 14042 生命周期评价——影响评价；ISO 14043 生命周期评价——评价和改进。

ISO 将 LCA 分为相互联系的、不断重复进行的 4 个步骤：目的与范围定义、清单分析、影响评价和结果解释，如图 7-3 所示。ISO 对 SETAC 框架的一个重要改进是去掉改善评价阶段。ISO 认为，改善是开展 LCA 的目的，而不是它本身的一个必需阶段。同时，增加了生命周期解释环节，对前三个相互联系的步骤进行解释。而且这种解释是双向的，需要不断调整。其中，影响评价技术含量最高，难度最大，同时也是发展最不完善的一个环节。另外，ISO 14000 框架更加细化了 LCA 的步骤，更有利于指导开展 LCA 的研究与应用。

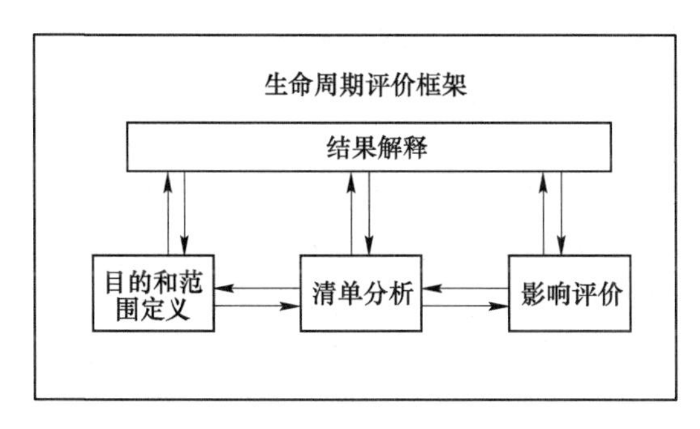

图 7-3 LCA 各步骤联系

7.1.2.2 生命周期评价的作用及重要性

生命周期评价是一个被各行各业所重视，被各大国家所重视的环境影响评估方法，其在包装业也占据着十分重要的地位，其主要作用以及重要性如下。

（1）生命周期评价的作用。生命周期评价的主要作用是它能够对任何一个复杂的，涵盖多领域的，一个完整系统的各环节，做出统一且全面的综合评价，用于验证评价对象是否符合国际环境管理标准。其特点是它既能在广泛条件下提取所针对的主题，还能以广泛的技术手段给予全面公平的验证。

（2）生命周期评价在包装业的作用及重要性。我们所追求的“绿色包装”理念贯穿于整个生命周期的始终。对于包装业而言，一个完整、精确的生命周期评价分析有助于决策者对不同的产品包装进行选择，选取环境影响较少且效益较高的包装；对于包装设计工程师而言，LCA 评价有助于在进行包装设计时选择合适的材料、调整不同形式设计、选择合适的制造方式等，从根源解决问题。

7.1.2.3 生命周期评价的内容

这一小节中将着重介绍生命周期评价的具体步骤流程，各步骤的目的、应得出的结论等。根据 ISO 14040 标准的条文，生命周期评估是一项用以评估对象环境影响与潜在环境影响因素的技术，其主要内容分为以下几部分。

A 目标与范围确定

该阶段为 LCA 的第一个大阶段，也是最为重要的基础部分。目标与范围的确定首先是确定生命周期评价分析的“对象”以及目的。目标定义即要清楚地表明开展此项 LCA 的目的、原因和研究结果以及可能应用的领域。研究范围界定应保证能满足研究目的，包括定义所研究的系统，确定系统边界、功能单位、数据要求，指出环境影响类型、主要假设、限制条件及结果评价类型等。例如对某瓶装纯净水进行 LCA，以评价其全过程对环境的影响，则该产品就为“对象”，造成的环境影响及最终所提出的改进方案政策为“目的”。

功能单元是该次工作中为有利于数据处理而确定的“对象”的计量单位，功能单元的定义并不固定，由工作者依据不同评价产品自行决定。举例来说，功能单元可以是 1t 废弃塑料瓶，也可以是单个完整的饮料瓶，根据评定对象的不同而不同，在不同规模的评价中可自行决定。确定了功能单元后，生命周期评价后续的各环节中环境影响等的表示均应以单位的功能单元为单位。

评价对象所考虑的生命周期范围，以及评价是否包含能量流，这一过程称作“系统边界”的界定。一般情况下系统边界为分析对象的全生命周期中所产生的物质流及能量流，但实际上评价的系统边界不一定非要包含全生命周期，也可以仅为某一重要阶段。例如要分析某产品不同处理方式对环境的影响时，可以仅考虑该产品的废弃处理阶段。全生命周期包括从原料采集阶段、运输、产品生产阶段、销售使用阶段以及最后的废弃处理阶段；包装产品废弃处理阶段主要包括填埋、焚烧、回收再利用（回收又根据回收方法的不同分为物理回收及化学回收法）三大方式。一般产品的系统边界如图 7-4 所示，其中包含了从原材料采集到产品生产、销售、使用以及废弃处理整个生命周期。

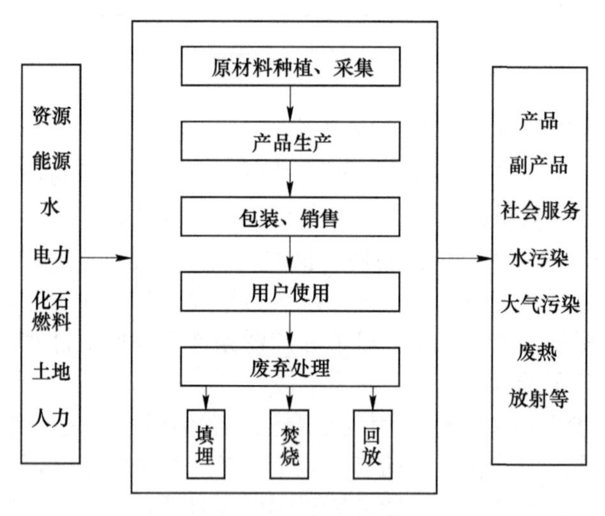

图 7-4 LCA 系统边界

在一些更注重产品的经济、社会影响的分析评价中，还将经济效益单独作为一个体系进行分析，即生命周期经济评价（Life Cycle Cost Assessment，LCCA）。这不同于普通的生命周期评价，一切的分析均以经济效益为衡量标准，即在分析过程中将所有的资源消耗、废弃处理转换为经济消耗。例如，在国外学者 K. L. Rebeka 等人的一项针对废弃玩具的生命周期评价中，不仅对其环境影响做出了分析；还评估了其社会经济影响，此处用到的便是 LCCA。需要注意的是，评价分析所选的地域也是一个极为重要的影响因素，不同地域所获得的结果可能有极大差异。

B 清单分析

在这一阶段中的主要工作为收集与评价工作相关资料、分析对象生命周期内相关数据，最后借助程序进行建模计算。对一种产品、工艺和活动在其整个生命周期内的能量与原材料需要量，以及对环境的排放（包括“三废”及其他环境释放物）进行以数据为基础的客观量化过程。生命周期清单分析贯穿产品整个生命周期过程，包括原材料及能源的采集、加工、运输、制造，产品的销售、使用以及废物的最终处置等阶段。所需收集资料同样根据不同评价对象有所不同，主要有评价对象生命周期内相关的投入产出数据，如生产“功能单元”数量的产品所消耗的资源，产生的各类污染物排放量，运输过程中的能源消耗以及产生的气体排放等（数据需具代表性、准确性）。

产品相关数据的收集并非完全需要工作者前往各生命周期阶段产地进行调查，还可以通过数据库查找（国家数据库、软件平台自带的数据库）、从他人的研究中摘取相关数据等方式进行获取。但数据具有时效性，不同方式获取的数据之间时间跨度不应过大，避免数据的准确性缺失。

软件计算则是将所搜集的零散的数据进行整合融会贯通，量化产品系统的相关投入产出数据，最终结果大多类似于图 7-5（图中数据取自张瑞瑞等学者进行的废弃 PET 处理阶

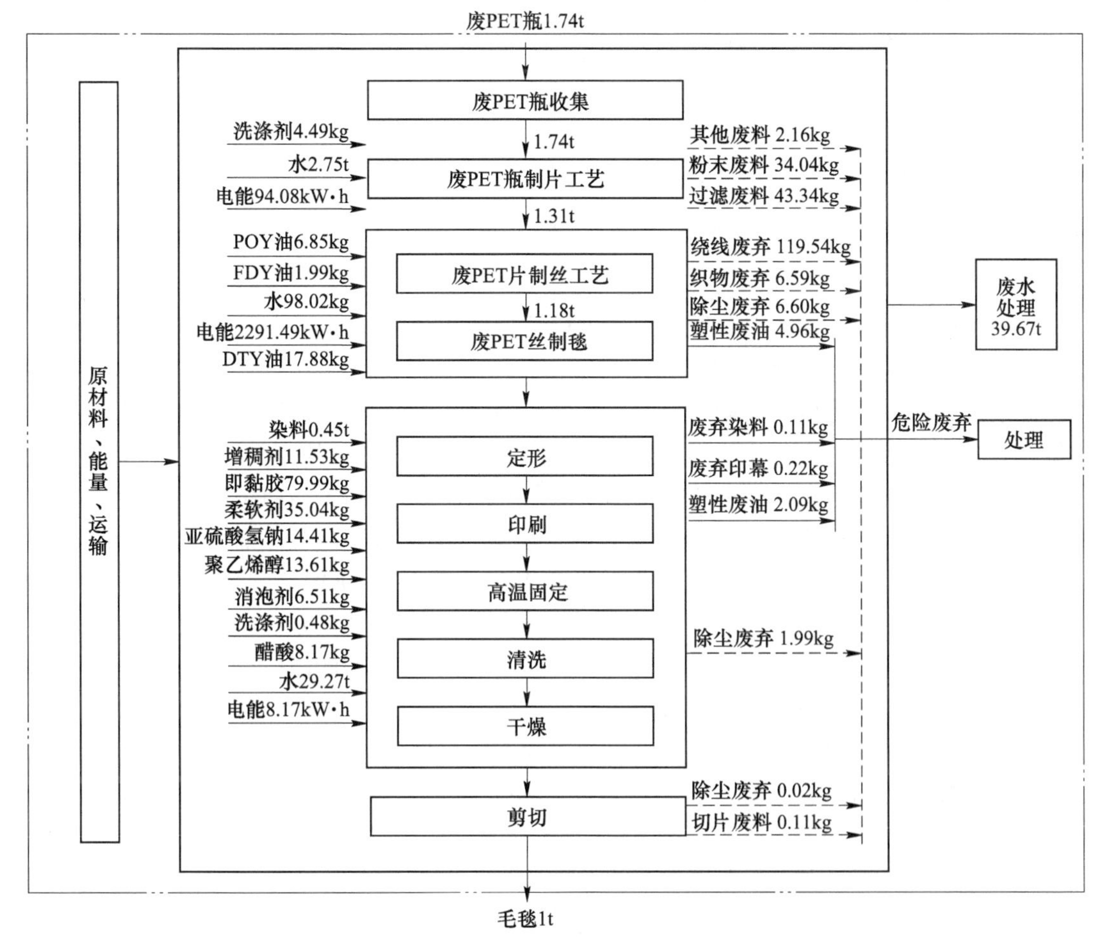

图 7-5 SDU 法 LCA 分析

段的 LCA 工作，其中废弃 PET 瓶经回收再利用制成毛毯）所示，一般将每个阶段的投入产出量化。目前主流所采用的计算软件有 SimaPro、GaBi 等。计算所用模型主流为 ReCiPe Model。当然也有自行研发软件或算法进行计算的案例（例如在张瑞瑞等人的一个生命周期评价工作中，采用的就是山东大学自主开发的 SDU 法进行分析计算）。

C　影响评价

这一过程是对清单分析阶段所识别的环境影响进行定量和定性的表征评价，即确定产品系统的物质和能量交换对外部环境的影响。这种评价包括分类（Classification）、特征化（Characterization）、量化（Valuation）3 个步骤，最终得到对资源耗竭、生态系统、人体健康等方面加权定量的总环境影响结果。生命评价中一般所考虑的环境影响类别及对应的排放污染物见表 7-1。

表 7-1　各环境影响类别及代表排放、消耗物

影响类别	代表排放、消耗（单位）
温室效应（Global Warming）	CO_2(kg/eq)
化石资源消耗（Fossil Depletion）	石油（kg/eq）
土壤酸化（Terrestrial Acidification）	SO_2、SO_3 等 S 元素相关基团（kg/eq）
水土富营养化（Aquatic Eutrophication）	N 元素相关基团（kg/eq）
臭氧破坏（Ozone Layer Depletion）	(kg/eq)
水资源消耗（Water Depletion）	(m^3/eq)
金属资源消耗（Metal Depletion）	(kg/eq)
人体毒性潜势	—

D　结果解释

这一阶段中依据先前所有阶段的工作进行结果性的分析、总结，并针对相关环境问题提出不同的方法对策。生命周期解释说明（Interpretation）也称完善化分析或改善环境评估，此阶段的内容是为生命周期的目的服务的，是将清单分析及环境影响评估所得到的结果结合在一起，形成结论与建议（改善环境的建议）。为开发新的产品，推广产品，改进生产工艺及提供支持信息，也可以直接提供绿色产品的证明材料。在评估的全过程中最关键的是数据收集和分析阶段，它将影响后两个阶段的准确性及应用价值。若将 LCA 评估系统画成图，就是目标环境毒物学与化学学会提出的著名的 SETAC 三角。它以确定的目标和研究范围为中心，三角形的 3 条边分别表示研究的 3 个主要方面，即数据清单分析，环境影响评估，环境改善评估，正是这 SETAC 三角形的三方面组成了 ISO 统一世界各国的 LCA 评价法，是 LCA 评价框架的基础。

LCA 可以说是一个简单的系统模型框架，为人们分析评估环境给出了一个战略性的指导原则，目标是揭示人类活动与自然环境间的相互影响、相互制约的关系。实际上，在 LCA 系统中，产品对环境的影响应该考察的最主要是与人们密切相关的因素：对人和生物所产生的毒性及危害；对人类赖以生存的环境所产生的污染（包括水、空气等）；对资源及能源的消耗；对回收再生循环系统的保证等。

这几个方面都与产品的生产制造和人类的活动紧紧相连，它们在产品整个生命周期的各个环节中都有所体现，并以定量的形式对资源、能源的消耗及废物的排放给予表征。所以说 LCA 就是一种用于评估环境承受能力的方法，也是评价产品从原材料到废弃处理全程对环境污染程度的方法，还是评估和确定影响环境发展机会的方法。

废弃聚酯是近年来人们所关注的一大问题，人们为此头痛不已。而在国内学者王青松等人的一项工作中就借助 LCA 对废弃聚酯 PET 进行了分析，评估了其废弃回收这一生命周期阶段的环境影响；并对废聚酯的社会成本进行了分析（社会愿意为环境补偿支付的成本）。还对 LCA 评价法做出了详尽的解释。

7.1.2.4 生命周期评价应用的主要类型

（1）依照 LCA 的复杂程度可以分为概念性的 LCA、简化的 LCA 和详尽的 LCA。

1）概念性的 LCA（Conceptual LCA）：对生命周期阶段和环境负荷指标都进行简化，它在能源系统分析中经常使用，分析时只考虑能源生产和使用阶段，忽略能源开采和运输等阶段，环境负荷指标考虑能耗和 CO_2 排放。方法虽然简单，但在多能源方案选择时很有效。

2）简化的 LCA（Simplified LCA）：该方法一般不对生命周期阶段进行简化，对环境负荷不进行定量的计算，只进行定性的研究，目的是想了解哪个生命周期阶段的环境影响最大，或进行不同方案的定性比较，所以该方法也称为流程 LCA（Streamlined LCA）法。这种方法克服了详尽的 LCA 数据获取困难、评价费用高、评价时间长等缺点，所以在方案初步筛选时经常采用。这种方法为现今大多数研究者采用的方法，同样地在包装领域这种方法应用也较为广泛。

3）详尽的 LCA（Detailed LCA）：该方法一般不对生命周期阶段进行简化，以保证评价系统边界的一致性，并对环境负荷进行量化的 LCA 研究，但根据评价的意图允许对环境负荷因子进行选择。由于该方法评价全面，也称为全生命周期评价（Full-scale LCA）。但该方法评价费用高，所以只在最后的几个方案选择时采用。此外，由于评价数据往往涉及商业秘密，所以除公益性的评价外，详尽的 LCA 评价结果很少公开。这种方法大多被大型公司的专有工作者采用，借助公司的经济、数据支撑可对产品进行详尽分析。

（2）按 LCA 评价目标是否加入技术经济指标，可分为环境管理的 LCA 和生命周期工程两大类。

1）环境管理的 LCA：评价目标只包含环境影响，不包括技术和经济指标，SETAC 的 LCA 定义中明确提出评价不包含经济影响，ISO 所制定的生命周期评价标准也是放在环境管理标准的系列（ISO 14000）中。这种评价主要应用于环境管理，所以也称为环境管理的生命周期评价。

2）生命周期工程（Life Cycle Engineering）：在工程应用领域，仅仅研究系统对环境的影响是不够的，经济的合理性和技术的有效性必须同时考虑。所以近年来，人们在传统的系统技术经济分析的基础上，引入生命周期评价工具，以便科学地分析系统对环境的影响，这就是生命周期工程。研究的主要内容有技术的可行性、生命周期环境影响（LCIA）、生命周期成本（Life Cycle Cost，LCC）。在可行的技术条件下，环境影响和成本可以衍生出不同技术方案的生态效率（Eco-efficiency），进而进行决策。常见的生命周期工程有生命周期设计（Life Cycle Design，LCD）、生态设计（Eco-design）。美国能源部（DOE）所用的生命周期评价也是这种类型，简写也是LCA，但意思为生命周期分析（Life Cycle Analysis，LCA）。

7.1.2.5 生命周期评价的局限性

对待人、任何事、任何问题时，都不能片面地只着重于其单方面的“好”或者“坏”，切勿“一叶障目”，要以批判性思维傍己身。如同所有现存的方法一般，生命周期评价在具有诸多优势的同时也有自身的局限性。LCA仅是一个环境管理和决策支持工具，它虽然高效，但仍不能代替其他必要工具。无论是理论上还是实践上，LCA都有其局限性。从理论框架上看，LCA主要考虑的是潜在的影响。由于目前没有考虑区位因子的影响，因而无法对实际影响做出评估。LCA结果，尤其是影响评价阶段的结果所能提供的信息只是一个简单的指标，掩盖了很多重要的信息。同时在整个LCA中，存在着大量的主观判断，常常缺乏足够的科学、技术数据支持。

从方法上看，LCA存在的主要问题有：缺乏标准化的生命周期清单分析方法（包括确定系统边界、数据选择标准、分析处理方法）；缺乏有效的标准化的数据库；在将清单分析结果转化为环境影响指标时，缺乏标准的模型方法（目前诸多研究者所使用的模型均不尽相同，并没有统一的界定）；LCA与现有管理工具在方法上存在着巨大差距，因而常常无法进行直接比较。

从目前的实践来看，大部分研究基于时间和经费的考虑，仅仅属于“从摇篮到大门”的研究，并且依然是“只见树木，不见森林”的思维模式。且由于数据缺乏及方法混乱，目前的LCA缺乏透明性，离ISO 14000的要求仍有较大差距。

从清单模型上看，大部分LCA的研究仅仅考虑了生命周期从始至终的生命过程的各个阶段，未涉及对当前阶段的高阶投入/输出部分，尽管少数研究在清单分析模型中耦合了循环计算，但高阶部分仍然不能囊括完整的数据过程。

目前，对一项产品的整个系统或系列工艺过程进行全面评价还十分困难，而将一系列复杂的环境问题与繁复的产品系统进行关联就更困难。虽然目前LCA中的LCIA方法有一定的局限性，但它还是有助于对整个系统进行评价的。首先，环境过程和自然生态系统是随时空变化的，而LCIA不考虑时空特性，因此排放、废物和资源消耗信息是一段时间内不同地方特性的一种组合；其次，环境过程或自然生态系统可能显示一种阈值或具有一种非线性的剂量——反应关系，而LCIA一般假设不存在环境阈值，在系统负荷与环境之间存在着一种简单的线性关系。

很少有研究在决策背景下检验生命周期评估的有效性及局限性。同样，在生命周期评估的背景下，也从未从管理、组织和认知材料方面对所提出的决策做出解释。生命周期评价的结论，以及通过分析所提出的改进措施等均具有时效性，随着时间的流逝，社会人文环境发生改变同时也影响着自然环境发生改变。LCA评价方法高度依赖数据的准确性，所有的数据中，某一个环节或是某一个数据的错误可能影响到整体的评价结果，工作者的自主见解、主观判断也在一定程度影响结果的准确性。

7.1.2.6 生命周期评价的发展趋势

A 科学问题的简单化

以往的LCA研究多局限于专业的科学研究，仅为少数研究人员所掌握，而且研究的目标常常是问题的科学细节，研究结果也仅为研究人员所理解，对于支持政府决策和指导消费者尚有一定差距。由于简化 LCA 的呼声越来越强烈，近年来在 LCA 研究领域也出现了被称为“简化 LCA（streaming LCA）”的概念。但在简化的具体方法上却缺乏共识。严格的科学研究只有被社会所认识和承认，才能推动社会的发展。

B 清单数据库的标准化

清单分析数据是决定 LCA 结果的最重要基础，清单分析数据的不标准导致 LCA 的结果常常无法得出令人信服的解释。欧美等国的一些组织都在积极开发建立全球标准化的清单数据库格式。

C 重点从清单分析转向影响评价

当前国际上 LCA 的研究，尚有大部分仅仅停留在清单分析阶段，而不进行影响评价（如美国 Argonne 国家重点实验室开发的 GREET），主要原因在于影响评价方法的欠缺和不完备。清单分析的结果以各种各样的表格表示，难以反映生态环境问题的总体特征和趋势，尤其在政策支持和消费支持方面缺乏可理解性。

在将 LCA 的分析结果应用于社会实践时，必须提供简单、可信的社会价值判断指标。越来越多的 LCA 研究开始考虑 LCIA。LCIA 方法论成为目前 LCA 领域内的研究热点。目前，LCIA 方法十分繁多，各有所长，短时间内还难以达成共识。从清单分析转向影响评价，是 LCA 方法的发展新方向。

D LCA 与实践的关系

“徒善不足以为政，徒法不能以自行”，想要达成任何目标，仅仅有完备的计划、合理的方案依然不够，只有从实践出发才能走向成功。生命周期评价仅仅是一种方法，它帮助我们评估各类产品环境影响，并提出对应的改进策略。但也仅能做到这一步，仅仅有策略还不够，要实现环境友好，还需要实地的实践，将理论转为执行的方案并为之付出努力。

在许多学者的 LCA 评价中都得出回收再利用的处理方案要优于其他（如填埋、焚烧等）处理方案的结论。但实际情况碍于城市垃圾混杂，垃圾分类难等问题，许多厂家虽知道回收对环境的影响较小，仍选择了直接废弃。倘若每个人在丢弃垃圾时就进行合理分类，那么在回收时就会减少许多不必要的经济、资源消耗。最终实现资源合理再利用，达成环境友好型社会。“碳达峰，碳中和”的目标也将不再是难题。

7.2 主要包装材料及其生命周期特点

要进行包装的生命周期评价，首先需要了解的是包装材料的不同种类特性、用途以及材料的整个生命周期过程，了解各类材料都包含哪些生产工序、哪些特殊工艺，以避免在进行生命周期评价时漏掉某一生命周期阶段或是环境影响因素，见表 7-2。全生命周期中，生产制造以及废弃处理两个生命周期阶段是各类材料的主要区别之处，也是各类环境影响产生的主要阶段。在这一小节中将针对主要包装材料，着重介绍其生命周期的生产阶段以及废弃处理阶段。

表 7-2 主要包装材料及其应用范围

材质	特点性质	应用范围
纸	原料丰富、材料性能良好、可再生	各类食品、礼品包装
塑料	性能优异、物化稳定性好、成本较低	各类饮料包装等
金属	具金属光泽、保护性强、成本较高	高端礼品包装、危险化学药品包装
玻璃、陶瓷	外观精美，包装使用后可作装饰品	茶、酒、高端礼品

7.2.1 塑料的生命周期评价

塑料包装是现代商品包装的重要形式。塑料的原材料来源丰富，价格低廉，合成工艺也较成熟，塑料的产品种类繁多，价格低廉，同时兼具多种优良性能，可用于各类商品的包装。目前随着高分子合成科学的发展以及加工技术的提高，通过共聚、共混或者改性，赋予了材料更多的特色或特殊功能。

7.2.1.1 塑料包装材料的制造阶段

A 塑料的原料与合成

合成塑料的基本原料来源丰富，有石油、天然气、电石、海盐、煤等，通过特殊工艺提取其中的小分子化合物（单体）。经过不同的聚合方法，不同的工艺条件，最后合成所需的高分子树脂。根据反应条件的不同，可以得到不同数量级的塑料（相对分子质量从几万至几十万，甚至几百万都可制得）。不同在于有些塑料相对分子质量有些较窄，有些则较宽。可以发现塑料的原料来源较广、种类繁多，在生产阶段的数据收集时所应考虑的方面很多。在进行实际的 LCA 工作时，应根据所在地域的情况按一定比例对不同原料的使用情况进行分配，并搜集对应数据。

B 塑料中使用的助剂与添加剂

在生产塑料制品时，须于成型加工前的原料（树脂）中配以不同的助剂、添加剂。用以改进塑料的理化性能，以达到特定的使用水准。虽然在塑料产品中各类助剂、添加剂的含量极少，但部分添加剂对环境的影响却是十分之大，在进行 LCA 工作时，添加剂的影响也应考虑在内。常用添加剂包括增塑剂、填充剂以及抗老化剂等。

C 塑料的成型加工

作为塑料产品生命周期中至关重要的一环，塑料成型加工方法有多种，依据塑料制品不同要求，采用不同的成型加工方式。或是制成薄膜，或是制成容器，或是制成板材等。在众多的加工方式中，使用率最高，工艺成熟，效果较好的主要有以下 4 类：注射成型、挤出成型、中空吹塑以及压延成型。不同的加工方法所生产的产品、所消耗的能源量、所造成的环境影响均不同，在诸多 LCA 学者的工作中，一般是选择以某一企业实际生产方法为主进行评价。

7.2.1.2 塑料产品的废弃处理阶段

塑料自身优异稳定的化学性能广泛应用于各大领域，但也因为这个优点使得塑料在自然界中难以自然降解（自然条件下 100~200a 才能完全降解）。随着时间的推移、社会的发展，塑料的使用量逐年增加，巨量的塑料废物也逐渐增多。生命周期的生产及废弃处理阶段是各类环境影响集中存在的重点区块，塑料产品的主要环境影响也多集中于这两大环节，进行塑料产品的生命周期评价时，应着重进行分析评估。甚至有的工作者会仅选择塑料产品的生产阶段、处理阶段进行 LCA 评价，以评估其环境影响及经济效益。

7.2.1.3 塑料包装材料的 LCA 实例

在 Mannheim、Viktoria 等学者的 LCA 工作中，就以 GaBi-9.5 软件为计算、建模工具，对聚丙烯及 PP-PE-PET 混合塑料产品在整个生产阶段的环境负荷进行了评估，并提出了优化生产阶段的策略。他们对于塑料的生产阶段主要考虑注塑生产工艺（包含生产过程中产生的废水、废物对环境的影响），所搜集的数据均与注塑法相关，其中还包括了材料运输中所消耗的能源（电力及柴油），但他们并未考虑用于加热、照明等消耗的能源。考虑到制造阶段产品生命周期的影响，功能单元最终定义为 28kg 塑料瓶。主要考虑的环境影响包括：温室效应、水土富营养化、酸化、臭氧层破坏、人类毒性、非生物损耗（化石和元素）和海洋水生生态毒性等 8 种。他们发现对于混合塑料产品，除海洋水生生态毒性外，所有其他影响类别环境影响都较高。Agarski、Boris 等学者则借助 LCA 法分析了生产高密度聚乙烯（HDPE）瓶盖对环境的影响，并评定出了主要影响因子。

前文有提到在进行 LCA 工作时，数据的收集也可通过查阅文献获得。在郑佳佳等学者的工作中就对近年来多种塑料（10 种传统塑料、5 种生物基塑料）进行汇编了一个数据集，包括了其在各类缓解策略下的温室气体排放数据。图 7-6 为塑料产品按照生命周期阶段分布统计的 2015 年温室气体排放当量。

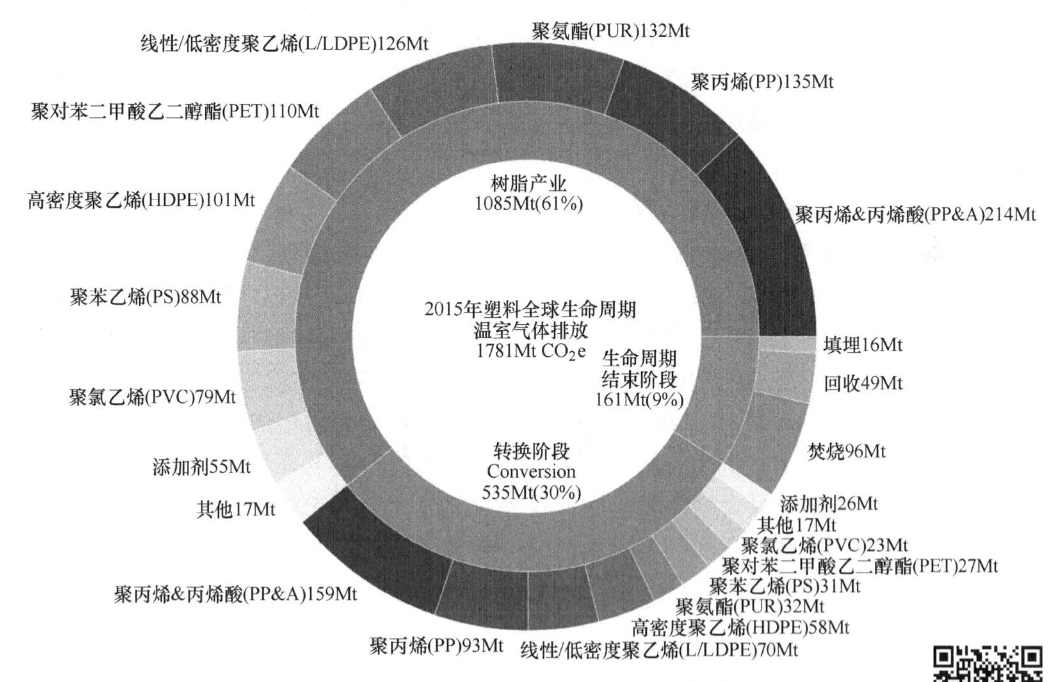

图 7-6 2015 年全球常规塑料的生命周期温室气体排放量 CO_2

扫一扫
查看彩图

7.2.2 纸包装材料的生命周期评价

纸包装材料在整个包装工业中占有重要的地位，应用广泛，种类繁多。从传统包装发展到今天的现代包装，纸始终是包装的支柱材料之一。近年来随着人们发觉塑料产品多数具有较大的环境影响后，号召使用纸吸管、纸购物袋等替代塑料产品。但纸类材料的环境影响虽相对少于塑料材料，但也需要人们的关注。LCA 在这里就扮演了极为重要的角色。

7.2.2.1 纸材料的加工与制造阶段

纸张的整个生命周期中，生产阶段所产生的环境影响是最为严重的，进行 LCA 时需对其制造阶段有较为详细的了解。制造不同纸张材料的制造阶段纸张性质不同，制造方案、流程也各有不同，同样其所造成的影响也是不同的。不同于塑料材料的制造阶段，纸包装材料的制造是采用化学与机械方法相结合的方式完成。首先是原料采集处理。从芦苇、木材、麦草等植物中将纤维分离出来，制成纸浆，后由纸浆制成纸与纸板。在制成纸与纸板的过程中要经过一系列工序诸如打浆、加填、施胶、增白、净化、筛选等，然后再在造纸机上通过成形、脱水压榨、干燥、压光和卷取抄成纸卷。在进行 LCA 工作时不同的制造方法所产生的污染、废弃各有不同。

7.2.2.2 纸材料的废弃处理阶段

在消费者使用完后经回收将废纸、废纸板统一进行集中处理。对于不同的纸或纸板废弃处理方式较为相同，大多数均用于回收制作次级产品（如卫生纸等），一些质量较好的纸箱、纸板可回收再利用。少数废弃纸会同其他废物一同经焚烧转换为能源，或是直接进行填埋。这些处理方式中，回收制造次级产品的环境影响较低且经济效益最高。需要注意的是，纸制品理论上讲是完全的绿色材料，但实际情况却并非如此。无论是生产过程中的污染物排放，还是纸材料中用于改性的各类添加剂都对环境有一定影响。而且纸包装产品表面印制有各种图案，所使用的印刷油墨多含有一定有害物质，纸包装封口处的胶黏剂等使得纸包装也具有一定危害。

7.2.2.3 纸包装材料的 LCA 实例

在 Andreia Santos 等学者的 LCA 工作中，以欧洲地区为大背景，对当地以木材为原料制备的无木涂布纸、天然软木塞和刨花板 3 类产品进行了 LCA、LCC 评价，包括从原料采集到最终产品废弃处理全过程。在他们的工作中分别对 3 类产品建立了 3 种不同的系统边界以及计算模型，但所使用的功能单元相同，以便于进行最终环境影响对比分析。其中，所采用的功能单元为葡萄牙 $1hm^2$ 林地的 100a 利用率。他们得出生产无木涂布纸每欧元净现值产生的环境影响最小；生产天然软木塞每欧元净现值产生的环境影响最高。此外，在每个生命周期中环境影响最大的阶段是原材料提取部分，归因于树木的占地面积。从经济效益来对比，软木塞更高。在面临实际生产时，有时经济效益与环境效益并不能兼得，这需要在其中找到一个合适的平衡点，而 LCA 结果恰好能为此提供依据。在对木制产品类进行的研究中，该工作较具有代表性。

7.2.3 金属包装材料的生命周期评价

金属材料在包装中用量相对较少，多用在高端礼品包装、危险化学药品包装等领域。其种类主要有钢材、铝材，成型材料是薄板和金属罐。

7.2.3.1 金属包装材料的加工与制造阶段

纯金属是一种单质元素，而合金则是由两种或两种以上的金属元素熔合而成。进行金属材料的生命周期评价时，需着重注意材料制造过程中所消耗的能源（煤炭、电能），以及化石能源燃烧所产生的大气污染。

7.2.3.2 金属包装材料的废弃处理阶段

在包装中金属材料大多为易拉罐以及较为贵重的礼品、化工产品等的包装。因金属包装本身价值较高、稳定性较好且再生产成本、环境影响均较高，因此对于这些包装，废弃后多数会选择进行清洗、回收再利用；或是进行分类回收熔融重新制造新的产品；金属包装材料的填埋处理仅占极少一部分。

7.2.4 玻璃包装材料的生命周期评价

玻璃包装材料在包装业中也极为重要。玻璃包装材料以其特殊的性能和特点而被用于各类产品包装。其能直观地体现出内装产品、利于保质、保味，且造型优美，因而玻璃包装的优良品质是任何其他包装材料所不能代替的。

7.2.4.1 玻璃的废弃处理阶段

玻璃材料的物化性能均较为稳定，在产品使用废弃后大多仍完好。为减轻环境影响以及降低成本，多数厂商的玻璃产品均可进行回收清洗再利用，但实际情况是除了一些大厂具有较为完备的回收系统外，许多小企业、作坊碍于成本难以建立起自己的回收系统，且城市垃圾中混合物更多，进行分离费时费力，最终选择一次性使用而不回收。并且在运输、使用过程中难免会因各种情况造成玻璃产品破碎等情况，对于这些玻璃碎片多采用填埋法进行处理。

7.2.4.2 玻璃包装的 LCA 实例

在 Boutros、Marleine 等学者的工作中，就对两种碳酸饮料包装（PET-玻璃）进行了对比 LCA 分析，系统边界为从两种瓶子自原料采集到最终产品废弃处理全生命周期。其分析结果为在特定条件下哪种材料更好提供了科学的分析和解释，对于决策者和行业来说至关重要。结果表明，与 15 个类别中的 9 个可回收玻璃瓶相比，在其分析的特定条件下，PET 瓶对环境的影响比可回收玻璃瓶环境影响更小。

可见有时候可回收处理的产品并非在任何条件下都是更好的选择，只有经过 LCA 分析得到具体的环境影响才能得出结论，这无论是对于一个公司的产品选择还是对于一个国家的整体战略调控都具有极大的意义。

7.3 污染废物排放标准

生命周期评价的清单分析即结果解释阶段需将所评价对象污染排放与相应标准进行对比分析，在本节中展示了国家工业污染通用排放标准。表 7-3 为国家污水综合排放标准（GB 8978—1996）关于第一类污染物最高允许排放浓度值。

表 7-3 第一类污染物最高允许排放浓度 (mg/L)

序号	污染物	允许排放浓度
1	总汞	0.05
2	烷基汞	不得检出

续表 7-3

序号	污染物	允许排放浓度
3	总镉	0.1
4	总铬	1.5
5	六价铬	0.5
6	总砷	0.5
7	总铅	1.0
8	总镍	1.0
9	苯并（a）芘	0.00003
10	总铍	0.005
11	总银	0.5
12	总 α 放射性	1Bq/L
13	总 β 放射性	10Bq/L

第二类污染物排放标准根据单位建设时间不同而不同，1997 年 12 月 31 日前建设的单位按表 7-3 中的标准执行，1998 年 1 月 1 日后建设的单位按表 7-4 中的标准执行。

表 7-4 第二类污染物最高允许排放浓度 （mg/L，pH 除外）

序号	污染物	适用范围	一级标准	二级标准	三级标准	备注
1	pH	所有排污单位	6~9	6~9	6~9	√
2	色度（稀释倍数）	染料工业	50	180	—	—
		其他排污单位	50	80	—	√
3	悬浮物（SS）	采矿、选矿、选煤工业	100	300	—	—
		脉金选矿	100	500	—	—
		边远地区砂金选矿	100	800	—	—
		城镇二级污水处理厂	20	30	—	—
		其他排污单位	70	200	400	√
4	五日生化需氧量（BOD_5）	甘蔗制糖、苎麻脱胶、湿法纤维板工业	30	100	600	—
		甜菜制糖、酒精、味精、皮革、化纤浆粕工业	30	150	600	—
		城镇二级污水处理厂	20	30	—	—
		其他排污单位	30	60	300	√
5	化学需氧量（COD）	甜菜制糖、焦化、合成脂肪酸、湿法纤维板染料等	100	200	1000	—
		味精、酒精、医药原料药、生物制药、苎麻脱胶、皮革、化纤浆粕工业	100	300	1000	—
		石油化工工业（包括石油炼制）	100	150	500	—
		城镇二级污水处理厂	60	120	—	
		其他排污单位	100	150	500	√

续表 7-4

序号	污染物	适用范围	一级标准	二级标准	三级标准	备注
6	石油类	所有排污单位	10	10	30	√
7	动植物油	所有排污单位	20	20	100	√
8	挥发酚	所有排污单位	0.5	0.5	2	√
9	总氰化物	电影洗片（铁氰化合物）	0.5	5	5	
		其他排污单位	0.5	0.5	1	√
10	硫化物	所有排污单位	1.0	1.0	2.0	√
11	氨氮	医药原料药、染料、石油化工工业	15	50	—	—
		其他排污单位	15	25	—	√
12	氟化物	黄磷工业	10	20	20	—
		低氟地区（水体含氟量<0.5mg/L）	10	20	30	—
		其他排污单位	10	10	20	√
13	磷酸盐（以P计）	所有排污单位	0.5	1.0	—	√
14	甲醛	所有排污单位	1.0	2.0	5.0	√
15	苯胺类	所有排污单位	1.0	2.0	5.0	√
16	硝基苯类	所有排污单位	2.0	3.0	5.0	√
17	阴离子表面活性剂（LAS）	合成洗涤剂工业	5.0	15	20	—
		其他排污单位	5.0	10	20	√
18	总铜	所有排污单位	0.5	1.0	2.0	√
19	总锌	所有排污单位	2.0	5.0	5.0	√
20	总锰	合成脂肪酸工业	2.0	5.0	5.0	—
		其他排污单位	2.0	2.0	5.0	√
21	彩色显影剂	电影洗片	2.0	3.0	5.0	—
22	显影剂及氧化物总量	电影洗片	3.0	6.0	6.0	—
23	元素磷	所有排污单位	0.1	0.3	0.3	√
24	有机磷农药（以P计）	所有排污单位	不得检出	0.5	0.5	√
25	粪大肠菌群数	医院①、兽医院及医疗机构含病原体污水	500个/L	1000个/L	5000个/L	—
		传染病、结核病医院污水	100个/L	500个/L	1000个/L	—
26	总余氯（采用氯化消毒的医院污水）mg/L	医院①、兽医院及医疗机构含病原体污水	<0.5②	>3（接触时间≥1h）	>2（接触时间≥1h）	—
		传染病、结核病医院污水	<0.5②	>6.5（接触时间≥1h）	>5（接触时间≥1h）	—

①指50个床位以上的医院，适用于1997年12月31日前建设的单位执行。

②加氯消毒后须进行脱氯处理，达到本标准。√指代该标准适用于包装业。

第二类污染物最高允许排放浓度见表7-5。

表7-5 第二类污染物最高允许排放浓度 （mg/L，pH除外）

序号	污染物	适用范围	一级标准	二级标准	三级标准	备注
1	pH	所有排污单位	6~9	6~9	6~9	√
2	色度（稀释倍数）	所有排污单位	50	80	—	√
3	悬浮物（SS）	采矿、选矿、选煤工业	70	300	—	—
		脉金选矿	70	400	—	—
		边远地区砂金选矿	70	800	—	—
		城镇二级污水处理厂	20	30	—	—
		其他排污单位	70	150	400	√
4	五日生化需氧量（BOD_5）	甘蔗制糖、苎麻脱胶、湿法纤维板、染料、洗毛工业	20	60	600	—
		甜菜制糖、酒精、味精、皮革、化纤浆粕工业	20	100	600	—
		城镇二级污水处理厂	20	30	—	—
		其他排污单位	20	30	300	√
5	化学需氧量（COD）	甜菜制糖、合成脂肪酸、湿法纤维板、染料、洗毛、有机磷农药工业	100	200	1000	—
		味精、酒精、医药原料药、生物制药、苎麻脱胶、皮革、化纤浆粕工业	100	300	1000	—
		石油化工工业（包括石油炼制）	60	120	500	—
		城镇二级污水处理厂	60	120	—	—
		其他排污单位	100	150	500	√
6	石油类	所有排污单位	5	10	20	√
7	动植物油	所有排污单位	10	15	100	√
8	挥发酚	所有排污单位	0.5	0.5	2.0	√
9	总氰化合物	所有排污单位	0.5	0.5	1.0	√
10	硫化物	所有排污单位	1.0	1.0	1.0	√
11	氨氮	医药原料药、染料、石油化工工业	15	50	—	—
		其他排污单位	15	25	—	√
12	氟化物	黄磷工业	10	15	20	—
		低氟地区（水体含氟量≪0.5mg/L）	10	20	30	—
		其他排污单位	10	10	20	√
13	磷酸盐（以P计）	所有排污单位	0.5	1.0	—	√
14	甲醛	所有排污单位	1.0	2.0	5.0	√
15	苯胺类	所有排污单位	1.0	2.0	5.0	√

续表 7-5

序号	污染物	适用范围	一级标准	二级标准	三级标准	备注
16	硝基苯类	所有排污单位	2.0	3.0	5.0	√
17	阴离子表面活性剂（LAS）	所有排污单位	5.0	10	20	√
18	总铜	所有排污单位	0.5	1.0	2.0	√
19	总锌	所有排污单位	2.0	5.0	5.0	√
20	总锰	合成脂肪酸工业	2.0	5.0	5.0	—
		其他排污单位	2.0	2.0	5.0	√
21	彩色显影剂	电影洗片	1.0	2.0	3.0	—
22	显影剂及氧化物总量	电影洗片	3.0	3.0	6.0	—
23	元素磷	所有排污单位	0.1	0.1	0.3	√
24	有机磷农药（以 P 计）	所有排污单位	不得检出	0.5	0.5	√
25	乐果	所有排污单位	不得检出	1.0	2.0	√
26	对硫磷	所有排污单位	不得检出	1.0	2.0	√
27	甲基对硫磷	所有排污单位	不得检出	1.0	2.0	√
28	马拉硫磷	所有排污单位	不得检出	5.0	10	√
29	五氯酚及五氯酚钠（以五氯酚计）	所有排污单位	5.0	8.0	10	√
30	可吸附有机卤化物、（AOX）（以 Cl 计）	所有排污单位	1.0	5.0	8.0	√
31	三氯甲烷	所有排污单位	0.3	0.6	0.5	√
32	四氯化碳	所有排污单位	0.03	0.06	0.5	√
33	三氯乙烯	所有排污单位	0.3	0.6	1.0	√
34	四氯乙烯	所有排污单位	0.1	0.2	0.5	√
35	苯	所有排污单位	0.1	0.2	0.5	√
36	甲苯	所有排污单位	0.1	0.2	0.5	√
37	乙苯	所有排污单位	0.4	0.6	1.0	√
38	邻-二甲苯	所有排污单位	0.4	0.6	1.0	√
39	对-二甲苯	所有排污单位	0.4	0.6	1.0	√
40	间-二甲苯	所有排污单位	0.4	0.6	1.0	√
41	氯苯	所有排污单位	0.2	0.4	1.0	√
42	邻-二氯苯	所有排污单位	0.4	0.6	1.0	√
43	对-二氯苯	所有排污单位	0.4	0.6	1.0	√
44	对-硝基氯苯	所有排污单位	0.5	1.0	5.0	√
45	2，4-二硝基氯苯	所有排污单位	0.5	1.0	5.0	√

续表 7-5

序号	污染物	适用范围	一级标准	二级标准	三级标准	备注
46	苯酚	所有排污单位	0.3	0.4	1.0	√
47	间-甲酚	所有排污单位	0.1	0.2	0.5	√
48	2，4-二氯酚	所有排污单位	0.6	0.8	1.0	√
49	2，4，6-三氯酚	所有排污单位	0.6	0.8	1.0	√
50	邻苯二甲酸二丁酯	所有排污单位	0.2	0.4	2.0	√
51	邻苯二甲酸二辛酯	所有排污单位	0.3	0.6	2.0	√
52	丙烯腈	所有排污单位	2.0	5.0	5.0	√
53	总硒	所有排污单位	0.1	0.2	0.5	√
54	粪大肠菌群数	医院①、兽医院及医疗机构含病原体污水	500 个/L	1000 个/L	5000 个/L	—
		传染病、结核病医院污水	100 个/L	500 个/L	1000 个/L	—
55	总余氯（采用氯化消毒的医院污水）	医院①、兽医院及医疗机构含病原体污水	<0.5②	>3（接触时间≥1h）	>2（接触时间≥1h）	—
		传染病、结核病医院污水	<0.5②	>6.5（接触时间≥1.5h）	>5（接触时间≥1.5h）	—
56	总有机碳（TOC）	合成脂肪酸工业	20	40	—	—
		苎麻脱胶工业	20	60	—	—
		其他排污单位	20	30	—	√

① 指 50 个床位以上的医院，适用于 1998 年 1 月 1 日后建设的单位执行。

② 加氯消毒后须进行脱氯处理，达到本标准。√指代该标准适用于包装业。

在表 7-6 中针对各种排放污染物对应的检测方法进行了介绍。其中大多数方法源自国家标准，少数国家未颁布的方法为应用次数多且较为适宜的方法。

表 7-6 各类污染物测定方法

序号	项目	测 定 法	方法来源
1	总汞	冷原子吸收光度法	GB 7468—87
2	烷基汞	气相色谱法	GB/T 14204—93
3	总镉	原子吸收分光光度法	GB 7475—87
4	总铬	高锰酸钾氧化-二苯碳酰二肼分光光度法	GB 7466—87
5	六价铬	二苯碳酰二肼分光光度法	GB 7467—87
6	总砷	二乙基二硫代氨基甲酸银分光光度法	GB 7485—87
7	总铅	原子吸收分光光度法	GB 7475—87
8	总镍	火焰原子吸收分光光度法	GB 11912—89
9	苯并（a）芘	乙酰化滤纸层析荧光分光光度法	GB 11895—89
10	总银	火焰原子吸收分光光度法	GB 11907—89
11	pH 值	玻璃电极法	GB 6920—86

续表 7-6

序号	项目	测 定 法	方法来源
12	色度	稀释倍数法	GB 11903—89
13	悬浮物	重量法	GB 11901—89
14	生化需氧量（BOD_5）	稀释与接种法	GB 7488—87
		重铬酸钾紫外光度法	待颁布
15	化学需氧量（COD）	重铬酸钾法	GB 11914—89
16	石油类	红外光度法	GB/T 16488—1996
17	动植物油	红外光度法	GB/T 16488—1996
18	挥发酚	蒸馏后用 4-氨基安替比林分光光度法	GB 7490—87
19	总氰化物	硝酸银滴定法	GB 7486—87
20	硫化物	亚甲基蓝分光光度法	GB/T 16489—1996
21	氨氮	钠氏试剂比色法	GB 7478—87
		蒸馏和滴定法	GB 7479—87
22	氟化物	离子选择电极法	GB 7484—87
23	甲醛	乙酰丙酮分光光度法	GB 13197—91
24	苯胺类	N-(1-萘基) 乙二胺偶氮分光光度法	GB 11889—89
25	阴离子表面活性剂	亚甲蓝分光光度法	GB 7494—87
26	总铜	原子吸收分光光度法	GB 7475—87
		二乙基二硫化氨基甲酸钠分光光度法	GB 7474—87
27	总锌	原子吸收分光光度法	GB 7475—87
		双硫腙分光光度法	GB 7472—87
28	总锰	火焰原子吸收分光光度法	GB 11911—89
		高碘酸钾分光光度法	GB 11906—89
29	有机磷农药（以 P 计）	有机磷农药的测定	GB 13192—91
30	乐果	气相色谱法	GB 13192—91
31	对硫磷	气相色谱法	GB 13192—91
32	甲基对硫磷	气相色谱法	GB 13192—91
33	马拉硫磷	气相色谱法	GB 13192—91
34	五氯酚及五氯酚钠（以五氯酚计）	气相色谱法	GB 8972—88
		藏红 T 分光光度法	GB 9803—88
35	可吸附有机卤化物（AOX）（以 Cl 计）	微库仑法	GB/T 15959—95
36	三氯甲烷	气相色谱法	待颁布
37	四氯化碳	气相色谱法	待颁布
38	三氯乙烯	气相色谱法	待颁布
39	四氯乙烯	气相色谱法	待颁布

续表 7-6

序号	项目	测 定 法	方法来源
40	苯	气相色谱法	GB 11890—89
41	甲苯	气相色谱法	GB 11890—89
42	乙苯	气相色谱法	GB 11890—89
43	邻-二甲苯	气相色谱法	GB 11890—89
44	对-二甲苯	气相色谱法	GB 11890—89
45	间-二甲苯	气相色谱法	GB 11890—89
46	氯苯	气相色谱法	待颁布
47	邻-二氯苯	气相色谱法	待颁布
48	对-二氯苯	气相色谱法	待颁布
49	对-硝基氯苯	气相色谱法	GB 13194—91
50	2,4-二硝基氯苯	气相色谱法	GB 13194—91
51	苯酚	气相色谱法	待颁布
52	间-甲酚	气相色谱法	待颁布
53	2,4-二氯酚	气相色谱法	待颁布
54	2,4,6-三氯酚	气相色谱法	待颁布
55	邻苯二甲酸二丁酯	气相、液相色谱法	待制定
56	邻苯二甲酸二辛酯	气相、液相色谱法	待制定
57	丙烯腈	气相色谱法	待制定
58	总硒	2,3-二氨基萘荧光法	GB 11902—89
59	余氯量	N,N-二乙基-1，4-苯二胺分光光度法	GB 11899—89
		N,N-二乙基-1，4-苯二胺滴定法	GB 11897—89
60	总有机碳（TOC）	非色散红外吸收法	待制定
		直接紫外荧光法	待制定

关于排放单位在同一个排污口排放两种或两种以上工业污水，且每种工业污水中同一污染物的排放标准又不同时，可采用式（7-1）计算混合排放时该污染物的最高允许排放浓度（$c_{混}$）。

$$c_{混} = \frac{\sum_{i=1}^{n} c_i Q_i Y_i}{\sum_{i=1}^{n} Q_i Y_i} \tag{7-1}$$

式中 $c_{混}$——混合污水某污染物最高允许排放浓度，mg/L；

c_i——不同工业污水其污染物最高允许排放浓度，mg/L；

Q_i——不同工业的最高允许排水量，m^3/吨产品（标准未作规定的行业，其最高允许排水量由地方环保部门与有关部门协商解决）；

Y_i——某种工业产品产量（用平均计），t/d。

工业污水污染物最高允许排放负荷计算式如下：

$$L_{负} = c \times Q \times 10^{-3} \quad (7\text{-}2)$$

式中 $L_{负}$——工业污水污染物最高允许排放负荷，kg/吨产品；

c——某污染物最高允许排放浓度，mg/L；

Q——某工业的最高允许排水量，m^3/吨产品。

某污染物最高允许年排放总量的计算式如下：

$$L_{总} = L_{负} \times Y \times 10^{-3} \quad (7\text{-}3)$$

式中 $L_{总}$——某污染物最高允许年排放量，t/a；

$L_{负}$——某污染物最高允许年排放负荷，kg/吨产品；

Y——核定的产品年产量，t/a。

思 考 题

7-1 包装产品需具备哪些属性？举例说明原因。

7-2 什么是LCA，它的主要作用及功能有哪些？

7-3 ISO中与LCA相关的规定有哪些？

7-4 LCA主要分为哪几个阶段？请对每个阶段做出解释。

7-5 相较于SETAC框架，ISO框架中去除了改善评价阶段，为什么？

7-6 LCA中清单分析阶段所使用的主流软件有哪些，主要模型是什么？

7-7 LCA的主要应用类型有哪些，它们的区别在什么地方？

7-8 目前LCA日渐向着“科学问题的简单化、清单数据库的标准化”等方向发展，这些改进对于LCA的实际应用及分析的结果有何影响？

8 绿色包装法规

随着人类消费水平的提高，工业化、城市化进程不断加快，生活日趋多样化，包装越来越成为人类生活不可分割的一部分，然而商品繁荣的同时，包装废物也大量增加，造成严重的污染，制约了经济的发展。在世界环保大潮下，发展绿色包装、生态包装和低碳包装已成为包装行业的关键任务和奋斗目标。为此，必须大力加强环境管理和绿色化管理。本章主要论述 ISO 14000 系列环境管理标准，国内外绿色包装法规及相关标准。

8.1 ISO 14000 系列环境标准

8.1.1 ISO 14000 简介

ISO 14000 系列标准是为促进全球环境质量的改善而制定的一套环境管理的框架文件，目的是保护环境，实现绿色发展。其起源于 20 世纪 80 年代，美国和欧洲的一些企业为提高公众形象、减少污染，率先建立起自己的环境管理方式，这就是环境管理体系的雏形。1992 年，有 183 个国家和 70 多个国际组织出席了在巴西里约热内卢召开的“环境与发展”大会，会议通过了《21 世纪议程》等文件，标志着清洁生产、减少污染、谋求可持续发展的环境管理体系开始在全球建立，这也是 ISO 14000 环境管理标准得到广泛推广的基础。目前，ISO 体系系列标准仍然国际通用。ISO 14000 系列标准对于包装、废物的回收等均有不同规定。国外针对绿色包装的法规和标准大都基于环境与生命安全、能源与资源合理利用的要求，基于源头治理原则、污染者付费原则、生产者责任原则、公众监督原则等，遏止过度包装，提倡适度包装，形成相对独立、全面的包装法规体系。1996 年 9 月 1 日，ISO 正式颁布了 ISO 14000 环境管理系列标准，其标准号为 14001~14100，共 100 个标准号，统称为 ISO 14000 系列标准（见表 8-1）。它顺应国际环境保护的发展，是依据国际经济与贸易发展的需要而制定的。

表 8-1　ISO 14000 系列标准号分配表

组别	名　称	标准号
SC1	环境管理体系（EMS）	14001~14009
SC2	环境审核（EA）	14010~14019
SC3	环境标志（EL）	14020~14029
SC4	环境行为评价（EPE）	14030~14039
SC5	生命周期评估（LCA）	14040~14049
SC6	术语和定义（T&D）	14050~14059
WG1	产品标准中的环境指标	14060
备用		14061~14100

ISO 14000 环境管理系列标准是国际标准化组织发布的序列号为 14000 的一系列用于规范各类组织的环境管理的标准，内容涉及环境管理体系（EMS）、环境管理体系审核（EA）、环境标志（EL）、生命周期评估（LCA）、环境行为评价（EPE）等国际环境管理领域的研究与实践的焦点问题，是近十年来环境保护领域的新发展、新思想，是各国采取的环境经济贸易政策手段的总结，内容丰富。目的是指导各类组织取得和表现正确的环境行为。在环境管理体系中又分为环境方针与承诺、方案、实施与运行、测量与评价、管理评审五部分。这五部分由 17 个要素组成：环境方针、环境因素、法律与其他要求、目标与指示、环境管理方案、结构与职责、培训与能力、交流、体系文件、文件管理、程序控制、紧急情况准备、监督、检查和计量、不符合的改进及预防、记录、环境管理体系审核、管理评审。

8.1.2 产品的环境标志

我国于 1995 年 10 月成立了全国环境管理标准化委员会，迅速对 5 个标准进行了等同转换，因而环境管理体系及环境审核也就构成了今天意义上的 ISO 14000 的主要内涵。这 5 个标准信息见表 8-2。

表 8-2 我国部分标准信息

型　号	名　称
GB/T 24001-ISO 14001	环境管理体系-规范及使用指南
GB/T 24004-ISO 14004	环境管理体系-原理、体系和支撑技术通用指南
GB/T 24010-ISO 14010	环境审核指南-通用原则
GB/T 24011-ISO 14011	环境管理审核-审核程序-环境管理体系审核
GB/T 24012-ISO 14012	环境管理审核指南-环境管理审核员资格要求

在商品包装领域，绿色包装设计应考虑到应用生命周期评价，即从原料的采集、包装产品的制造加工、包装产品的流通、使用废弃后的回收处理、再造等全过程中对环境是否产生污染的评估系统，以达到国家及国际的绿色生产标准、环境保护标准。通过开展材料或产品生命周期评价，可以帮助企业跳出单个工序，站在全生命周期的角度来设计产品，通过定量化分析产品生产全流程环境绩效，完成绿色制造全流程优化排产，分析废物再利用的环境收益。而绿色设计产品评价标准正是采用了指标评价和 LCA 相结合的方法。

国内学者们对绿色产品评价做了多方面的研究，为绿色设计产品评价奠定了一定的理论基础。张青山等人研究了制造业绿色产品评价指标体系、评价流程和评价方法，并给出了评价系统软件开发的总体框架；王跃进提出建立绿色产品全寿命周期的信息、资料知识数据库，时间跨度可以延伸至产品的全生命周期或多生命周期，构建绿色设计产品评价体系；庄恒国等人结合中国汽车企业现状，提出了中国新能源汽车整车绿色设计产品评价体系，为制订新能源汽车整车统一的绿色设计产品评价标准奠定基础；姬莉等人结合钢铁产品的生产流程和上下游的相关产品需求，提出基于 LCA 清单模型输入不同的技术参数变量，预测环境指标变量，通过模型诊断发现改进点与先进水平的差异，将设计参数转化为环境参数。2015 年中国参考国际先进经验，并充分考虑中国当前发展阶段和产品生命周期评价数据基础，建立了阶段性的评价指标体系与生命周期评价相结合的方法，并制订了《生态设计产品评价通则》，为中国建立和完善生态设计产品评价制度提供坚实的技术支撑。

另外，符合评审标准的绿色包装应有标志显示，这种标志即环境标志。联合国贸易与发展会议秘书处对环境标志的定义：环境标志是对绿色环境产品授予的一种标志，该标志告诉消费者这一产品与其他类似产品相比对环境更加友好。ISO 14000 为了消除因各国都搞自己的环境标志而形成的绿色贸易壁垒，特将环境标志制度统一规定为 3 种类型（见表 8-3)，I 型为生态标志，表明该产品在全生命周期内对人体及生态环境产生的影响在要求范围内需经第三方认证；Ⅱ型为企业对产品自我声明式的环境声明（ED)；Ⅲ型为数字形式的环境声明，也需经第三方认证并发检测评估证书。我国和日本等国使用 I 型标志，我国由生态环境部等部门组成环境标志认证委员会，所以第三方认证是政府认证，在国际上信任程度很高，其环境标志是绿色的十环标志。

表 8-3　3 类环境标志的特点

项目	类型Ⅰ	类型Ⅱ	类型Ⅲ
名字	生态标志	自我声明的环境声明	环境声明
目标市场对象	零售消费者	零售消费者	工厂/零售消费者
通信渠道	环境标志	文本和符号	环境性能数据表单
范围	全生命周期	单个方面①	全生命周期
标准②	是	没有	没有
是否应用 LCA	是	否	是
选择性	前 20%~30%	无	无
实施者	第三方	第一方	第三方/第一方
是否需要认证	是	一般不	是/否
管理机构	生态标志小组	公平贸易委员会	鉴定机构

数据来源：Lee 等人。对 AA 型绿色包装在使用 LCA 对包装产品进行环境性能评价的基础上可应用 ISO 14000 的 I 型和Ⅲ型环境标志来表示；对 A 型绿色包装则根据前述 5 条评价指标，应用单因素环境标志，即可回收复用标志，可回收再生标志、可自行降解标志来表示。

①单个生命周期阶段或者单个环境属性。

②产品环境和功能标准。

(1) I 型环境标志。利用 LCA 方法的清单分析和影响评价数据制定授予 I 型环境标志的认证标准，以对产品在全生命周期内的资源消耗和废物排放实行合理的控制，凡合乎认证标准的包装产品授予 I 型环境标志。

(2) Ⅲ型环境标志。Ⅲ型数字环境标志 ED 被定义为带有基于 LCA 结果参数的产品定量环境数据。Ⅲ型环境标志的目标对象主要是工厂级消费者，他们对这种用 LCA 获取的数字声明形式有一定的了解。

(3) 可回收复用标志。生产商或销售商自己负责回收复用或委托其他方回收复用的包装，并经行业协会认证的，可授予此标志。

(4) 可回收再生标志。生产商或销售商自己负责回收再生或委托其他方回收再生的包装，并经行业协会认证的，可授予此标志。

（5）可自行降解标志。凡能在短时期内自行降解的包装，并经行业协会认证的，可授予此标志。

实施环境标志的最大难点和最易引起争议的问题，是如何制定环境标志产品的认证标准。从环境标志的内涵出发，评价环境标志产品的环境性能，应考虑从原材料的获取、生产加工到最终废物处置的产品整个生命周期过程。ISO 也大力推荐应从产品 LCA 所得到的参数（数据）作为对环境标志产品认证的依据。但是由于 LCA 在计算方法上尚不完善不规范，对产品生命周期各个阶段产生的环境影响进行多因素综合评价，全面衡量产品的环境性能还很困难；同时评价数据采集量大，计算繁杂，在时间和资金上投入巨大，因而制定认证标准除少数国家采用全面 LCA 方法外，多数国家采用简化或定性的 LCA 方法，还有一些国家则未采用 LCA，主要考虑单项因素来制定。

8.2 国内绿色包装法规及相关标准

8.2.1 国内绿色包装法规及其发展

我国关于专门的包装废物管理法律，内容涉及包装及其废物管理的法律有：《中华人民共和国固体废物污染环境保护法》《中华人民共和国清洁生产促进法》和《中华人民共和国固体废物处理法》。我国针对商品包装管理适用的法律法规主要有《中华人民共和国产品质量法》《中华人民共和国食品安全法》等。针对规范商品过度包装，已经批准发布《限制商品过度包装要求 食品和化妆品》（GB 23350—2009）和《限制商品过度包装通则》（GB/T 31268—2014）国家标准，对商品包装设计、材质和包装成本等方面做出规定，并针对过度包装现象比较突出的食品和化妆品，提出了包装层数、孔隙率和包装成本等方面的限量要求，为治理商品过度包装问题提供了技术依据。

我国《中华人民共和国固体废物处理法》规定，对地膜、一次性包装材料制品应当采用易回收利用、易处理或在环境中易消纳的产品。铁道部也从 1996 年起规定在铁路上禁用非降解性的塑料快餐盒，在此期间北京、武汉、杭州、汕头、厦门、广州、福州、大连、长春、呼和浩特等 20 多个大城市纷纷行动起来，禁止使用一次性塑料包装袋、EPS 餐具等非降解塑料制品。法规内容如下：第八届全国人大常委会第十六次会议于 1995 年 10 月 30 日通过《中华人民共和国固体废物污染环境防治法》并于 1996 年 4 月 1 日起实施，该法第 17 条和 18 条明确规定“产品应采用易回收利用、易处置或者在环境中易消纳的包装物。产品生产者、销售者、使用者应当按照国家有关规定对可回收利用的产品包装物和容器等回收利用”“国家鼓励科研、生产单位研究、生产易回收利用、易处置或者在环境中易消纳的农用薄膜。使用农用薄膜的单位和个人，应当采取回收利用等措施，防止或者减少农用薄膜对环境的污染”。此外财政部和国家税务总局在联合发出的《关于企业所得税若干优惠政策的通知》中，明确规定企业利用“三废”为主要原料生产的产品，可在 5 年内减征或免征所得税。

《中华人民共和国固体废物污染环境保护法》涉及包装及其回收管理的条款为第十八条：产品和包装物的设计、制造，应当遵守国家有关清洁生产的规定。国务院标准化行政主管部门应当根据国家经济和技术条件、固体废物污染环境防治状况以及产品的技术要求，组织制定有关标准，防止过度包装造成环境污染。生产、销售、进口依法被列入强制回收目录的产品和包装物的企业，必须按照国家有关规定对该产品和包装物进行回收。但该法的实施过程中存在两个问题：该法没有规定“易回收处理、处置或在环境中易消纳的产品包装物”的具体标准，也没有明确按哪项“国家规定”回收、再生和利用。从客观环境来看，该法各项规定得以实施的条件尚不具备，包装废物回收、存放、处理的相应配套机构与设施还很不健全。

我国颁发的《中华人民共和国清洁生产促进法》中关于包装及回收的有两条，即第二十条：产品和包装物的设计，应当考虑其在生命周期中对人类健康和环境的影响，优先选择无毒、无害、易于降解或者便于回收利用的方案。企业应当对产品进行合理包装，减少包装材料的过度使用和包装性废物的产生；第二十七条：生产、销售被列强制回收目录的产品和包装物的企业，必须在产品报废和包装物使用后对该产品和包装物进行回收。强制回收的产品和包装物的目录和具体回收办法，由国务院经济贸易行政主管部门制定。国家对列入强制回收目录的产品和包装物，实行有利于回收利用的经济措施，县级以上地方人民政府经济贸易行政主管部门应当定期检查强制回收产品和包装物的实施情况，并及时公布检查结果。具体办法由国务院经济贸易行政主管部门制定。从上述法律的相应条款可以看出，我国对于产品包装及其回收利用基本处于政策宣传的层面上，没有具体的可操作性，光凭以上简单的规定并不能解决现实中的问题。我国关于包装及其废物管理的法规规章主要是地方政府或政府部门制订的一些相关管理办法和规定。

国家对食品本身的安全卫生问题加大力度监督、检查，实施放心食品工程，实行企业生产许可（QS）认证和市场准入制度，对食品包装材料本身的卫生安全问题进行监管和检测，曝光了一些食品包装袋中的苯类超标事件，引起了全社会的高度关注。国家质检总局通过对食品用塑料包装、容器、工具等产品市场准入审查，颁发生产许可证来监控和保障食品包装的质量安全。绿色食品和未经认证的食品在包装方面存在的问题基本上是一致的。从绿色食品的发展历程以及相关的标准制定过程及质量监督看来，对于食品绿色环保包装的真正重视比较晚，2006 年下半年才正式出台了《绿色食品包装通用规则》，规定了绿色食品的包装必须遵循的原则，包括绿色食品包装的要求、包装材料的选择、包装尺寸、包装检验、抽样、标志与标签、贮存与运输等内容。该规则要求根据不同的绿色食品选择适当的包装材料、容器、形式和方法，以满足食品包装的基本要求。包装的体积和质量应限制在最低水平，包装实行减量化。在技术条件许可与商品有关规定一致的情况下，应选择可重复使用的包装；若不能重复使用，包装材料应可回收利用；若不能回收利用，则包装废物应可降解。

该规则对于塑料包装，特别提出：使用的包装材料应可重复使用、回收利用或可降解；在保护内装物完好无损的前提下，尽量采用单一材质的材料；使用的聚氯乙烯制品，其单体含量应符合 GB 9681 要求；使用的聚苯乙烯树脂或成型品应符合相应国家标准要求；不允许使用含氟氯烃（CFS）的发泡聚苯乙烯（EPS）、聚氨酯（PUR）等产品；对于产品外包装上印刷标志的油墨或贴标签的黏着剂特别强调应无毒，且不应直接接触食品。

我国国务院办公厅下发《关于限制生产销售使用塑料购物袋的通知》，从 2008 年 6 月

1 日起，在全国范围内禁止生产、销售、使用厚度小于 0.025mm 的塑料购物袋，倡导用能多次使用的环保纸袋、布袋和厚塑料袋。我国在 2012 年对 2003 年开始实施的《清洁生产促进法》进行了一次修正，该法对商品包装有详尽的规定：产品和包装物的设计，应当考虑其在生命周期中对人类健康和环境的影响，优先选择无毒、无害、易于降解或者便于回收利用的方案。企业应当对产品进行合理包装，不得进行过度包装。政府应当优先采购节能、废物再生利用等有利于环境与资源保护的产品，应通过宣教等手段鼓励公众购买和使用节能、废物再生利用等有利于环境与资源保护的产品。此外还规定对废物再利用和再生实行税收优惠，规定利用废物和从废物中回收原材料生产产品的，按照国家规定享受税收优惠。《循环经济促进法》相关具体规定如下：生产列入强制回收目录的产品或包装物的企业必须对废弃的产品或者包装物负责回收；对其中可以利用的，由各企业负责利用。对列入强制回收名录中的包装物，生产者可以委托他方进行回收，消费者应当将废弃的包装物交给生产者或者其他受托方：从事包装物的设计，应当按照减少资源消耗和废物产生的要求。优先选择采用易回收、易拆解、易降解、无毒无害或者低毒低害的材料和方案，并应当符合有关国家标准的强制性要求；设计产品包装物应当执行产品包装标准，防治过度包装造成资源浪费和环境污染等。

2015 年我国对 1995 年通过的《固体废物污染环境防治法》进行了修正，对商品包装，特别针对过度包装问题有了明确的规定。规定了要预防治理固体废物对环境的危害，并就危险废物的容器和包装物作了强制标识规定，规定了要制定有关技术标准防治过度包装，规定了生产、销售、进口依法被列入强制回收目录中产品和包装物的企业的强制回收义务；对危险废物的容器和包装物必须设置危险废物识别标志；收集、贮存、运输、处置危险废物的容器、包装物转作他用时，必须经过消除污染的处理。此外该法还就固体废物污染环境防治的监督管理、固体废物污染环境的防治做出了详细规定，并对危险废物污染环境防治作了特别规定，包装废物作为固体废物“大户”当然也适用这些规定。如国家对固体废物污染环境的防治，实行减少固体废物的产生量和危害性、充分合理利用固体废物和无害化处置固体废物的原则；国家采取有利于固体废物综合利用活动的经济、技术政策和措施，对固体废物实行充分回收和合理利用等。

2020 年国家邮政局印发《邮件快件绿色包装规范》（以下简称《规范》），《规范》明确寄递企业应当按照规定建立健全企业内部制度，明确包装管理机构和人员，在包装采购、操作、用量统计、宣传教育培训、检查考核奖惩等方面加强管理，切实履行企业主体责任，推进包装绿色应用和规范操作。对于当前存在的过度包装乱象，《规范》给出了明确要求：寄递企业要按照邮件快件包装基本要求等规定选用包装材料和包装操作。在满足寄递需要的前提下，防止包装层数过多、孔隙率过大，邮件快件包装孔隙率原则上不超过 20%，避免过度包装和随意包装。为增强快递包装的安全性和环保性，《规范》明确寄递企业应当遵守国家有关禁止、限制使用不可降解塑料袋等一次性塑料制品的规定，不得使用重金属、溶剂残留等特定物质超标的劣质包装袋。不得使用有毒物质、发泡聚苯乙烯等对人体健康和生态环境有危害的物质作为填充材料。鼓励寄递企业优先采购使用免胶带包装箱或者可降解基材胶带替代普通胶带。

2020 年 1 月 19 日，发布《关于进一步加强塑料污染治理的意见》。

2020 年 4 月 10 日，出台《禁止、限制生产、销售和使用的塑料制品目录（征求意见稿）》。

2020年6月2日，发布关于《饮料纸基复合包装生产者责任延伸制度实施办法（试行)》征求意见的公告。

2020年7月17日，发布《关于扎实推进塑料污染治理工作的通知》。

2021年3月12日，发布《邮件快件包装管理办法》。

2021年2月9日，发布《关于做好公共机构生活垃圾分类近期重点工作的通知》，首次提到不可降解一次性塑料使用目录。

部分各级政府措施如下。

海南省，到2025年底前，全面禁止生产、销售和使用列入禁止生产销售的塑料制品。

江苏省，推行个人“绿色积分”。

江西省，塑料制品押金回收制度。

河南省，支持企业公关聚乳酸（PLA）规模化、连续化生产制度。

广东省，打造可降解塑料原材料和制品产业示范基地。

8.2.2 国内绿色包装相关标准及其发展

2008年中国修订GB/T 16716—1996成GB/T 16716.1—2008《包装与包装废物处理与利用通则》。

2009年新成立的ISO/TC122/SC4包装与环境分技术委员会确定制订国际标准。

2010年中国颁布了GB/T 16716.2~5—2010《包装与包装废物》系列标准。

2012年中国颁布了GB/T 16716.6~7—2012，完成《包装与包装废物》系列标准。

自2015年起，我国围绕绿色产品、节能低碳，出台了一系列政策，如《中国制造2025》《生态文明体制改革总体方案》《贯彻实施质量发展纲要2015年行动计划》《2015年循环经济推进计划》《关于加强节能标准化工作的意见》，明确提出“支持企业实施绿色战略、绿色标准、绿色管理和绿色生产，建立统一的绿色产品体系，开展绿色评价，引导绿色生产和绿色消费，实施节能标准化示范工程”。在一系列国内政策和国际发展趋势的推动下，我国于2017年5月首先发布并实施了国家绿色产品标准GB/T 33761—2017《绿色产品评价通则》。

为进一步规范企业产品绿色包装设计、制造和使用，以及包装废物的科学处理和利用提供评价依据。2019年5月，国家市场监督管理总局发布了推荐性国家标准《绿色包装评价方法与准则》（GB/T 37422—2019），针对绿色包装产品低碳、节能、环保、安全的要求，规定了绿色包装的评价准则、评价方法、评价报告内容和格式。

《绿色包装评价方法与准则》标准的实施是贯彻落实《生态文明体制改革总体方案》《中国制造2025》等国家标准化战略的具体措施，是加快实施“创新驱动发展战略”的重要举措，是将创新技术及时转化为国家标准或者国际标准并指导生产的典范。针对绿色包装产品低碳、节能、环保、安全的要求，结合《绿色产品评价通则》中“绿色产品”的定义，提出了“绿色包装”的内涵，即“在包装产品全生命周期中，在满足包装功能要求的前提下，对人体健康和生态环境危害小、资源能源消耗少的包装”。围绕“绿色包装”定义，在标准编制过程中融入了“全生命周期”理念、在评价指标上涵盖了资源+能源+环境+产品四大属性，在框架上规定了绿色包装评价准则、评价方法、评价报告内容和格式。

对绿色包装来说，减量是很重要的一个指标。小小瓶盖功能一样，但是质量却不同，企业在生产时主动减轻质量，消费者在选择时主动选择轻薄的瓶盖，就能减少数十万吨的废弃塑料垃圾。除了减量外，可循环使用也是绿色包装的一个重要指标。通过优化产品设计，实现减量化，重复使用，可循环，可降解，这些只是绿色包装要遵循的基本原则。在《绿色包装评价方法与准则》中，分一级指标和二级指标。在一级指标中分别有资源属性、能源属性、环境属性和产品属性。在资源属性中关于包装材质种类，强调了在包装设计和生产过程中，都要优先选用无毒无害环保型和单一材质的包装材料；复合包装材料生产要采用易于拆解或分离的加工技术。

2020 年 10 月 1 日国家颁布实施《绿色产品评价——快递封装用品》（GB/T 39084—2020）国家标准。此标准依据《绿色产品评价通则》要求，结合快递封装用品的情况提出了评价要求，只有同时满足基本要求和产品指标要求的才能被称为绿色快递封装产品。包括 GB/T 16606《快递封装用品》系列标准在内的多项相关国家和行业标准在绿色产品评价标准中都作为基本要求出现，也就是说只有首先达到相关质量要求的产品才能够进行绿色产品的评价与认证。《绿色包装评价方法与准则》范围上针对的是包括商品包装在内的所有包装产品，评价方法采用加权计分方式，思路上虽然也要求从资源、能源、环境和产品 4 个方面进行考核，但在进行评价时需要依据具体的包装产品进一步确定指标和要求。本标准则聚焦快递封装用品提出了具体的指标体系和要求，只有全部符合才能被称为绿色快递封装产品。这样既避免了因主观评判可能引发的争议，也确保了绿色产品的先进引领水平。需要说明的是《绿色产品评价通则》所提出的四方面的属性是引导性而非强制，在进行指标选取时特别需要考虑评价和认证的操作性，所以如生产过程中的单位能耗、水耗这些难以获取和验证的信息不宜设为评价指标。对于不同快递封装用品类别在设置指标时也突出了标准引领的思路，对各类产品的绿色化要求各有侧重，比如针对一次性使用的塑料快递封装用品，要求其相对生物分解率必须大于 90%，就杜绝了不可降解型胶带进入绿色产品序列的可能；对于可重复使用型产品要求其建立可运行的重复使用系统，并在这一系统中的循环次数不得小于 20 次。通过这种方式引导行业研发可重复使用型产品，减少一次性快递封装用品的使用。

8.3 国外部分地区绿色包装法规及要求

1991 年，“绿色化学”被美国化学会（ACS）翻译成汉语率先提出，旨在运用化学原理，减少和消除工业生产对于环境的影响，推行绿色环保观念。绿色包装主要涉及包装法规、包装标准、包装物的回收和环保等相关方面的内容，不同的国家根据自身情况分别设立不同的标准和回收制度。对于包装的法规和标准大都基于包装的“4R1D”原则，实行减量化、循环化、可回收、再利用、可降解。此外，部分国家为了增强绿色产品的识别，实行一致化的绿色标志和图案。

8.3.1 欧盟

从 1975 年开始，欧盟出台了一系列关于废物的回收指令。94/62/EC 指令对全部的包装、包装材料以及包装的管理、设计、生产、流通、使用和消费等所有环节提出相应的要求和应达到的目标。在 94/62/EC 指令关于包装材料回收率的规定中，欧盟部分成员国对饮料瓶的重复使用或一次性使用的环保性、经济性、可行性和安全性的评估等存在分歧。2004 年 2 月 11 日，欧盟公布了对 94/62/EC 的修正案 2004/12/EC，此中规定整体回收率 60%，再循环率 55%。此外规定详细的再循环率：玻璃 60%、纸和纸板 60%、金属 50%、塑料 25%、木材 15%。重金属浓度指标未改变。指令 94/62/EC 是鉴于环境与生命安全，能源与资源合理利用的要求，对所有的包装和包装资料、包装的管理、设计、生产、流通、使用和花费等所有环节提出降幅应达到的目标。技术内容波及包装与环境、包装与生命安全、包装与能源和资源的利用。特别应关注的是，鉴于这些目标，派生出详细的技术举措。此外，详细的实行还有有关的指令、协调标准及合格评定制度。

2013 年 4 月，欧盟委员会发布了“建立统一绿色产品市场”的新环保法规，要求未来欧盟市场将采用统一的方法评估绿色产品，从而避免因评价方法不同，给消费者和采购方带来混乱的环境信息，同时也减少企业披露产品环境信息的成本。2018 年 6 月 14 日欧盟在官方杂志正式公布了对第 94/62/EC 号包装和包装废物指令修订的第（EU）2018/852 号指令文本。欧盟包装指令颁布后多次修订，2018 年最新修订［Directive（EU）2018/852］，以《欧盟废物框架指令》（2008/98/EC）为根据，以预防为原则制定各类措施，提出严格的回收加工使用目标，引进生产者责任延伸制方案，采纳欧盟废物框架指令中所列出的为激励实施废物管理等级原理所采用的经济手段和其他措施，引导各国包装产业向欧盟设定的绿色环保目标努力。2018 年 5 月 28 日，欧盟委员会提出“限塑令”方案，提议禁用塑料餐具（含吸管、刀叉等）、棉签、气球和托架、塑料餐盒、塑料杯、塑料瓶、塑料袋、薯片袋（含糖纸）及湿巾纸等一次性塑料制品。对于塑料瓶，欧盟要求各成员国到 2025 年实现回收 90%的目标。根据方案，要求改变湿巾纸和气球等产品的外包装，标明其对环境造成的影响和妥善处理垃圾的方法。

其中，欧盟成员国之一的德国最早对循环经济立法，推崇包装材料回收。德国于 1935 年颁布了《自然保护法》，开始注重保护环境；1972 年，颁布实施《废物处置法》；1975 年，开始讨论关于“适度包装”的问题；1986 年，制定了《废物回收与处理法案》；1990 年，通过了《包装法令》；1994 年，制定了《循环经济和废物管理法》并于 1996 年实施，目的是倡导产品的“无包装”和“简单包装”，包装要无害于生态环境、人体健康和包装的循环利用或再生，从而节约资源和能源；1998 年，制定了《包装法令》《生物废物条例》《包装条例》等法规，并于 2005 年和 2006 年进一步对《包装条例》进行了修订，将回收要求、利用、处置和生产、销售和消费挂钩，将回收到处置各个环节分解落实到各部门，可操作性强。新修订的《包装条例》对所有饮料、洗涤剂和涂料容器都适用，对于德国公司和外国公司要求一致。德国政府为了保护环境，减少废料污染，促进更多可回收包装和再生材料的使用以及包装材料回收利用率的增长，于 2019 年 1 月 1 日出台了新的《包装法》。该法规强制生产商或是出售商，第一次销售产品含有包装，包括外部包装、最终零售包装、饮食业所用的抛弃式容器/盛器、运送包装材料，公司都需要注册和认领许可证。包装法中强制出售商必须申报出售的包装材料，种类和质量，且规定了生产、投放到德国市场和回收包装的要求。还包含了生产者对包装生产商和分销商的责任，以及要求零售包装参与废物管理系统（所谓的双系统），为他们设定高回收目标。

8.3.2 美国

美国食品包装的立法管理甚为严密，在此将剖析其食品与包装法规体系。例如，美国食品药品监督管理局（FDA）和美国农业部等有关食品包装法规的制订和操作执行情况，食品添加剂分为直接添加剂和间接添加剂两类。直接添加剂是指直接添加进食品中的物质，间接添加剂指的是由包装材料转移到食品中去的物质，两类添加剂都必须按照法律程序报批。食品添加剂的法律定义，是决定包装材料的组成成分，以及其他与食品接触的物质是否需要受法令制约的出发点。美国法典第201节对食品添加剂的定义作如下的阐述：“某种物质在使用之后能够或有理由证明，可能会通过直接或间接的途径成为食品的组分，或者能够有理由证明会直接或间接地影响食品特色，而又未经有资格的专家通过科学的方法或凭经验确认其在拟议中的使用场合下是安全的，则可认为该物质是食品添加剂（包括所使用的包装材料和容器）。”根据这个定义，与食品接触的包装材料中只有3种物质不属于食品添加剂，可以不受FDA所颁布的法规限制。这3种物质是：（1）有理由证明不可能成为食品组分的物质；（2）其安全性已经得到普遍认定的物质（GRAS）；（3）事先已被核准使用的物质。美国FDA规定，所有包装接触材料不能含有致癌物质，企业必须通过检测，确保自己的包装材料中不含禁用物质，并且将检测数据和企业的承诺写入合同中，并为此承担法律责任。所以，试图打开国际市场而且是从事食品、医药等包装的厂家，首先要对自己的包装材料进行检测，如果没有检测条件，则要通过对方政府认可的注册的检测机构进行检测，并且把检测数据和承诺写入合同中。其次，企业要了解对方国家的相关法规，因为一旦包装不符合合同所述，将承担由此带来的经济损失。在欧美发达国家，甚至出现过个别食品厂家因为包装出问题导致破产的情况。国内对包装材料的迁移物总量没有一个明确的限制，而欧美国家对迁移物总量的限制十分明确，例如1kg包装内容物的迁移物总量不能超过60mg。

根据美国FDA的定义，包装材料是一种间接添加剂，其中美国“CFR21”对添加剂这样定义：在使用过程中，包装材料可能会直接或间接地变成食品的一种成分，如果食品包装材料不会迁移到食品中，它就不会成为食品的成分之一，因此也就不属于食品添加剂。一般的油墨没有涉及食品添加剂的规定，印在食品包装外层的油墨，如果包装基材在油墨与食品之间充当了功能性阻隔层，那么印刷油墨不属于间接食品添加剂。

美国其他有关包装标准规定除了FDA和美国农业部外，美国还有一些由专业团体，国家和国际包装制造者协会，政府代理机构制定的标准，以及为了满足某些特殊用户集团的需要制订的标准，如美国纸箱协会（FBA）制订的“包装纸箱标准”；美国纸张和造纸工业技术协会（TAPPI）制订的“材料检验方法和纸基包装材料标准”；美国材料与试验学会（ASTM）制订的“包装和包装材料的检验方法”等。这些包装标准和法规与FDA和美国农业部的有关食品包装法规构成了一个完整的食品包装标准法规体系，确保食品包装的安全卫生和规范化。

8.3.3 日本

日本是世界上的包装大国，包装产值位居世界第三，位于美国和中国之后。1993年，日本推出《再生资源利用促进法》；1997年，公布《包装容器回收法》，相关行业成立环保组织，制定了规章条例。为了防止过度包装，日本制定了《包装新指引》《商品礼盒包装适当化纲要》，明确了包装的具体规定，如包装容器中的间隙、商品间隙及商品与包装箱的内隙、包装费用占比等（包装容器中的间隙原则上不可超过整个容器的20%，商品与商品的间隙必须在1cm以下，商品与包装箱内壁的间隙必须保持在5mm以下，包装费用必须在整个产品价格的15%以下），并相继颁布了包装的《回收条例》及《废物清除条例修正案》。不符合这些规定的包装则被视为欺诈性包装。食品包装作为现代食品加工生产和走向销售前的最后一道工序，已被视作食品的一个重要组成部分，其与食品安全、环保及建立循环经济的关系更加紧密。日本在食品包装法律法规建设方面是世界上最完善的国家之一，其食品包装立法及实践对我国食品包装立法的制定有着许多可以借鉴和参考之处。

日本已初步建立了3个层次的与食品包装相关的重要法律法规。第一个层次，日本建立了以《日本食品安全法》（2003年修订前称为《食品卫生法》），《环境基本法》（实施于1994年8月）为主导的基本法律，对食品包装的安全及环保要求做出了基础性约束规定，《日本食品安全法》是一个食品安全方面的总纲性法律。《日本环境基本法》实施于1994年8月，规定了基本环境规划及基本环境计划、物质循环（包括自然循环和社会的物质循环概念）、环保的基本概念等基本原则性东西。第二个层次是政府相关部门制定的衍生性法律法规。日本与食品包装相关的部门有经济产业省、厚生省、农林水产省、日本海关等。日本在其《食品安全法》的统辖下，关于食品安全监管和环保方面的立法主要有：《食品法规》《食品法规标签要求》《日本包装及容器法规》《容器和包装回收法》《日本促进包装容器的分类收集和循环利用法》《包装容器再生利用法》《日本家庭用品质量标签法》《再生资源利用促进法》《日本资源有效利用促进法》《日本废物处理和清扫法》《进口植物检疫条例》《植物防疫法》《植物保护法》《中小企业制品出口统一商标法》《出口商品设计法》等。第三个层次是日本的行业协会制定的若干行业标准，主要有日本贸易振兴会、日本规格协会、日本农业协会、日本工业标准委员会（JISC）等。其制定的有：《日用品所含有害物质控制的法律指南》《日本加工食品的质量标注标准》《日本易腐食品质量标注标准》《计量法概述》《日本食品和食品添加剂的标准》《日本食品、餐具、容器、玩具和清洁剂的规格标准和测试》《日本有机农产品标准》等。

8.3.4 韩国

在韩国，包装不合格将被罚款。厂商如果不依照政府规定，产品的包装比率和层数不符合规定时，最高会被罚款300万韩元。

韩国的固体废物主要由环境资源公社管理。公社成立于1980年，在农业废物再生、分类收集制度等方面起着主导作用，2004年7月定名为“韩国环境资源公社”，成为执行资源循环政策的专门机构。并作为废物管理综合机关执行再生产业的发展支持政策，对感染性废物专用容器检查等试验和检查业务，运行资源化设施等职能。公社除了现有推进的事业，还将尽快建设并运行废物处理设施，技术诊断，有害化学物质管理等废物最小化，卫生及安全处置，以及资源的再循环及废物预防的管理系统，执行与世界环境动态同步的先进环境政策，努力构建可持续的资源循环社会。公社通过提高固体废物综合管理机关的职能，以构建循环型资源管理体系为目标。为了使固体废物的减量化、再使用、再生利用、妥善处置等管理政策在整个社会和居民中产生影响，有效管理环境市场及运行相关制度，环境资源公社的主要职能包括执行废物再生政策及制度，收集处理农业废物，废物管理政策支援。

8.3.4.1 韩国的食品器具、容器、包装原则与规范

（1）器具、容器、包装构造不得使其内容物易于受到物理污染或化学污染。

（2）不挥发残留物原则上不可适用于食品接触面尤其是食品级物质（例如淀粉、甘油、蜡）构成容器或包装。

（3）器具、容器、包装食品接触面所用镀层含铅量不得超过0.1%。

（4）制造或维修器具、容器、包装食品接触面所用金属含铅量不得超过0.1%，含锑量不得超过5%。

（5）制造或维修器具、容器、包装所用焊锡含铅量不得超过0.1%。

（6）向食品直接通电流器具电极不得由铁、铝、铂、钛、不锈钢以外金属制成。

（7）制造器具、容器、包装过程中不得在食品接触面印刷。

（8）合成聚合物器具、容器、包装铅、钙、汞和六价铬总含量不得超过100mg/kg。

8.3.4.2 器具、容器、包装通用制造原则

（1）由铜或铜合金制成的器具、容器、包装，其食品接触面必须用锡涂层、银涂层或其他相关材料，以此保证卫生安全。但自身表面光泽或镀层在高温下可去除材料例外。

（2）制造器具、容器、包装所用着色剂不得使用允许添加剂以外物质，着色剂为熔釉、玻璃、搪瓷状况例外，此外着色剂不允许迁移到食品中的状况例外。

（3）制造器具、容器、包装不得使用邻苯二甲酸二辛酯（DEHP），除非邻苯二甲酸二辛酯允许迁移到食品中。

8.3.4.3 接触食品器具、容器、包装使用规范

（1）制造保鲜膜不能使用己二酸二异辛酯（DEHA），除非己二酸二异辛酯允许迁移到食品中。

（2）制造奶瓶（涉及奶嘴）不得使用邻苯二甲酸二丁酯（DBP）、邻苯二甲酸丁苄酯（BBP）、双酚A（BPA）。

思 考 题

8-1 ISO 14011标准的主要内容与特点是什么？

8-2 依据ISO 14011标准，环境管理体系审核的实施可分成哪几个阶段？

8-3 从应用生命周期评价出发谈谈对绿色包装设计的理解。

8-4 简述国内绿色包装法规及其发展。

8-5 简述国外绿色包装法规及其发展。

参考文献

[1] 张理. 包装学 [M]. 北京：清华大学出版社，2015.

[2] 尹章伟，刘全香. 包装概论 [M]. 2 版. 北京：化学工业出版社，2008.

[3] 戴宏民，武军，冯有胜，等. 包装与环境 [M]. 北京：印刷工业出版社，2007.

[4] 武军，李和平. 绿色包装（高校教材）[M]. 2 版. 北京：中国轻工业出版社，2007.

[5] 张新昌. 包装概论 [M]. 北京：印刷工业出版社，2007.

[6] 杨祖彬，戴宏民. 绿色包装印刷工艺及材料 [M]. 北京：印刷工业出版社，2009.

[7] 李仲谨. 包装废弃物的综合利用 [M]. 西安：陕西科学技术出版社，1998.

[8] 王绍文，梁富智，王纪曾. 固体废弃物资源化技术与应用 [M]. 北京：冶金工业出版社，2003.

[9] 陈勇，马晓茜，李海滨. 固体废弃物能源利用 [M]. 广州：华南理工大学出版社，2002.

[10] Zhang F，Zeng M，Yappert R D，et al. Polyethylene upcycling to long-chain alkylaromatics by tandem hydrogenolysis/aromatization [J]. Science，2020，370（6515）：437-441.

[11] Weckhuysen B M：Creating value from plastic waste [J]. Science，2020，370（6515）：400-401.

[12] Joo S，Cho I J，Seo H，et al. Structural insight into molecular mechanism of poly（ethylene terephthalate）degradation [J]. Nature Communications，2018，9（1）：1-12.

[13] Yoshida S，Hiraga K，Takehana T，et al. A bacterium that degrades and assimilates poly（ethylene terephthalate）[J]. Science，2016，351（6278）：1196-1199.

[14] Tournier V，Topham C M，Gilles A，et al. An engineered PET depolymerase to break down and recycle plastic bottles [J]. Nature，2020，580（7802）：216-219.

[15] Luong D X，Bets K V，Algozeeb W A，et al. Gram-scale bottom-up flash graphene synthesis [J]. Nature，2020，577（7792）：647-651.

[16] Tennakoon A，Wu X，Paterson A L，et al. Catalytic upcycling of high-density polyethylene via a processive mechanism [J]. Nature Catalysis，2020，3（11）：893-901.

[17] Jie X，Li W，Slocombe D，et al. Microwave-initiated catalytic deconstruction of plastic waste into hydrogen and high-value carbons [J]. Nature Catalysis，2020，3（11）：902-912.

[18] 蔡惠平，鲁建东，张笠峥，等. 包装概论 [M]. 北京：中国轻工业出版社，2018.

[19] 汤国辉，王佑华. 包装学 [M]. 成都：四川科学技术出版社，1990.

[20] 陈新. 包装环境生态学 [M]. 长沙：国防科技大学出版社，2002.

[21] 陈庆蔚. 当代废纸处理技术 [M]. 北京：中国轻工业出版社，1999.

[22] 陈庆蔚. 当代废纸制浆技术 [M]. 北京：中国轻工业出版社，2005.

[23] 姆德利克. 废纸的处理和利用 [M]. 张经正，译. 哈尔滨：东北林业大学出版社，1987.

[24] 万金泉，马邕文. 废纸造纸及其污染控制 [M]. 北京：中国轻工业出版社，2004.

[25] 高玉杰. 废纸再生实用技术 [M]. 北京：化学工业出版社，2003.

[26] 张效林，王汝敏. 印刷包装废纸在复合材料领域的回用技术新进展 [J]. 材料导报，2010，24（17）：96-100.

[27] 张钦发，向红，何新快，等. 用废纸浆制备的缓蚀缓冲纤维材料的性能研究 [J]. 材料科学与工程学报，2005，(3)：380-383.

[28] 刘俊龙，何亮，刘克勇，等. 废纸粉填充低密度聚乙烯复合材料的研究 [J]. 塑料，2009，38（1）：56-57.

[29] Cai J，Zhang L N，Liu S L，et al. Dynamic self-assembly induced rapid dissolution of cellulose at low temperatures [J]. Macromolecules，2008，41（23）：9345-9351.

[30] Ye D D，Chang C Y，Zhang L N. High-strength and tough cellulose hydrogels chemically dual cross-linked by

using low and high-molecular-weight cross-linkers [J]. Biomacromolecules, 2019, 20 (5): 1989-1995.

[31] Zhu K K, Tu H, Yang P C, et al. Mechanically strong chitin fibers with nanofibril structure, biocompatibility, and biodegradability [J]. Chemistry of Materials, 2019, 31 (6): 2078-2087.

[32] Ye D D, Lei X J, Li T, et al. Ultrahigh tough, super clear, and highly anisotropic nanofiber-structured regenerated cellulose films [J]. ACS Nano, 2019, 13 (4): 4843-4853.

[33] Yang B, Wang L, Zhang M Y, et al. Timesaving, high-efficiency approaches to fabricate aramid nanofibers [J]. ACS Nano, 2019, 13 (7): 7886-7897.

[34] Yang B, Zhang M Y, Lu Z Q, et al. From PPTA broken paper: high-performance anfs and their application in electrical insulating nanomaterials with enhanced properties [J]. ACS Sustain Chem Eng, 2018, 6: 8954-8963.

[35] Yang B, Zhang M Y, Lu Z Q, et al. Toward improved performances of para-aramid (PPTA) paper-based nanomaterials via aramid nanofibers (ANFs) and ANFs-film [J]. Composites Part B: Engineering, 2018, 154: 166-174.

[36] Yang B, Wang L, Zhang M Y, et al. Water-resistant, transparent, uvioresistant cellulose nanofiber (CNF)-aramid nanofiber (ANF) hybrid nanopaper [J]. Materials Letters, 2019, 240: 165-168.

[37] 孟繁杓，陈咏祯．有色金属工业固体废物的处理与利用 [M]. 北京：冶金工业出版社，1991.

[38] 王桂英，张群利，徐淑艳．包装材料学 [M]. 哈尔滨：东北林业大学出版社，2009.

[39] 辛巧娟，杨文亮．钢桶包装标准应用指南 [M]. 北京：印刷工业出版社，2013.

[40] 杨福馨，吴龙奇．食品包装学 [M]. 北京：印刷工业出版社，2012.

[41] M. 西丁．金属与无机废物回收百科全书 金属分册 [M]. 李怀先，译．北京：冶金工业出版社，1989.

[42] 宗述．金属包装材料的再生 [J]. 绿色包装，2020 (9): 84-86.

[43] 周炳炎，金雅宁，李丽．我国金属包装废物产生和回收特性分析 [J]. 再生资源与循环经济，2010，3 (5): 33-36.

[44] 燕来荣．回收利用的“金矿”——金属包装 [J]. 上海包装，2013 (8): 49-50.

[45] Salaerts J. 可持续解决方案：金属包装 绿色环保 [J]. 食品安全导刊，2015 (25): 36-37.

[46] 张虹．可持续发展决定金属包装市场潜力无限 [J]. 中国包装工业，2013 (17): 26-29.

[47] Alviani V N, Hirano N, Watanabe N, et al. Local initiative hydrogen production by utilization of aluminum waste materials and natural acidic hot-spring water [J]. Applied Energy, 2021, 293: 116909.

[48] Barik K, Prusti P, Soren S, et al. Analysis of iron ore pellets properties concerning raw material mineralogy for effective utilization of mining waste [J]. Powder Technology, 2022: 117259.

[49] Wang G, Wang J, Xue Q. Efficient utilization of waste plastics as raw material for metallic iron and syngas production by combining heat treatment pulverization and direct reduction [J]. Process Safety and Environmental Protection, 2020, 137: 49-57.

[50] Meshram A, Jha R, Varghese S. Towards recycling: understanding the modern approach to recover waste aluminium dross [J]. Materials Today: Proceedings, 2021, 46: 1487-1491.

[51] 任强，李启甲，嵇鹰．绿色硅酸盐材料与清洁生产 [M]. 北京：化学工业出版社，2004.

[52] 刘喜生．包装材料学 [M]. 长春：吉林大学出版社，1997.

[53] 关长斌，郭英奎，赵玉成．陶瓷材料导论 [M]. 哈尔滨：哈尔滨工程大学出版社，2005.

[54] 骆光林．包装材料学 [M]. 2 版．北京：印刷工业出版社，2011.

[55] 殷晓晨，张良，韦艳丽．产品设计材料与工艺 [M]. 合肥：合肥工业大学出版社，2009.

[56] 王建清，陈金周．包装材料学 [M]. 2 版．北京：中国轻工业出版社，2017.

[57] 岳蕾．包装概论 [M]. 北京：印刷工业出版社，2008.

[58] 刘涵光，刘梦华．包装概论与包装材料（一）[M]. 北京：中国物资出版社．1982.
[59] 李华．主要包装物特性与资源再生实用手册 [M]. 北京：中国环境科学出版社，2010.
[60] 周威．玻璃包装容器造型设计 [M]. 北京：印刷工业出版社，2009.
[61] 冯仕章，冯向鹏，陈广飞，等．城市固废资源化利用系列丛书 废玻璃资源化利用技术 [M]. 北京：化学工业出版社，2015.
[62] 戴金辉，葛兆明．无机非金属材料概论 [M]. 哈尔滨：哈尔滨工业大学出版社，2018.
[63] 张震斌，杜慧玲，唐立丹．环境材料 [M]. 北京：冶金工业出版社，2012.
[64] 曾令可，金雪莉，刘艳春，等．陶瓷废料回收利用技术 [M]. 北京：化学工业出版社，2010.
[65] 刘明华．废玻璃和废陶瓷再生利用技术 [M]. 北京：化学工业出版社，2014.
[66] 张大林．城市矿产再生资源循环利用 [M]. 广州：广东经济出版社，2013.
[67] 汪群慧．固体废物处理及资源化 [M]. 北京：化学工业出版社，2004.
[68] 唐振球，李金华．废料的再生利用 [M]. 北京：中国轻工业出版社，1993.
[69] 郝晓秀．包装材料学 [M]. 北京：印刷工业出版社，2006.
[70] 陈罗辉，刘娜．装饰材料与施工构造 [M]. 2 版．北京：中国轻工业出版社，2018.
[71] 朱永平．陶瓷砖生产技术 [M]. 天津：天津大学出版社，2009.
[72] 唐山建筑陶瓷厂《卫生陶瓷生产技术丛书》编写组．釉料 [M]. 北京：中国建筑工业出版社，1981.
[73] 刘忠伟，罗忆．建筑装饰玻璃与艺术 [M]. 北京：中国建材工业出版社，2002.
[74] 符芳．建筑装饰材料 [M]. 南京：东南大学出版社，1994.
[75] Pryshlakivsky J，Searcy C：Life cycle assessment as a decision-making tool：practitioner and managerial considerations [J]. Journal of Cleaner Production：2021，309：127344.
[76] Lukman R K，Omahne V，Krajnc D. Sustainability assessment with integrated circular economy principles：a toy case study [J]. Sustainability，2021，13：3586.
[77] Zhang R R，Ma X T，Shen X X，et al. PET bottles recycling in China：an LCA coupled with LCC case study of blanket production made of waste PET bottles [J]. Journal of Environmental Management，2020，260：110062.
[78] Wang Q S，Tang H R，Ma Q，et al. Life cycle assessment and the willingness to pay of waste polyester recycling [J]. Journal of Cleaner Production，2019，234：275-284.
[79] 王婧：中国村镇低成本能源系统生命周期评价及指标体系研究 [M]. 上海：上海财经大学出版社，2015.
[80] Mannheim，Viktoria. Life cycle assessment model of plastic products：comparing environmental impacts for different scenarios in the production stage [J]. Polymers，2021，13，5：777.
[81] Agarski B，Vukelic D，Micunovic MI，et al. Evaluation of the environmental impact of plastic cap production，packaging，and disposal [J]. Journal of Environmental Management，2019，245：55-65.
[82] Zheng J J. Suh S. Strategies to reduce the global carbon footprint of plastics [J]. Nature Climate Change，2019，9（5）：374.
[83] Santos A，Carvalho A，Ana Barbosa-Povoa. An economic and environmental comparison between forest

wood products-uncoated woodfree paper, natural cork stoppers and particle boards [J]. Journal of Cleaner Production, 2021, 296: 126469.

[84] Boutros M, Saba S, Manneh R. Life cycle assessment of two packaging materials for carbonated beverages (polyethylene terephthalate vs. glass): Case study for the lebanese context and importance of the end-of-life scenarios [J]. Journal of Cleaner Production, 2021, 314: 128289.

[85] Michael F A. 材料与环境——节能优选法 [M]. 张葵，译. 上海：上海交通大学出版社，2016.

冶金工业出版社部分图书推荐